# 城市水循环与可持续发展

赵阳国 主编

中国海洋大学出版社
·青岛·

**图书在版编目(CIP)数据**

城市水循环与可持续发展 / 赵阳国主编 . -- 青岛：中国海洋大学出版社，2023. 4

ISBN 978-7-5670-3484-6

Ⅰ. ①城… Ⅱ. ①赵… Ⅲ. ①城市用水－水循环－研究 Ⅳ. ①TU991.31

中国国家版本馆 CIP 数据核字(2023)第 067435 号

CHENGSHI SHUIXUNHUAN YU KECHIXU FAZHAN

---

| | | | |
|---|---|---|---|
| **出版发行** | 中国海洋大学出版社 | | |
| **社　　址** | 青岛市香港东路 23 号 | **邮政编码** | 266071 |
| **出 版 人** | 刘文菁 | | |
| **网　　址** | http://pub.ouc.edu.cn | | |
| **订购电话** | 0532－82032573（传真） | | |
| **责任编辑** | 林婷婷 | **电　　话** | 0532－85901092 |
| **印　　制** | 日照日报印务中心 | | |
| **版　　次** | 2023 年 4 月第 1 版 | | |
| **印　　次** | 2023 年 4 月第 1 次印刷 | | |
| **成品尺寸** | 170 mm ×240 mm | | |
| **印　　张** | 20 | | |
| **字　　数** | 349 千 | | |
| **印　　数** | 1～1 000 | | |
| **定　　价** | 59. 00 元 | | |

# 前　言

# Preface

淡水资源短缺已成为制约世界各国社会发展的瓶颈，而我国的淡水资源仅为世界平均水平的四分之一，国内很多城市极度缺水。在此形势下，全社会应树立节水意识，促进城市水资源的良性循环和可持续发展。

青岛是我国典型的沿海经济开放城市，淡水资源严重匮乏，水资源问题已经严重制约该地区经济和社会的良性发展。但青岛市正积极通过“开源”“节流”“水回用”等一系列措施解决这一瓶颈问题，取得了一定成效，其做法对其他地区有较强的借鉴意义。为此，本书以青岛市水资源利用为例，系统地介绍了饮用水来源、地表水的常规处理及输配、污水收集与处理、再生水利用等城市水循环过程。根据水在城市中的循环足迹、水循环全过程，本书分四个连续篇章，分别为饮水思源、清水分流、污水处理和净水回用。饮水思源篇介绍青岛市城市供水的四大来源，即属地供水、引黄济青、南水北调、海水淡化;清水分流篇以青岛仙家寨等水厂的供水过程为例介绍给水处理的基本流程、城市管网的动脉构成及分支；污水处理篇以青岛海泊河污水处理厂为例，介绍污水的收集、输送、处理的流程和技术等；净水回用篇以青岛市李村河河道再生水回用为例，介绍再生水回用的各个环节及所涉及的知识与技术。

本书可供高等院校各专业本科生、研究生作为通识课程教材选用，也可供水资源利用、水污染控制的工程师、管理人员和科研人员参考。

全书编撰分工如下：赵阳国，负责本书结构体系设计，并组织编写分工；第一篇，刘剑楠、赵阳国；第二篇，赵良宇、高孟春；第三篇，朱依顺、郭亮；第四篇，王荣晓、金春姬；岳梦晨、张智明协助绘制与整理了部分插图。全书由赵阳国统稿，赵阳国、季军远、佘宗莲审校。

该书在编写过程中，参考了国内外同行大量的科学研究和教学成果，引用了各种媒体公开报道的图文资料，没有这些材料支撑，本书难以完成，笔者对前辈们的辛苦付出致以崇高敬意！另外，在本书编写、出版过程中也得到中国海洋大学出版社编辑的热心支持和帮助，在此一并致谢！

本书由中国海洋大学教材建设基金资助。

由于编者水平所限，书中难免出现疏漏，敬请不吝赐教。

◇ 本书各篇章内容之间的关系

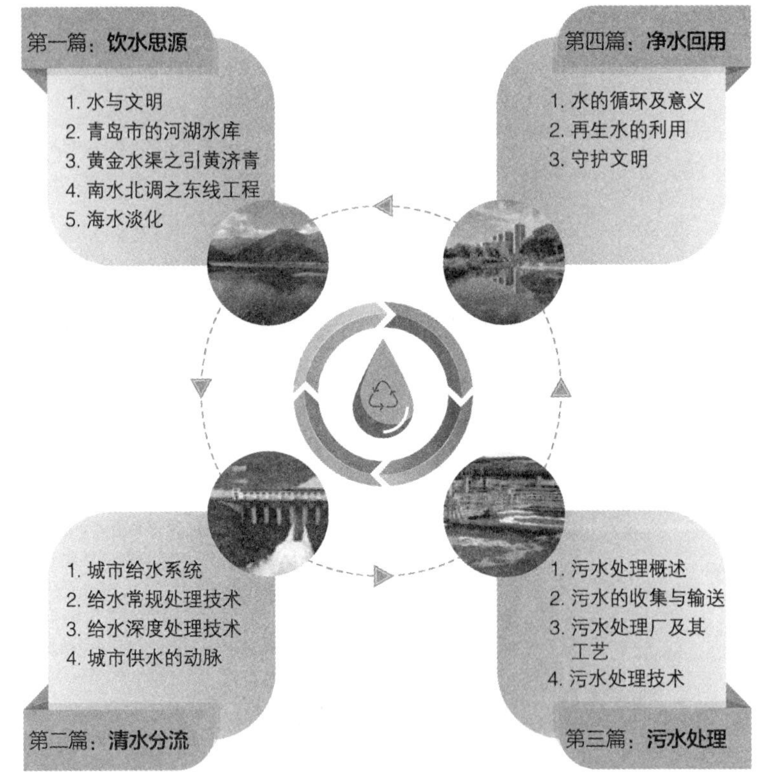


编　者

# 目　录

Contents

## 第一篇　饮水思源

# 第三篇 污水处理

## 第四篇　净水回用

# 第一篇　饮水思源

南北朝诗人庾信在《徵调曲》中提道:“落其实者思其树,饮其流者怀其源。”水是生命之源,人类与其他生物的一切活动都离不开水;水是生产之要,是经济社会持续发展不可替代的基础;水是生态之基,是生物生命的载体,是能量流动、物质循环和信息传递的重要介质,地球的生态系统与水息息相关;水是文明之根,四大文明古国皆形成于大河之畔。然而,与我们生产生活密切相关的水总是随手可得,显得如此普通而平凡。我们在畅饮一杯水的时候,是否曾思考过水是从哪里来的?随着人类对地球水资源的持续开发和利用,水资源会不会枯竭?怎样有效保护水资源?如何合理利用宝贵的水资源?

本篇包括五章内容,分别介绍水的重要意义、水资源分布特征、典型沿海城市(青岛)水资源现状、青岛水资源危机解决思路与途径。第一章主要探讨水的来源、水资源的分布和水资源危机;第二章主要分析青岛市河湖水库等属地供水现状;第三、四章主要介绍解决青岛市水资源短缺问题所采取的两大客水工程——引黄济青工程和南水北调东线工程;第五章认识青岛市水资源的重要开源途径——海水淡化。

# 第一章

# 水与文明

水是维系生命的基本物质，是传承人类文明的重要载体。人类的生存、发展及文明进步总是与水联系在一起；水也是工农业生产、经济发展和生态环境保持的基础性资源，具有不可替代性。水是宝贵的自然资源，也是地球上分布最广的物质之一，地球有71%的面积被水覆盖，总共有1.4 × $10^9$ $km^3$的水，其中淡水只占总水量的2.53%。然而人类真正能够利用的淡水资源仅约占地球总水量的0.77%。从总体上看，我国是一个缺水严重的国家，水资源人均占有量为2 100 $m^3$，仅为世界平均水平的四分之一，居世界第121位，是全球13个人均水资源最贫乏的国家之一。山东省为我国极度缺水的9个省(自治区、直辖市)之一，人均水资源量低于500 $m^3$，而作为典型沿海城市的青岛市人均水资源量仅有247 $m^3$。水资源的短缺严重限制了城市的可持续发展，必须解决水资源短缺问题，实现水资源的可持续利用。本章分别介绍了水的起源、水资源类型及分布、青岛饮用水的主要来源。

## 第一节　水是孕育生命的摇篮

### 一、地球上水的来源

46亿年前，地球上没有河流，也没有海洋，更没有生命。它的表面是干燥的，大气层中也很少有水分，地球被暗红色的岩浆包裹着。现在，当我们打开世界地图时，当我们面对地球仪时，当我们从太空俯瞰地球时，呈现在我们面前的大部分却是蓝色的。从太空中看地球，地球是一个蔚蓝色的球体，是一个名副其实的大水球。当我们面对浩瀚无垠的大海、奔流不息的河流、烟波浩渺的湖泊、奇形

怪状的万年冰雪，以及潺潺流淌的清泉、天上飞流的云雾时，我们是否思考过这些水是从哪儿来的呢？

地球上水的起源还要从最原始的宇宙说起。科学研究表明，宇宙的形成起源于137亿年前的一场大爆炸。大爆炸之后，宇宙是炽热、致密的，随时间推移，大爆炸使物质四散出去，宇宙迅速膨胀，宇宙的温度也迅速下降。这时的宇宙是由质子、中子和电子形成的“一锅基本粒子汤”。随着这锅汤继续变冷，核反应开始发生，宇宙中的元素越来越丰富，组成水的必要元素——氢和氧随之形成（蒋涛等，2017）。

在宇宙中的氢、氧元素形成以后，学术界对地球上水形成的原因存在很大分歧，主要可以分为两个学派：一个学派认为水是在地球形成时，伴随地球产生的，即自生说；另一学派认为地球上的水来自地球之外的天体，即外来说。自生说的第一种观点是，水是由氢气和氧气反应生成的。地球形成时，由于地球内部温度变化和重力作用，物质发生分异和对流，于是地球逐渐分化出圈层，在分化过程中，氢、氧气体上浮至地表，通过各种物理、化学作用生成水蒸气，水蒸气液化并积累，形成了原始的海洋。第二种观点认为水是在玄武岩形成原始地壳的时候，先熔化后冷却过程中产生的。地球最初是一个冰冷的球体，后来，由于地球内部的铀、钍等放射性元素衰变过程释放出热能，地球内部的物质开始熔化，高熔点的物质下沉，易熔化的物质上浮，这一过程分离出了易挥发的物质，如氮、氧、碳水化合物、硫和大量水蒸气。研究证明1 $m^3$花岗岩熔化时，能够以蒸汽形式释放出26 L的水和许多完全可挥发的化合物。第三种观点认为地下深处的岩浆中含有丰富的水，研究证明，压力为15 kPa，温度为10 000 ℃的岩浆可以吸纳占其体积30%的水。火山口处岩浆的平均含水率为6%，有的高达12%，而且越往地球深处岩浆的含水率越高。据此，学者根据地球深处岩浆的数量推测在地球存在的45亿年间，深部岩浆释放的水量可达当今地球中大洋水的一半。第四种观点是，地球水来自火山喷发时释放出的大量水蒸气。从现代火山活动情况看，几乎每次火山喷发都有约75%以上的水汽喷出。1906年维苏威火山喷发的水蒸气柱高达13 000 m，且持续喷发了20小时。阿拉斯加卡特迈火山区的万烟谷，有成千上万个天然水蒸气喷孔，平均每秒钟可喷出97～645 ℃的水蒸气和热水约23 000 $m^3$。据此有人认为，在地球的全部历史中，火山抛出来的固体物质总量为全部岩石圈的一半，火山喷出的水也可占现代全球大洋水的一半。

外来说的第一种观点认为水是由陨石带来的。人们在研究球粒陨石成分时，发现其中含有一定量的水，一般为0.5%～5%，有的达10%以上，且碳质球粒陨石含水更多。球粒陨石是太阳系中最常见的一种陨石，大约占所有陨石总数的86%。一般认为，球粒陨石是原始太阳最早期的凝结物，地球和太阳系的其他行星都是由这些球粒陨石凝聚而成的。第二种观点认为地球水是由大气中的氢原子与氧原子在一定条件下反应产生的。太阳风到达地球大气圈上层，带来大量的氢、碳、氧等原子核，这些原子核与大气圈中的电子结合成氢原子、碳原子、氧原子等，再经过不同的化学反应生成水分子。据估计，在地球的大气高层中，每年会产生1.5 t这种“宇宙水”，其再以雨、雪的形式落到地球上，从而形成了地球水。

目前已证实，从太阳系和宇宙看来，水不是地球特有的物质，水以多种形式大量存在于星际空间和太阳系中。在地球形成初期，原始宇宙物质通过涡流和凝集作用聚集起来，地球在不断运转中使得Fe、Ni等组成的物质向地心下沉，形成地核，另一些元素形成的硅酸盐等上升后分别组成地幔和地壳。由于水的密度小于岩石圈物质的密度，水会集中在地壳之上，凝集作用对水圈形成意义更大，我们称之为水的聚集事件。至于地球水圈的水为液态，取决于地球在太阳系的位置，即地球与太阳之间的距离使地球温度正好是水以液体状态存在的温度，因而形成水圈(吕炳全， 2008)。

## 二、水的反常特性

作为地球上最常见的物质之一，水在我们生活中扮演着重要的角色，但是水的本质至今仍然没被完全知晓。2005年，*Science*在创刊125周年时提出了125个极具挑战性的科学问题，其中之一就是“水的结构是什么”。研究水的结构的挑战性主要在于，根据形态和所处环境的不同，水呈现出各种不同的结构，而这些结构都具有复杂多变的特性。

水实际上是一个复杂的体系，拥有许多不同于其他物质的特性。水共有74条反常特性，如：① 水的密度随温度升高而升高(0～4 ℃)；② 水的表面比体内致密；③ 冰的热导率随压力减小而减小；④ 水的熔点、沸点和临界点都反常地高；⑤ 固体水有大量的稳定晶相；⑥ 过冷水有两相，在 −91 ℃有第二临界点；⑦ 液态水可在很低温度下存在，且加热会凝固；⑧ 液态水容易过热；⑨ 热水可能比冷水结冰快；⑩ 液态水容易过冷，但很难玻璃化；⑪ 水的液-气相变体积变化极大，相同质量的液相水和气相水体积比为1∶2 000～1∶1 000；⑫ 熔化时，水的近邻数增加；⑬ 压力会降低冰的熔点；⑭ 压力降低最高密度对应的温度；⑮ 过

冷水有最小密度;⑯ 压缩率极小;⑰ 压缩率随温度下降(直至 46.5 ℃);⑱ 压缩率-温度关系有极小值;⑲ 折射率在低于 0 ℃附近时有极大值;⑳ 比热非常大;㉑ 高的导热率(系数),且在 130 ℃时极大;㉒ 黏度随压强降低;等等(曹则贤,2016;管东等,2019)。

这些反常特性大多都是与水的氢键结构有关。水的化学分子式为 $H_2O$,是三原子分子,两个氢氧键的键长为 0.958 4 Å,夹角约为 104.45°,这种分子的简单是一种极具欺骗性的简单,水的性质之奇异与结构之复杂却让科学家头疼不已。在聚集体中,水分子会和多达 4 个其他水分子通过氢键相结合,形成大小不同的团簇,且这些团簇是动态的,在皮秒($1\ ps = 10^{-12}\ s$)量级的时间尺度上不断地分裂、重组(图 1-1)(曹则贤,2016)。

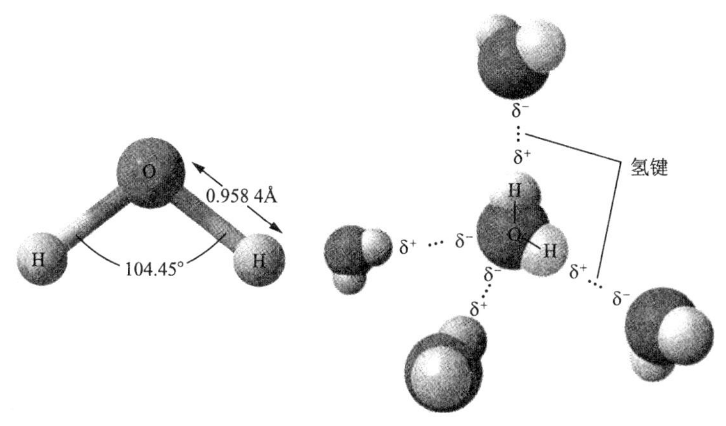


**图 1-1 水分子结构及氢键示意图(曹则贤,2016)**

水分子氢键的形成非常简单:水分子中有一部分电子会从氢转移到氧上去,带正电的氢和带负电的氧会相互吸引,正是这种相互吸引作用构成了氢键的主体。氢键具有很多非常有意思的特点。首先,它具有协同性,如果扰动其中一个键,会引起很多键的响应;其次,它非常灵活,可以很容易地形成,也可以很容易地断开;最后,氢键具有方向性,只有当氢指向氧的时候才会成键。这些特性,让氢键在水的结构中扮演着很重要的角色。

水的一些反常性质与生命的发生和延续密切相关。自然条件下结的冰比水轻,寒冷地区的水体才不会完全冻上,水中的生物才能熬过漫长的冬天;水的表面张力很大,相当多的小动物才可以生活在水面上;水的比热很大,赤道附近的水也不会被轻易烧开,因此水中生物避免了被自然煮熟的命运;冰雪的比热很大,北半球在雪后才不会变成泽国。水之作为生命发生的前提,是由诸多反常物理性质促成的。

大多数物质具有热胀冷缩的性质，物质温度升高时，分子振动幅度大，物体膨胀；反之，当温度降低时，分子振动幅度小，物体收缩。水的情况却很特殊——在 4 ℃以上，水符合热胀冷缩的通常特征；但是在 0～4 ℃这个区间，水有着热缩冷胀的性质；而在 0 ℃以下，结冰的水体积会进一步增大。所以，在 4 ℃时水的密度达到最大（图 1-2）（管东等，2019）。

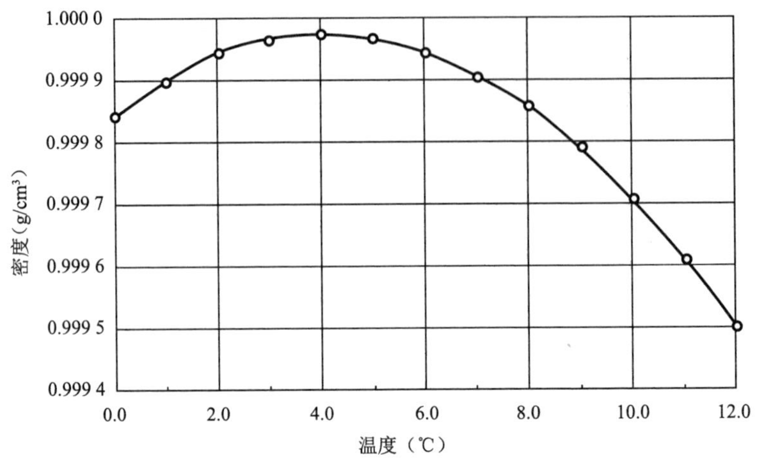


**图 1-2　纯水的密度随温度的变化曲线**

关于水的这一独特性质，科学界有着多种解释，但至今未有定论。较为普遍的一种解释是，氢键断裂与热膨胀过程的相互竞争作用。常压下当水温度降低到 0 ℃时会凝结成冰，其中的水分子通过氢键连接成较为有序的四面体晶格结构，其中水分子间的平均距离比液态水分子之间的平均距离大，水分子规则排列但比较松散，因而占据了更大的空间，所以冰的密度较小（约为 0.9 $g/cm^3$）。当冰开始融化（0～4 ℃）时，部分微型的结晶四面体转变成液态水分子结构，由于氢键断裂形成的液态水分子间距更小，因此水的密度变大。当温度高于 4 ℃，水大部分由液态结构组成，热膨胀过程成了主要作用，使得水的密度随温度升高而降低。但是这样的解释是否完美，还有待科学家继续探索。

另外，氢键对水的熔化热、升华热、汽化热和比热容都具有很重要的影响。由于氢键形成能量很高，破坏氢键的能量也需要很高。水的升华热，是指水从冰形态直接变为气体形态所吸收的热量，冰结构中所有的氢键都被破坏，因此升华热很高。水的汽化热，是指水由液态变为气态过程中吸收的热量，而温度处在沸点的水仍然具有很高的汽化热，这是因为此时水中仍然存在相当数量的氢键。

水的熔化热，是指水由固态变为液态过程中吸收的热量，由于冰熔化过程中仅有 15% 的氢键被破坏，水的熔化热相对较低。比热容指的是单位质量的物质改变单位温度时吸收或者放出的热量大小，也可以理解为单位质量的物质吸收单位热量后温度的变化。水的比热容大，即意味着吸收一定的热量后，水上升的温度相较于其他物质来说更小。也正基于此，水运动输送的热量很大，在自然环境中充当着气候缓冲剂的角色，对气温、地表温度及植被温度有着巨大的调节作用（曹则贤，2016）。

此外，水的黏度和表面张力均较大，这也是水中存在的氢键使分子之间作用力加强的缘故。水等液体会产生使表面尽可能缩小的力，这个力称为“表面张力”。清晨凝聚在叶片上的水滴（图 1-3）、水龙头缓缓垂下的水滴，都是在表面张力的作用下形成的。无机液体的表面张力比有机液体的表面张力大得多，其中水的表面张力为 0.072 8 N/m（20 ℃）。有机液体的表面张力都小于水，其中含氮、氧等元素的有机液体的表面张力较大。

**图 1-3　清晨凝聚在叶片上的水滴**

水的小尺寸固体也各具特色。水的小尺寸固体包括雪、霜、冻雨、冰雹、雾凇、软雹等。雪花基本都呈六角对称的形状，但是很难找到两片形状相同的。中国西汉时期的韩婴就发现：“凡草木花多五出，雪花独六出。”即雪花是六瓣、六角形的。雪花之所以是六角形的，是因为水分子排列的方式，水分子排列形成冰坯，冰坯是雪花最主要的成分。每一个冰胚是由 5 个水分子组成。其中 4 个水分子分别在 1 个四面体的顶角上，另有 1 个水分子位于四面体中心。许多冰胚互相连接，就组成了冰晶，冰晶属六方晶系，许多冰晶结合，就形成了人们看到的六角形的雪花（图 1-4）（曹则贤，2016）。

图 1-4　雪花都呈六角对称形状

## 三、生命在液态水中诞生

地球上的生命到底起源于哪里？现在学术界虽说法不一，但具有一个共同之处，即均认同原始生命起源于海洋。1871 年，关注生命进化的达尔文在给一位朋友的信中写道："生命最早可能出现在一个小的热水池里面。"科学家在世界各地的大洋海底相继发现海底热液和"黑烟囱"，后来，这个"小热水池子"被人们称为"原始汤"。为了证明生命起源于"原始汤"，人类在不断通过实验和推测等研究方法，提出各种假设来解释生命诞生。其中，1953 年美国学者芝加哥大学的史坦利•米勒与加州大学圣地亚哥分校的哈罗德•尤列主导完成的米勒-尤列实验（图 1-5）是关于生命起源的经典实验之一。在实验室用充有甲烷、氨气、一氧化碳、氢气和水的密闭装置，加上高压闪电模拟原始地球的环境条件，成功合成包括氨基酸、甲醛、氰化氢、脂肪酸和糖等有机化合物，实验结果轰动整个科学界。米勒-尤列的"原始汤"实验具有非常重要的意义，显示了作为生命基础的几种重要材料的作用：氨基酸是组成蛋白质的主要成分，是形成生命不可缺少的有机物；甲醛则可以经过结合组成 RNA 的一种核糖；氰化氢也可以演化为生命体遗传物质中 DNA 的组成成分。在米勒-尤列的"原始汤"锅里，未来生命形成的材料已经基本齐备，说明原始地球完全有能力孕育生命体，原始生命物质可以在没有生命的自然条件下产生出来。

2009 年 11 月 24 日，在"达尔文与进化论"科学论坛上，同济大学汪品先院士介绍，随着对深海生物研究的不断深入，生命可能起源于深海海底热液形成的"黑烟囱"。这证明了科学界公认初期的地球生命起源于原始海洋。大约在 45

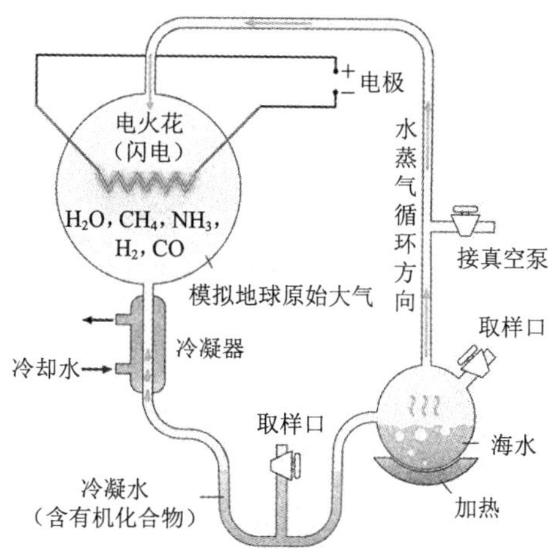


**图 1-5　米勒-尤列的“原始汤”实验示意图**

亿年前，在地球形成的初期，当降雨阶段停止以后，地球进入另一个发展阶段。那时的原始大气组成很丰富，有氨气、甲烷、氰化氢、硫化氢、氢气和水汽等，没有氧气。大气中的这些成分进入海洋后，在宇宙射线、太阳紫外线、高温、闪电等作用下，合成一系列有机分子，如氨基酸、核苷酸、单糖和脂肪酸等，正是这些有机分子成就了生命。

米勒-尤列实验容易让人产生误解，以为只要把瓶子晃一晃，生命就晃出来了，实际情况却复杂得多。有了生命的基本材料之后，地球生命进入最初形成期，这是一个从无到有，从简单到复杂的漫长的生命孕育过程。生命还需要在复杂、广域的环境下进行，而生命的关键并不在于氨基酸，而是在蛋白质的形成上。生命需要大量的蛋白质，而蛋白质的形成需要大量的氨基酸。为形成蛋白质，一般要让 200 个氨基酸按照特定顺序排列，这个概率很小，这就是说，要想随意制造哪怕是一个蛋白质分子，似乎也是不可能的。虽然合成蛋白质的概率小，但大自然在聚合物质合成的工作上从来都是干劲十足的，生命迟早要发生。在历史的长河中，海洋中的有机分子越积越多，在相互作用中先聚成小滴、小团，构筑成独立的多分子体系。此时，能自我复制的 RNA 开始形成，它们不断自我复制，进而形成蛋白质和脂类。蛋白质分子不但要把氨基酸分子按照顺序排列起来，还要边排列边弯曲或折叠，把自己叠合成特定的结构。这是最简单生命——细胞形成的关键一步，也是形成生命必然的一步，是必然的过程。1987 年，罗马大学的帕斯奎尔·斯坦诺证明有机分子存在“自组织性”成就了地球生命起源的关键一步——细胞开始形成。在这个过程中，RNA 生物体产生了 DNA，给出了生命发育过程的指令，最终在细胞分裂的生命传宗接代中出现了亲代相传的特征，即产生了原始生命。

我们可以认为，大约在38亿年前，地球上陆地还是一片荒芜时，海洋中已经开始孕育生命最原始的细胞，其结构和现代细菌很相似。再经过大约1亿年的进化，海洋中的原始细胞逐渐演变成原始的单细胞藻类，这大概是最原始的生命。原始藻类的光合作用产生了氧气，为生命的进化提供了条件。原始的单细胞藻类经历亿万年的进化，产生了原始水母、海绵、三叶虫、鹦鹉螺、蛤类、珊瑚等，海洋中的鱼类大约是在4亿年前出现的。月球的引力作用使海洋产生潮汐现象。涨潮时，海水拍击海岸；退潮时，大片浅滩暴露在阳光下。原先栖息在海洋中的某些生物，在海陆交界的潮间带经受锻炼，同时，臭氧层的形成，可以防止紫外线的伤害，使海洋生物登陆成为可能，有些生物就在陆地生存下来。同时，无数的原始生命在这种剧烈变化中死去，留在陆地上的生命经受了严酷的考验，适应环境，逐步得到发展。

大约在2亿年前，陆地上出现了爬行类、两栖类、鸟类。大约在300万年前出现了现代人类的直系祖先——东非猿人。原始人类的发展历史可分为南方古猿（即东非人，100万年—420万年前）、能人（150万年—200万年前）、直立人（20万年—200万年前）和智人（1万年—20万年前）四个阶段。3万年前非洲智人迁徙到欧亚大陆并取代了欧亚原始人的位置，1万年前现代人类到达澳洲、美洲大陆。人类的祖先最早开始沿着尼罗河一路向北到达埃及地区，一部分选择留下繁衍生息，一部分则通过西奈半岛继续北上至中东地区和欧洲东南部。后来又从中东地区东进至中亚，然后顺着黄河流域持续向东迁徙至黄河中下游，生命得到孕育并逐步进化（蒋涛等，2017）。

## 四、大河流域缔造人类文明

史学家常常将原始文明直接称为“大河文明”，因为这一阶段的人类文明聚居地与河流紧密相连，即使是相对固定的农耕文明，也会随河道的变迁而转移，游牧文明则从远古开始就逐水草而居，并一直延续至今。对人类的早期文明具有重要影响的河流包括中国的黄河和长江、非洲的尼罗河、中东的底格里斯河和幼发拉底河、印度的恒河等。一方面，大河流域气候湿润，光照充足，地势平坦，适合人类生存；另一方面，大河上游高山积雪融化导致河水定期泛滥，泛滥的河水为人类提供了充足的水源和肥沃的土壤，形成了最早的农业，并诞生了与之适

应的科学技术、政治文化和社会分工。此外，通过河流，纷争不断的部落和存在隔膜的族群获得一种标志性的文化认同，并产生了后来被称为民族凝聚力的文化倾向。在此基础上演化和提升的民族精神，形成了现代民族国家的本土文化品格和深层意识形态；反过来，这些源于河流或在河流背景下生成的认同和倾向，又进一步赋予河流一种崇高品格，使河流成为民族文化的象征和传统文化的载体。大约在 5 000 年前，中国、印度、埃及、两河流域以及地中海的克里特岛几乎同时进入文明社会。古埃及、古巴比伦、古印度和中国四大文明古国都在适合农业耕作的大河流域诞生，其各具特色的文明发展史，构成了灿烂辉煌的大河文明，对整个人类进步做出了伟大贡献。

### （一）两河浇灌美索不达米亚文明

美索不达米亚文明又被称为两河文明，是指在底格里斯河和幼发拉底河之间的美索不达米亚平原所发展出来的文明，也是西亚最早的文明。这个文明的中心大概在现在的伊拉克首都巴格达一带。两河文明是世界上文化发展最早的地区，苏美尔人约在公元前3500年出现在两河流域，为世界发明了第一种文字——楔形文字，建造了第一座城市，编制了第一部法律，发明了第一件制陶器的陶轮，制定了第一个七天的周期，创造了第一个阐述世界和大洪水的神话，为世界遗存了大量的远古文字记载。其中令人瞩目的巴比伦空中花园也曾坐落于此，并被誉为世界七大奇迹之一。

### （二）尼罗河成就古埃及文明

尼罗河的泛滥使得埃及土地获得良好的灌溉，并形成了被夹在北非和东非巨大沙漠之间的巨大绿洲。肥沃松软的土壤使尼罗河流域成为古代非洲的农牧业中心之一，并促进古埃及社会从蒙昧走向文明。公元前3500年，古埃及进入文明时代，尼罗河两岸诞生了几十个早期奴隶制国家。从公元前4000年到公元七世纪，埃及历经31个王朝和近千年的外族统治，留下了丰富的文明遗产。尼罗河孕育了古埃及文明，尼罗河是埃及的母亲，埃及是尼罗河的赠礼。

### （三）印度河流域变迁伴随古印度文明涅槃

古印度指古代南亚地区，包括现在的印度、巴基斯坦、尼泊尔、孟加拉国、斯里兰卡、马尔代夫、不丹的大片疆域。我国的《史记》和《后汉书》称之为“天竺”，玄奘在《大唐西域记》中从印度河的名称引申而称其为“印度”。印度河流域是古印度文明的摇篮，印度河、恒河孕育了古印度文明，随后从河流向内陆扩展。

恒河、印度河将印度次大陆分裂为很多小国，古印度从来未统一过，战争时期远多于和平时期，外族入侵长期存在。印度以其强大的包容力，吸收和融合多种民族的文明，形成了多种族的印度文明。古印度文明以其异常丰富、玄奥和神奇深深吸引世人，并对亚洲诸国产生过深远影响。

### （四）黄河、长江传承华夏文明

黄河流域是我国旱地农业的主要区域，长江流域是我国水田农业的主要区域。近现代考古学研究表明，距今 7 000—10 000 年的旧石器文化遗址、3 700—7 000 年的新石器文化遗址、2 700—3 700 年的青铜器文化遗址和出现于公元前 770 年的铁器文化遗址等几乎遍布黄河流域；与此同时，距今约 5 000—7 000 年的河姆渡文化遗址、8 300—9 000 年的彭头山文化遗址、7 000—8 500 年的城背溪文化遗址等则位于长江中下游流域。这充分说明黄河流域和长江流域是中华文明的重要发祥地（蒋涛等，2017）。

## 第二节　水资源的分布特征

### 一、水资源概况

地球上的海洋、河流、冰川融化水、地下水、湖泊、大气含水、土壤水和生物水，在地球周围形成了一个紧密联系、相互作用，又相互不断交换的水圈（何强等，2004）。

地球上的水资源，从广义上讲是指水圈内的水体总量。联合国教科文组织（UNESCO）和世界气象组织（WMO）在 1988 年定义的水资源为“作为资源的水应当是可供利用或有可能被利用，具有足够数量和可用质量，并适合某地水的需求而能长期供应的水源”。我国对水资源的理解在《中国大百科全书》不同卷中具有不同的描述——“地球表层可供人类利用的水，包括水量（质量）、水域和水能资源，一般指每年可更新的水量资源”“自然界各形态（气态、液态或固态）天然水，供评价的水资源是指可供人类利用的水源，即具有一定数量和可利用的质量，并在某一地点能够长期满足某种用途的水资源”“地球上目前和近期人类可直接或间接利用的水，是自然资源的一个重要组成部分”（伍丽娜和刘菊，2015）。

全球总储水量约为 14 亿 $km^3$，淡水储量仅占全球总水量的 2.53%，即 0.35 亿 $km^3$，而且其中的绝大部分又属于固体冰川，有一部分淡水埋藏于地下很深的地方，很难进行开采。而目前人类可以直接利用的只有地下水、湖泊淡水和河床水，这部分淡水与人类的关系最为密切，但是它的数量是有限的，并不像人们所想象的那样可以取之不尽、用之不竭，三者总和仅占全球总储水量的 0.77%。图 1-6 为地球上水资源的构成情况。

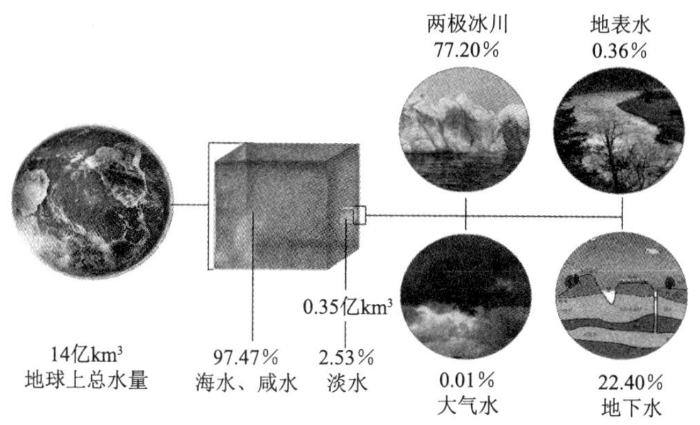


图 1-6　地球上水的构成情况

## 二、全球水资源的分布情况及特点

全球水资源的分布取决于降水量的空间分布（气候），具体衡量指标为多年平均径流总量：径流量 = 降水量 − 蒸发量。根据年平均降水量可以划分出地球上的多雨带和少雨带，一般而言，降水量较大的地区水资源较为丰富，反之亦然。

全球水资源分布极其不均匀。一般而言，降水量多的地区水循环活动活跃，水资源丰富；降水量少的地区水循环活动较弱，水资源相对匮乏。据统计，世界上水资源最为丰沛的地区有亚马孙流域、马来群岛和刚果盆地；世界上水资源最为贫乏的地区有非洲北部、西部和东北部，澳大利亚中西部，西亚和中亚，以及北美洲西南部。在亚、非、欧、南北美、大洋洲几大洲中，单位面积平均径流量最多的为南美洲，单位面积平均径流量最少的为非洲；人均径流量最多的洲为大洋洲，人均径流量最少的洲为亚洲。此外，水资源总量最多的国家排名为巴西、俄罗斯、加拿大、美国、印尼、中国、印度，人均水资源量最多的国家是加拿大。

## 三、中国水资源的分布情况及特点

### （一）水资源分布情况

我国水资源总量居世界第 6 位，但人均水资源量仅为世界平均水平的 1/4，居世界第 121 位，是全球 13 个人均水资源最贫乏的国家之一。全国有 400 多个城市缺水，其中 110 多个严重缺水。同时，我国南北方水资源分布不均衡，北方地区水资源较为短缺，特别是京津地区经济发达，人口密集，淡水资源短缺现象严重（图 1-7）。在过去的 20 年中，北京市每年水资源总量在 16.1 亿～23.8 亿 $m^3$，2008 年最高为 34.2 亿 $m^3$；而每年用水总量则高达 34.3 亿～38.9 亿 $m^3$。天津市每年水资源总量在 10.60 亿～15.24 亿 $m^3$，2008 年最高为 18.30 亿 $m^3$，2002 年最低仅为 3.67 亿 $m^3$，而每年用水总量在 19.96 亿～23.00 亿 $m^3$。北方地区大部分城市的用水需求与水资源量之间存在巨大缺口。

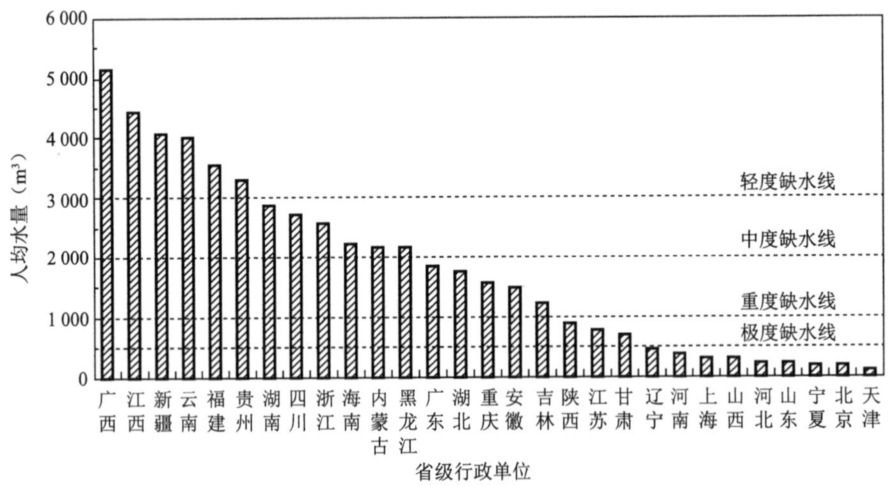


**图 1-7　各省（自治区、直辖市）人均水资源量**

我国水资源的分布与年平均降水量密切相关，从东南沿海到西北内陆年平均降水量逐渐减少，干湿分布随之从湿润区、半湿润区，逐渐演变为半干旱区、干旱区。我国的东部季风区基本属于湿润和半湿润地区，而西北地区和青藏地区多属于半干旱和干旱地区。湿润地区主要是位于秦岭淮河以南、青藏高原以东的南方地区，年降水量多在 800 mm 以上，其中台湾岛的东部地区，由于年降水量巨大，是我国最为湿润的地区。除了南方地区之外，青藏高原的东南部地区、山东半岛东部地区以及东北三省的东部地区也属于湿润区。秦岭淮河以北的华北平原、黄土高原南部、东北平原以及青藏高原东南部地区，年降水量多在 400～800 mm 之间，属于半湿润地区。半干旱区分布总体上呈东北西南走向，包括内蒙古高原的中东部、黄土高原和青藏高原大部分地区，年降水量在 200～400 mm 之间，自然植被以草原植被为主，农业生产多以畜牧业为主。从半干旱区再往西北内陆，降水更少，年降水量不足 200 mm，包括新疆大部分地区、内蒙古高原西部地区和青藏高原西北部地区，属于干旱地区，由于降水稀少，自然植被以荒漠自然带为主，几乎难以发展大规模的农业生产。

### （二）水资源分布特点

我国水资源的时空分布特点，可通过降水、蒸发、径流等水平衡要素的分布反映。

1. 降水

我国降水量受海陆分布和地形等因素的影响，在地区上分布很不平衡，年降水量由东南沿海向西北内陆递减，按降水量的多少，全国可分为多雨带、湿润带、半湿润带、半干旱带和干旱带。

（1）多雨带：年降水量超过 1 600 mm，气候湿润，包括广东、福建、台湾和浙江大部分地区，江西和湖南山地，广西南部，云南西南部地区和西藏东南角地区。

（2）湿润带：年降水量 800～1 600 mm，气候湿润，包括秦岭至淮河以南的广大长江中下游地区，以及云贵川和广西大部分地区。

（3）半湿润带：年降水量 400～800 mm，气候半湿润半干旱，包括黄淮海平原、东北大部分地区、山西和陕西大部分地区、甘肃东南部地区、四川西北部地区和西藏东部地区。

（4）半干旱带：年降水量小于 400 mm，气候干燥，包括东北西部地区，内蒙古、宁夏和甘肃大部分地区，新疆西部和北部地区。

（5）干旱带：年降水量少于 200 mm，年径流深度不足 1.0 mm，有的地区为无流区，包括内蒙古、宁夏和甘肃的沙漠，青海的柴达木盆地，新疆的塔里木盆地和准噶尔盆地，以及藏北羌塘地区。

我国降水在季节分配上也是不均匀的，全年降水主要集中在下半年。另外，降水年际变化大，而且在降水越少的地区和季节，降水量在年际之间变化也越大。这是我国旱涝出现频繁的重要原因。

2. 蒸发

我国干旱和半干旱地区，由于降水稀少，蒸发旺盛，蒸发能力大大超过供水能力。在西部内陆沙漠和草原地区，蒸发能力达到 1 600～2 000 mm，为我国蒸发能力最强的地区。而在东北大小兴安岭、长白山、千山丘陵区和三江平原，气温既低，湿度又大，因此，年蒸发量仅 600～1 000 mm。

3. 径流

我国地表径流的地区分布不均匀，径流的季节性分配具有夏季丰水、冬季枯水、春秋过渡的特点，而且年际变化北方大于南方。

4. 地下水

我国东北平原、黄淮海平原以及长江中下游平原的地下水补给以降雨为主；而在西北内陆河盆地则主要以河川径流补给为主。南方山丘区地下水补给量大，一般为 20 万～25 万 $m^3$/（$km^2$•a）；而东北西部、内蒙古和西北内陆河山丘区一般小于 5 万 $m^3$/（$km^2$•a）（何强等，2004）。

## 四、山东省和青岛市水资源的分布情况及特点

### （一）山东省水资源的分布情况及特点

山东省是我国北方地区资源性缺水最严重的省份之一。据分析计算，年平均水资源总量为 306 亿 $m^3$，人均占有 344 $m^3$，即使加上国家分配的 70 亿 $m^3$ 黄河水，人均占有量也只有 423 $m^3$，不足全国平均水平的 1/6，为世界人均的 1/25，属极度缺水区。中华人民共和国成立以来，山东省兴建了大量的拦、蓄、引水工程和地下水开采、灌溉和城市供水工程，形成 265 亿 $m^3$ 的年供水能力，引黄设计能力已达 2 155 $m^3$/s。自 1987 年以来，实际年均供水量为 243.13 亿 $m^3$，其中地表水 53.46 亿 $m^3$、地下水 115.13 亿 $m^3$、黄河水 71.56 亿 $m^3$。全省水资源开发利用率达 64.66%，其中地下水开发利用率已超过 90%。由此可见，山东省的水资源开发利用程度现状已达较高水平，从总体上来说，已接近或略超过现实条件下合理的水资源承载能力。

### （二）青岛市水资源的分布情况及特点

青岛市是中国北方严重缺水城市之一，水资源地区分布不均、年际年内变化大是青岛市的基本水情。青岛市的水资源主要依靠大气降水。全市多年平均降水量 691.6 mm，平均水资源总量 21.48 亿 $m^3$，平均水资源可利用量 13.69 亿 $m^3$，

多年平均地表水资源量约 13 亿 $m^3$，人均占有水资源量 247 $m^3$，是全国平均水平的 11%，不足世界人均的 3%，远低于世界公认的人均 500 $m^3$ 的绝对缺水标准。地表径流的地域分布趋势和降水基本一致，总趋势是自东南沿海向西北内陆递减，空间分布特点也是由东南沿海向西北内陆递减。年际年内变化大，丰枯年交替出现，容易发生连续丰水年或连续枯水年的情况。年内变化剧烈，汛期易形成洪水暴涨暴落，造成水灾；而枯水期径流量不足，河道断流。从 1956 到 2010 年，最大年径流为 1964 年，全市总径流量 75.64 亿 $m^3$，最小年径流为 1981 年，全市总径流量 4.45 亿 $m^3$，最大值与最小值之比为 17∶1。从年内变化情况看，青岛市 70%～75%的降水集中在汛期(6～9 月)，其中七八月份占全年的 50%左右。青岛市大部分区域属低山丘陵区，河流较多，多为山溪性、季风雨源型河流，源短流急，水资源开发利用难度较大。

青岛市流域面积 10 $km^2$ 以上的河流有 224 条，其中流域面积 50 $km^2$ 以上的河流有 74 条，流域面积 100 $km^2$ 以上的河流有 33 条，流域面积 1 000 $km^2$ 以上的河流有 4 条，均为季风雨源型河流，可分为大沽河、北胶莱河、沿海诸河三大水系。青岛市本地的供水水源主要包括：地表水源——产芝、尹府等 19 座大中型水库，崂山区流清河、大石村、登瀛、晓望 4 座小型水库及大沽河水源地；地下水源——城阳白沙河、平度丈岭、平度白沙河、莱西城区、即墨墨水河、黄岛风河 6 处地下水源；备用水源——大沽河地下水源地。随着青岛市经济社会的快速发展，青岛市客水受水区域已由原来的市内三区扩大到除莱西市外的所有区(市)，客水使用量不断增加。

## 第三节　青岛饮用水的来源

青岛市饮用水的来源复杂多样，来源主要有河湖水库(例如大沽河、崂山水库、产芝水库、棘洪滩水库等)、引黄济青工程、南水北调东线工程、海水淡化工程、表层地下水以及再生水回用。其中，青岛河湖水库属于本地水源或备用水源，引黄济青工程和南水北调东线工程来水属于客水水源。根据青岛市水资源公报，2020 年全市总供水量 10.05 亿 $m^3$，按供水水源分，地表水供水量 6.90 亿 $m^3$，地下水供水量 2.15 亿 $m^3$，其他水源供水量 1.00 亿 $m^3$；按用水性质分，农业用水 2.54 亿 $m^3$，工业用水 2.05 亿 $m^3$，城镇公共用水 1.13 亿 $m^3$，居民生活用水 3.45 亿 $m^3$，生态环境用水 0.88 亿 $m^3$。2020 年全市调引客水 4.04 亿 $m^3$，十三五期间全市客水总调引量达到 20.81 亿 $m^3$。海水淡化和再生水利用属于青岛市水源的非常规水途径，海水淡化能力已达到 22.4 万 $m^3/d$，再生水利用能力达到 59.1 万 $m^3/d$。图 1-8 表示 2020 年青岛市不同水源供水总量的分布情况，可以看出外调水（引黄济青工程和南水北调东线工程）供水量最大，占 40.13%；本地地表水次之，占 28.52%；浅层地下水、再生水和海水淡化分别占 21.41%、6.27%和 3.67%。

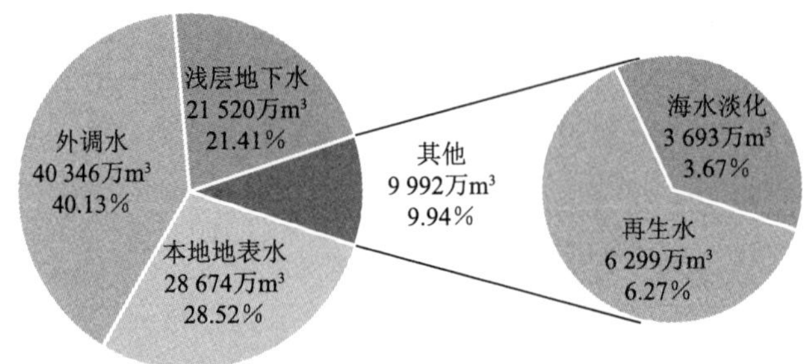


**图 1-8　2020 年青岛市各水源供水总量的分布（青岛市水务管理局，2020）**

## 一、青岛的河湖水库

表 1-1 为山东省十大水库及其排名情况，其中产芝水库是青岛市饮用水的重要来源之一。产芝水库所属河流为大沽河干流，大沽河是青岛市的母亲河，其发源于烟台招远阜山，在青岛市胶州入海。在青岛自上而下流经莱西市、平度市、即墨市、胶州市和城阳区，全长 179.9 km，流域面积 6 131.3 $km^2$，占全市陆域面积 45%，是青岛市重要的水源地。相关部分内容详见第二章。

**表 1-1　山东省十大水库及其排名**

| 排名 | 水库 | 所属河流 | 所属地区 | 储水量/（亿 $m^3$） | 水库规模类别* |
|---|---|---|---|---|---|
| 1 | 峡山水库 | 潍河 | 潍坊市坊子区 | 14.05 | 大 1 型 |
| 2 | 岸堤水库 | 东汶河 | 临沂市蒙阴县 | 7.49 | 大 2 型 |
| 3 | 跋山水库 | 沂河 | 临沂市沂水县 | 5.28 | 大 2 型 |
| 4 | 青峰岭水库 | 沭河 | 日照市莒县 | 4.10 | 大 2 型 |
| 5 | 产芝水库 | 大沽河 | 青岛市莱西市 | 4.02 | 大 2 型 |
| 6 | 墙夼水库 | 潍河 | 潍坊市诸城市 | 3.28 | 大 2 型 |
| 7 | 日照水库 | 傅疃河 | 日照市东港区 | 3.21 | 大 2 型 |
| 8 | 牟山水库 | 汶河 | 潍坊市安丘市 | 3.08 | 大 2 型 |

续表

| 排名 | 水库 | 所属河流 | 所属地区 | 储水量/(亿 $m^3$) | 水库规模类别 * |
|---|---|---|---|---|---|
| 9 | 许家崖水库 | 温凉河 | 临沂市费县 | 2.93 | 大 2 型 |
| 10 | 陡山水库 | 浔河 | 临沂市莒南县 | 2.88 | 大 2 型 |

水库规模类别 *:根据水库库容大小的不同,水库可分为:大 1 型水库、大 2 型水库、中型水库、小 1 型水库以及小 2 型水库五类,其中大 1 型是指水库库容 > 10 亿 $m^3$;大 2 型是指水库库容位于 1 亿～10 亿 $m^3$ 之间;而中型水库、小 1 型水库以及小 2 型水库库容分别为 0.1 亿～1 亿 $m^3$、0.01 亿～0.110 亿 $m^3$ 以及 0.001 亿～0.011 0 亿 $m^3$。

## 二、引黄济青工程

引黄济青工程于 1989 年 11 月正式向青岛市送水。该工程在博兴县境内打渔张引黄闸下游开挖 9 条沉沙渠,总面积 36 $km^2$。采取自流与扬水相结合方式,经过输沙渠进入沉沙池沉淀。输水河东南行经宋庄泵站、王耨泵站、亭口泵站,到即墨区桥西头村入棘洪滩水库,全长 253.34 km。输水河多采用混凝土板、塑料薄膜和黏土衬砌,以防渗漏。相关部分内容介绍详见第三章。

## 三、南水北调东线工程

南水北调东线工程是指从江苏扬州江都水利枢纽提水,途经江苏、山东、河北三省,向华北地区输送生产生活用水的国家级跨流域输水工程。东线工程规划从江苏省扬州附近的长江干流引水,利用京杭大运河以及与其平行的河道输水,连通洪泽湖、骆马湖、南四湖、东平湖,经泵站逐级提水进入东平湖后,分水两路。一路向北穿过黄河后自流到天津;另一路向东经新辟的胶东地区输水干线接引黄济青渠道,向胶东地区(青岛属于胶东地区)供水。东线工程一线工程已于 2013 年 11 月 15 日正式通水运行。相关部分内容介绍详见第四章。

## 四、海水淡化工程

至 2022 年,青岛市建成海水淡化规模达 22.4 万 t/d,约占全国已建成规模的 1/7。青岛市首个海水淡化装置——黄岛电厂海水淡化试验装置建成于 2003 年。青岛百发海水淡化项目最高日供水量达到 10.5 万 t,是我国最大的参与市政供水的海水淡化项目。此外,董家口海水淡化项目是国内首个自主研发、自主设计、自主建设和自主运营的大型海水淡化工程。相关部分内容介绍详见第五章。

## 五、浅层地下水和再生水回用

### （一）浅层地下水

2020年全市地下水资源总量为13.367亿 $m^3$，较上年地下水资源量偏多297.9%，较多年平均地下水资源量（2001—2016年）偏多58.9%。2021年1月1日，青岛市平原区浅层地下水平均埋深为5.22 m。全市地下水位较上年同期上升1.26 m，全市各平原区地下水位均上升，其中南胶莱河平原区、北胶莱河平原区、大沽河平原区水位上升幅度在1 m以上。全市平原区浅层地下水蓄水量较上年同期增加3.028亿 $m^3$，各平原区浅层地下水蓄水量均增加，其中北胶莱河平原区、大沽河平原区和南胶莱河平原区增加较多，分别为1.088亿、1.051亿、0.679亿 $m^3$（青岛市水务管理局，2020）。

### （二）再生水回用

青岛是全国最早开展再生水利用的城市之一，近年来城市再生水利用工作取得较快发展。一是集中再生水利用设施不断完善，加快污水处理厂升级改造，目前市区出水水质达到一级A标准的处理能力达156万 $m^3/d$，张村河水质净水厂出水达到地表水类Ⅳ类标准，直接实现污水的资源化回用；配套建设8座集中再生水处理设施，集中再生水处理能力达到16.9万 $m^3/d$，铺设再生水主干管网338.2 km。二是单位再生水利用设施逐年增多，相关企业单位和居民小区共建设单体再生水利用设施55座，处理回用能力约8.6万 $m^3/d$，部分单位实现了污水零排放，如中国海洋大学崂山校区建设地埋式单体再生水设施，收集优质杂排水，处理后用于冲厕、绿化及景观湖补水，年节水量达30万 $m^3$。三是再生水利用范围和利用量逐年扩大，目前再生水广泛用于河道景观、水源热泵、工业冷却和工艺、市政杂用等方面。2018年实施李村河流域综合整治项目，建设再生水补水设施，通过政府购买服务的方式实现了李村河长效化、高标准的生态补水（路忠诚等，2019）。

## 思考题

1. 人类文明为何与水息息相关？水在生命形成、人类文明的产生、人类社会发展中扮演着怎样的角色？

2. 对比分析全球、我国以及山东省水资源状况，思考：青岛三面环海，为什么水资源仍紧缺？

3. 通过资料调研，了解“青岛市供水主客之争”，青岛市的饮用水来源主要包括哪些方式？青岛供水的过程中为何出现主客（即属地供水与客水）之争？

# 第二章

# 青岛市的河湖水库

青岛是我国最早实现公共供水的城市之一，1899 年在海泊河建立自来水厂，1901 年开始送水。其后，李村河、白沙河、黄埠等均曾作为青岛市的饮用水源地。后来，陆续开发了崂山水库、大沽河等供水工程。河湖水库等属地供水是最早的饮用水来源，也是人口集中的城市依水而兴的重要原因。对河湖水库等水源地重新认识，对于了解供水历史、增强节水用水和环境保护意识具有重要意义。本章将主要介绍青岛市的自然环境、河流水系、重要的水库以及水资源配置的发展规划。

## 第一节　青岛的河流水系

### 一、青岛市自然环境状况

#### （一）地理位置

青岛市地处山东半岛南部，位于东经 119°30′～121°00′、北纬 35°35′～37°09′之间，东、南濒临黄海，东北与烟台市毗邻，西与潍坊市相连，西南与日照市接壤。

#### （二）地质地貌与土壤状况

青岛市为海滨丘陵城市，地势东高西低，南北两侧隆起，中间低陷。其中山地约占全市总面积的 15.5%，丘陵约占 25.1%，平原约占 37.8%，洼地约占 21.7%，全市海岸分为岬湾相间的山基岩岸、山地港湾泥质粉砂岸及基岩砂砾质海岸等 3 种基本类型，浅海海底则有水下浅滩、现代水下三角洲及海冲蚀平原等。

青岛所处大地构造位置为新华夏隆起带次级构造单元——胶南隆起区东北缘和胶莱凹陷区中南部。区内缺失整个古生界地层及部分中生界地层，但白垩系青山组火山岩层发育充分，在本市出露十分广泛。岩浆岩以元古代胶南期月季山式片麻状花岗岩及中生代燕山晚期的艾山式花岗闪长岩和崂山式花岗岩为主。本区构造以断裂构造为主。自第三纪以来区内以整体性较稳定的断块隆起为主，上升幅度一般不大。

全市主要有3个山系。东南是崂山山脉，山势陡峻，主峰海拔1 132.7 m，从崂顶向北绵延至青岛市区；北部为大泽山，包括平度市境内诸山及莱西部分山峰；南部为大珠山、小珠山、铁橛山等组成的胶南山群。市区的山岭有浮山、太平山、青岛山、信号山、伏龙山、贮水山等。

全市土壤总面积82.55万 $hm^2$，占土地总面积的75%。青岛市土壤主要有棕壤、砂姜黑土、潮土、褐土、盐土等5个土类。棕壤面积49.37万 $hm^2$，占土壤总面积的59.8%，是全市分布最广、面积最大的土壤类型，主要分布在山地丘陵及山前平原；砂姜黑土面积17.69万 $hm^2$，占土壤总面积的21.42%，主要分布在莱西南部、平度西南部、即墨西北部、胶州北部浅平洼地上；潮土面积14.49万 $hm^2$，占土壤总面积的17.55%，主要分布在大沽河、五沽河、胶莱河下游的沿河平地；褐土面积0.633万 $hm^2$，占土壤总面积的0.77%，零星分布在平度、莱西、胶南的石灰岩残丘中上部；盐土面积0.367万 $hm^2$，占土壤总面积的0.44%，分布在各滨海低地和滨海滩地。

### （三）气候特征

青岛地处北温带季风区域，属温带季风型大陆性气候；市区由于受海洋环境的直接影响和调节作用，受来自洋面上的东南季风及海流、水团的影响，故又具有鲜明的海洋性气候特点，空气湿润、雨量充沛、温度适中、四季分明。春季气温回升缓慢，较内陆迟1个月左右；夏季湿热多雨，但无酷暑，秋季天高气爽，降水少、蒸发强；冬季风大温低，持续时间较长。据1898年以来百余年气象资料查考，市区年平均气温12.7 ℃，全年8月份最热，平均气温25.1 ℃，1月份最冷，平均气温 −0.5 ℃；年降水量平均为662.1 mm，春、夏、秋、冬四季雨量分别占全年降水量的17%、57%、21%、5%；年平均气压1 008.6 hPa；年平均风速为5.3 m/s，以东南风为主导风向；年平均相对湿度为73%，7月份最高，为89%，12月份最低，为68%；青岛海雾多、频，年平均浓雾51.3天、轻雾108.2天。

### （四）海域概况

青岛市近岸海域指胶州湾海域和其他由本市所辖的与海岸、岛屿毗连的海域。该区域北起即墨丁字湾，南至胶南黄家塘湾，海岸线（含所属海岛岸线）总长为 862.64 km，其中大陆岸线 730.64 km。其中分布着胶州湾、崂山湾、沙子口湾等 49 处海湾（港湾），有黄岛、灵山岛等 52 个岛屿和 54 处礁石、14 处滩涂。青岛潮汐属正规半日潮型。最高潮位 5.36 m，最低潮位 −0.62 m，平均低潮位 1.00 m，每个太阴日有 2 次高潮和 2 次低潮。潮差 1.9～3.5 m，大潮差发生于朔或望日后 2～3 天。8 月份比 1 月份的潮位高出约 0.5 m。

### （五）水文地质与流域概况

青岛市区地下水主要为大气降水补给，储水类型有第四纪潜水和基岩裂隙水。由于第四纪地层较浅，故河流多为宽浅的季节性河流，地下水很少得到补给，储量不甚丰富。地表径流方面，青岛全市共有大小河流 224 条，均为季风雨源型，除市南区和崂山区部分河道外其余均汇入胶州湾，流域面积在 100 $km^2$ 以上的较大河流共计 33 条。按照水系可分为大沽河水系、北胶莱河水系以及沿海诸河流等三大组成部分（刘占良，2009）。以下主要介绍与青岛市区供水工作息息相关、且受到青岛市关注的两条河流——大沽河和胶莱河的基本情况。

## 二、大沽河

大沽河发源于烟台市招远市阜山，由北向南，于莱西市道子泊村北约 500 m 处进入青岛市，是青岛市唯一的省辖河道，也是胶东半岛最大的河流。大沽河干流全长为 179.9 km，流域总面积为 6 131.3 $km^2$（含南胶莱河 1 500 $km^2$）（图 2-1），其中青岛市内面积 4 850.7 $km^2$，上游建有大型水库——产芝水库，流域面积 879 $km^2$，总库容 4.02 亿 $m^3$。大沽河流域北部为山区和低山丘陵区，南部为山麓平原和平原洼地，地势北高南低，地形坡度由北向南逐渐变缓。大沽河流经青岛市下辖的莱西、平度、即墨、胶州、城阳五市（区），于胶州码头村南入胶州湾。

大沽河流域内共有小沽河、洙河、五沽河等 14 条较大的支流，有产芝、尹府 2 座大型水库，城子、勾山、庙埠河、黄同、北墅、高格庄、宋化泉、挪城等 10 座中型水库及众多小型水库和塘坝，总库容 7.32 亿 $m^3$。自产芝水库至入海口，整个河道新建、改建了上海路、沙埠、江家庄等 19 座梯级拦河坝，一次可拦蓄水量 8 700 万 $m^3$，有效地回灌补充了地下水。并在下游入海口处建成 4.3 km 地下截渗墙，

有效预防了海水入侵倒灌，保障了地下水水质，形成大沽河下游河谷平原，总面积为 421 $km^2$，总库容达到 3.42 亿 $m^3$ 的庞大地下水库。因此，大沽河是青岛重要的防洪排涝河道和水源地，素有青岛“母亲河”之美誉。

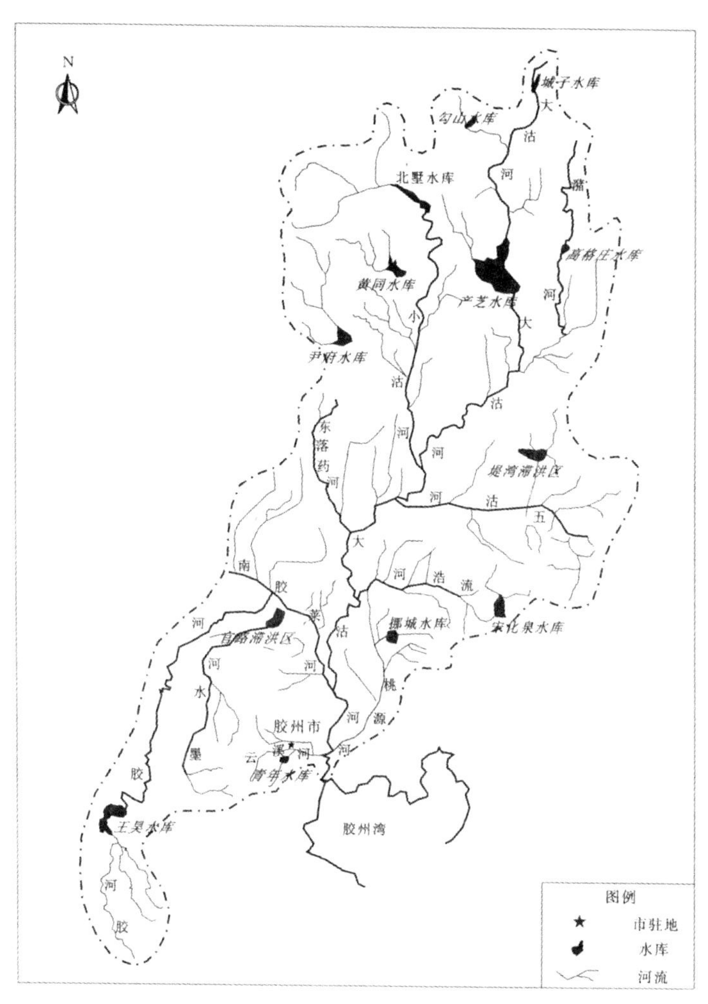


图 2-1　大沽河水系图（高宗军等，2017）

大沽河作为青岛的母亲河，在青岛各市区的灌溉、供水、防洪排涝等方面均担负着重要作用，对青岛的发展有着不可磨灭的功绩，但存在着包括：周边村庄、工厂排放污水、废水，导致河流水污染严重；河道占用、挖沙、移土导致河道受损，湿地生态环境被破坏；沿河建设了大量的堤坝，水被截留，中下游无水可用等威胁大沽河流域生态平衡以及人与自然和谐发展的问题。青岛市政府采取了包括：出台环境保护红线，政策上进行保护；对河道进行清理、整治，还原自然景观；

适当放水，满足中下游水量要求等措施与方法，对大沽河及其流域进行治理与保护，且成效显著。

### 三、胶莱河

胶莱河流经山东半岛西部，位于胶州半岛泰沂山脉与昆嵛山脉之间。该河分南北两段：胶州市姚家为分水岭，北胶莱河向西北至莱州市海仓口北注入渤海莱州湾，有泽河、白沙河、柳沟河、五龙河、漩河、龙王河等汇入，长 103.5 km；南胶莱河自分水岭向东南流经平度、高密，至胶州市与大沽河汇流后入胶州湾，有胶河、清水河、墨水河、碧沟河等汇入，长 30.5 km。胶莱河干流全长约 130 km，总流域面积为 5 478.6 $km^2$。流域形状呈南北方向的长方形，而河流是东南—西北向。

胶莱河流域的水流一般是由两旁分水岭向干流集中。流域内平原居多，以堆积地貌为主。侵蚀和冲积台地约占流域面积的75%。火山形成的地貌约占7%，丘陵面积为 18%。丘陵区及侵蚀台地分布在各支流的上、中游地带，冲积台地分布在干流两岸。流域内年降雨多集中在 6—9 月，汛期与枯水期变幅很大。在整个流域中，流域面积超过 100 $km^2$ 的支流主要有泽河、淄阳河、白里河、昌平河、白沙河、三苗家沟、龙王河、现河、胶河、墨水河等。

胶莱河的名称始于元朝。相传元世祖在占领江南后，为发展漕运，南自胶州湾麻湾口，北至莱州湾海仓，沿胶水开凿新运河。运河于公元 1280 年动工，历经 4 年而建成，并取两湾首字命名“胶莱河”。胶莱运河运行数年后停用。《莱州府志》中阐述：“胶莱通运之议，创自元人，开之数年即罢。明时屡试，而终不行。”胶莱河建成后，元、明两代江南粮米长期由此运往京师，当地人也称其为运河、胶莱运河或运粮河。

## 第二节　青岛的湖库

青岛全市有棘洪滩水库、产芝水库、崂山水库、尹府水库、吉利河水库、青年水库等大中型水库 24 座，其中产芝水库是青岛市最大的水库。以下将分别介绍青岛市三大水库——产芝水库、棘洪滩水库和崂山水库的基本情况。

## 一、产芝水库

产芝水库（图 2-2），又名莱西湖，位于莱西市大沽河干流的中上游，始建于 1958 年，是一座集防洪、灌溉、供水、养鱼、旅游于一体的综合性的国家大型水库。水库大坝长 2.5 km，流域面积 879 $km^2$，最大水面积 56 $km^2$，总库容 4.02 亿 $m^3$。它不仅是青岛市的第一大水库，也是胶东半岛第一大水库。

图 2-2　产芝水库

## 二、棘洪滩水库

棘洪滩水库（图 2-3），位于胶州市、即墨区和城阳区交界处，始建于 1989 年，是亚洲最大的人造堤坝平原水库，被誉为“亚洲明珠”，也是引黄济青工程的唯一调蓄水库。水库围坝长 14.277 km，设计水位 14.2 m，占地 900 余万 $m^2$，总库容 1.46 亿 $m^3$。

图 2-3　棘洪滩水库全貌

### 三、崂山水库

崂山水库（图 2-4），又名月子口水库，位于城阳区夏庄街道，始建于 1958 年，是白沙河的发源地，也是崂山的最后一个山谷。四围环山，中成盆地，具有天然水库的良好条件。水库在小风口山和张普山之间筑坝，腰截白沙河，大坝长 672 m，高 26 m，库内最大水深为 24.5 m，水库东西长约 5 km，平均宽度约 1 km，汇水面积为 5 $km^2$，流域面积 99.6 $km^2$，库容量 5 601 万 $m^3$。

图 2-4　崂山水库全貌

## 第三节　青岛市水资源配置发展规划

《青岛市“十四五”水资源配置发展规划》（以下简称《规划》）提出，青岛市将依托山东省大水网建设，加大客水调引力度，加快调蓄工程和非常规水工程建设，加快市域水资源配置工程建设，不断优化完善市域水资源配置工程网体系。同时加紧谋划一批重大水务项目，稳步提高青岛市水资源应急和储备保障能力，促进青岛市生态文明建设和高质量发展。

《规划》提出，到 2025 年，青岛市基本建成与经济社会发展要求相适应的水资源优化配置和安全保障体系。水资源配置能力、保证率进一步提高，客水供水

量增加，海水淡化和再生水处理能力、利用程度不断提高，初步建成以地下水和海水淡化水为主的应急备用水源。完善“南北贯通、东西互配、主客联调、海淡互补”的全市配置网工程，提高全市水资源保障程度和应急供水能力。适当压减当地水资源利用量，促进河湖生态逐步修复。健全最严格水资源管理制度，实行水量和强度双控。利用智慧水务平台，提升全市水资源监管能力水平。《规划》主要内容包括四个方面：

第一，对规划年需水量进行合理预测和分析。2025 年正常年份全市总需水量 14.48 亿 $m^3$，特枯年份全市总需水量 16.57 亿 $m^3$。其中城市需水量 9.45 亿 $m^3$。

第二，统筹当地水、客水与非常规水，谋划全市水资源保障体系。借力山东省水网建设，通过骨干水源、输配水工程建设，形成双渠输送、双库调蓄、多路辐射的外调水主干供水水网，与市、区当地水网并网，打造青岛市南北贯通、东西互配、主客联调、海淡互补的水资源保障体系。

第三，依据水资源配置原则，提出全市水资源配置方案。依据现有水资源量及分布情况，以区市为单元，分别对基准年、规划年不同保证率情况下供需水进行平衡分析，结合我市水资源禀赋条件，统筹了当地水与外调水，常规水与非常规水，生产、生活与生态用水，城市与农业用水，近期与远期发展用水，并对重点功能区进行了供水水源保障分析，提出了全市水资源配置方案。

第四，明确了主要建设任务、投资规模及资金筹措方案。“十四五”期间，重点实施调蓄水库工程建设 3 项、水资源配置工程网 6 项、本地水源联通工程 1 项、海水淡化工程 6 项、再生水利用工程 9 项。规划估算总投资 201.83 亿元，资金筹措按照分级负担、分类筹措的原则，通过财政和社会投资等多渠道筹集。

在“十四五”期间，青岛市的重点规划建设工程和措施包括：第一方面，新建南水北调东线后续工程配套调蓄水库，适时开展宋化泉水库扩容工程和尹府水库应急调蓄工程，增加水源调蓄、水资源供给能力。第二方面，规划实施黄同水库—尹府水库联合调度等原水水网工程，实施黄水东调承接工程青岛输水管线工程（续建工程）、南水北调东线后续工程配套调蓄水库等四条输配水管线工程，胶州南部东西供水大动脉工程等水源配置网联网工程，提高水资源配置能力。第三方面，加大非常规水的利用，规划实施海水淡化工程，截止到“十四五”末，青岛市海水淡化装机规模每天达到 52.5 万 t；结合污水处理厂提质建设，推进再生水利用，全市再生水处理工程总规模每天达到 121 万 t，提高水资源利用率。第四方面，大力加强水资源调控能力建设，并结合全市“智慧水务”系统建设，实现水资源精细化管理，进一步提升全市水资源监管能力和水平。

预计到2025年，正常年份青岛市全市可供水量达到18.1亿 $m^3$ 以上，特枯年份全市可供水量达到14.6亿 $m^3$ 以上，基本建成与经济社会发展要求相适应的水资源优化配置和安全保障体系，满足青岛市的发展需求（吴帅，2021）。

## 思考题

1. 每一个城市的发展都离不开水资源，甚至每一个城市都可上溯找到其母亲河。如大沽河是青岛市的母亲河，你的家乡所在城市的母亲河是哪条河，其历史作用和现状如何？

2. 水资源紧缺是随着人口激增而出现的社会问题。为了缓解这一矛盾，20世纪50年代至80年代，我国建设了大量的人工水库，如崂山水库、产芝水库，以及非常著名的红旗渠。试分析其作用及局限性。

# 第三章
# 黄金水渠之引黄济青

引黄济青工程是我国“七五”期间的地方重点工程，也是山东省自中华人民共和国成立以来建成的规模最大、距离最长的跨流域调水工程。工程自1986年开工建设，1989年建成通水，至今已运行三十余年，已经取得了巨大的社会效益、经济效益和生态效益，为青岛市及工程沿线地区经济社会的可持续发展提供了可靠的水源保证。三十余年的实践证明，引黄济青工程是一项造福人民的伟大工程，是齐鲁大地上的一条“黄金之渠”。

本章首先对引黄济青工程的工程建设背景进行介绍，具体内容包括跨流域调水工程的基本概念及分类、跨流域调水的历史发展、引黄济青工程背景以及规划方案；其次对引黄济青的路径和归趋进行分析，具体内容包括渠首引水与沉沙工程、输水工程、调蓄工程和供水工程；最后对引黄济青的工程意义以及社会评价进行总结。

## 第一节　引黄济青工程建设背景

### 一、跨流域调水工程

#### （一）跨流域调水的定义

调水是解决水资源时空分布不均的有效方式。广义地讲，调水工程就是为了将某水源地多余的水调出或为缺水地补偿水资源，从而更有效地利用水资源。一般是指从水源地（河流、水库、湖泊、海湾）取水并通过河槽、渠道、倒虹（或渡槽）隧洞、管道等工程输送给用水区或用水户而兴建的工程。一般把分水线所包围的集水区称为一个流域(图 3-1),而在两个或多个流域之间通过开挖渠道或隧洞,利用自流或提水的方式,把一个流域的水输送到另一个流域或多个流域,或者把多个流域的水输送到一个流域,称为“跨流域调水”,为之兴建的工程称为“跨流域调水工程”。

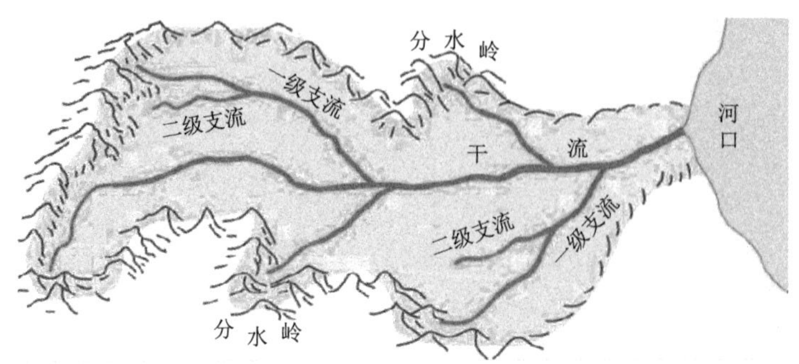


图 3-1 流域为分水线所包围的集水区

### (二)跨流域调水工程的历史发展

跨流域调水工程建设是为了解决水资源空间分布不均的必然产物,这在古今中外概莫能外。在中国,最早的跨流域调水发生在春秋时期,距今已有 2 500 多年的历史。其他国家最早的跨流域调水工程可追溯到公元前 2400 年以前,为满足今埃塞俄比亚高原南部的灌溉和航运的需要,古埃及兴建了从尼罗河引水的跨流域调水工程。

受不同时期经济社会发展及自然环境等因素的影响,跨流域调水工程建设在不同的历史发展阶段具有不同的内涵,相比较而言,早期的调水工程多以军事、航运结合灌溉为主;随着区域经济社会的快速发展,水资源稀缺程度加剧,到了 20 世纪前后,跨流域调水工程的功能逐渐让位给以城市生活和工业用水为主,并兼顾农业灌溉水的需要。自 20 世纪中叶开始,世界范围内跨流域调水工程的数量及规模渐次加大。据不完全统计,目前世界上已建、在建和拟建的大规模、长距离、跨流域调水工程已达 160 多项,分布在 20 多个国家和地区。

我国古代调水工程举世瞩目,为经济发展做出了重要贡献。

(1) 公元前 486 年,吴王夫差为了北上争霸,兴建了自今扬州至淮安的邗沟工程,沟通了长江与淮河的水运。4 年后,又开挖了自今山东鱼台至定陶的菏水,把济水和泗水连接起来,实现了淮河与黄河间的通航。

(2) 公元前 361 年,魏惠王兴建了引黄河水入淮河的鸿沟工程,自黄河向南

沟通了淮河北岸各支流，向东连接了泗水，又经济水向东通航，形成了隋代以前黄淮之间最重要的水上通道。

（3）公元前219年，秦始皇修建了引湘江水入珠江水系漓江的灵渠工程。至此，自黄河经由鸿沟、古汴水，通泗水入淮河，经由邗沟入长江，再通过长江支流湘江过灵渠入珠江水系，初步形成了黄河、淮河、长江和珠江四大水系南北沟通的大水网。

（4）东汉献帝时代，曹操为满足向北方用兵的需要，逐次开凿了沟通黄河、海河流域的一系列运河。经过30多年的接力开凿，逐步形成了早期沟通滦河、海河、黄河、淮河、长江各大流域直至钱塘江的水运网络。

（5）随着历史朝代的变迁，此后修建人工运河多以漕运而非军事作为主要目的。统治者为了维护政治中心物资需要，把运河建设作为连接重要都城与漕粮产地的载体。608年前后，陆续开通了自洛阳（洛河口）经由通济渠入淮河的汴河；又向北开通永济渠自黄河渐次通至北京；系统整修江南运河，至此形成了由永济渠、通济渠、邗沟和江南运河组成的南北大运河，实现了沟通海河、黄河、淮河、长江、珠江和钱塘江等六大水系的航运通道。

（6）元代统一中国后，定都于大都（今北京），漕运的中心也逐渐向北京转移，运河修建的重点在山东至北京一段。1276—1283年元朝陆续修建了沟通济州（今济宁市）鲁桥镇到须城（今东平县）安山的济州河；1289年修建了会通河，自安山至临清接卫河，使南方来的船可入会通河直接经卫河北上；1293年水利专家郭守敬主持修建了通惠河，自北京北白浮泉引水入北京城，再开河至通州接北运河，至天津接南运河（临清以下为卫河）。至此实现了由北京经通惠河、北运河、南运河、会通河、济州河可至济宁，再沿泗水河道至徐州入黄河，沿黄河顺流至淮安入邗沟（淮扬运河），再经扬州过长江至镇江入江南运河，此后直达杭州。由此，元代的京杭大运河全线贯通。

（7）在明清两代，作为国家运输的主干线，京杭大运河历经多次修缮。为解决会通河段水资源匮乏的问题，明朝工部尚书宋礼采纳民间治水专家白英提出的“引汶绝济”的建议，废弃元代山东境内堽城坝，迫使汶水西行，并在汶水下游大清河东端戴村附近拦河筑坝，引汶水至南旺入运河南北分流，“使趋南旺，以济运道”，妥善解决了丘陵地段运河断流的问题。此后为避开黄河泛滥的影响，清政府分别于1565年、1688年在济宁、徐州等地陆续修建了新的运河，以确保运河河道不受黄河洪水泛滥的影响。

值得强调的是，京杭大运河是世界运河史上历史最长、跨度最大的跨流域调水工程，运河的开挖凝结了我国古代劳动人民卓越的智慧，是我国农耕文明时代的标志性工程，不仅是我国自隋唐以来的政治、经济和文化主干线，也是世界文明史上的奇迹。尽管运河在清末受黄河改道及当时经济社会的影响而区域中断，但至今仍有近 900 km 正常通航，京杭大运河在北煤南运、南水北调和沿线物资流通方面仍然起到至关重要的作用。

### （三）我国当代著名跨流域调水工程

我国自成立以来特别是改革开放以后，为解决缺水城市和地区的水资源紧张状况，陆续建设了数十座大型跨流域调水工程，这些跨流域调水工程的建设为确保实现我国经济社会可持续发展的目标发挥了十分重要的基础保障作用。国内部分已建成的跨流域调水工程情况统计见表 3-1。

表 3-1　国内部分已建成跨流域调水工程情况统计

| 工程名称 | 水量调出一调入区 | 供水目标 | 年引水量（亿 $m^3$） | 输水河长度（km） |
|---|---|---|---|---|
| 东深供水 | 东江—深圳、香港 | 城市 | 17.43 | 83 |
| 引黄济青 | 黄河—青岛 | 城市 | 2.43 | 291 |
| 引黄入晋 | 黄河—太原 | 城市 | 1.36 | 450 |
| 引滦入津 | 滦河—天津 | 城市 | 10.00 | 234 |
| 引碧入连 | 碧流河—大连 | 城市 | 4.75 | 68 |
| 引松入长 | 松花江—长春 | 城市 | 3.08 | 62 |
| 黑河引水 | 黑河—西安 | 城市与农业 | 3.77 | 143 |
| 引大入秦 | 大通河—秦王川 | 农业 | 4.43 | 87 |
| 景泰提水 | 黄河—景泰川 | 农业 | 4.05 | 120 |
| 引黄入卫 | 黄河—沧州 | 农业与城市 | 6.20 | 287 |

#### 1. 引黄济青调水工程

引黄济青调水工程是从黄河引水向青岛市供水的大型跨流域调水工程。工程从黄河打渔张引黄闸引水，途经滨州、东营、潍坊，将黄河水调往青岛，以解决青岛市区供水长期紧张的局面，已成为关系青岛长远发展和对外开放的重大战略举措。工程主要向青岛城市生活和工业供水，并兼顾沿途部分农业用水。该工程于 1986 年开工建设，1989 年建成通水。数据显示，引黄济青工程建成通水 30 年来（截至 2019 年 11 月 16 日），累计引水 94.09 亿 $m^3$，累计配水 79.2 亿 $m^3$（其中城市供水 62.48 亿 $m^3$、农业灌溉用水 16.74 亿 $m^3$），发挥了巨大的社会效益、经济效益和生态效益，有力保证了青岛及工程沿线地区用水安全。

2. 江苏江水北调工程

江水北调工程，是江苏省为缓解苏北地区缺水状况，合理配置水资源，从1960年开始建设的一项跨流域调水工程，也是南水北调东线规划的先期工程。工程主要向苏北灌区提供灌溉用水，以长江北岸的江都水利枢纽和高港水利枢纽为起点，通过自流和抽提引取长江水至苏北里下河地区与淮北灌区，形成东引灌区和北调灌区两大输水网络。东引灌区以自流灌溉为主，冬春季节有部分低扬程补水，灌区规划总灌溉面积为1 826万亩①，规划最大自流引江流量1 150 $m^3/s$；北调灌区规划灌溉面积2 701万亩，规划总抽江流量2 000 $m^3/s$。

江水北调工程自1961年开始建设第一座江都泵站以来，历经数十年的扩建和续建，1987年基本形成工程体系，1989年为解决工程运河沿线泵站抽水流量不匹配的问题，开始对淮安、泗阳、刘老涧泵站进行改扩建并续建了徐洪河工程，1995年又兴建了泰州引江河工程。目前在苏北地区已初步建成抽引江水的江水北调工程和自流引江的东引工程体系。

3. 引黄入晋调水工程

引黄入晋调水工程从黄河干流万家寨引水入太原、大同和朔州三市，引水线路总长450 km，以满足各城市生活和工业用水的需要。调水工程由总干线、南干线和北干线三部分组成，向太原市年供水6.4亿 $m^3$，向山西省其他地区供水5.6亿 $m^3$。一期工程于1993年开工，总投资103亿元，并于2003年完工。

4. 引滦入津调水工程

天津市位于华北平原东部、海河流域下游，是我国北方重要的工业和港口城市，但区域水资源量十分有限。20世纪80年代初，天津市遭遇了较为严重的连续干旱问题，水资源供需矛盾十分尖锐。为了从根本上解决天津市因缺水而严重限制其经济社会发展的问题，开工建设了引滦入津调水工程。工程从滦河干流中游引水至天津市和唐山市区，以满足城市生活、工业和部分农业供水的需要。

引滦入津工程由潘家口水利枢纽、大黑汀水利枢纽、分水闸、引滦入津和引滦入唐工程组成。潘家口水库是调蓄滦河径流、开发滦河水资源的骨干工程，水库总库容为26.3亿 $m^3$，在来水保证率为75%时其调解水量为19.5亿 $m^3$，其中分配给天津市10亿 $m^3$，分配给河北省9.5亿 $m^3$。大黑汀水库承担反调节任务。引滦入津输水工程输水河总长度为234 km，沿途设三级泵站和两座调蓄水库。引滦入津调水工程已于1983年9月建成通水，平均年引水量11.5亿 $m^3$。

① 亩为非法定单位，根据生产实际，本书继续保留。1亩 ≈ 666.7 $m^2$。

### （四）国外著名跨流域调水工程

1. 美国加州北水南调工程

加利福尼亚州位于美国西南部，西临太平洋，面积 41 万 $km^2$，人口 2 300 万。加州北部水量丰沛、南部干旱少雨，全州 870 亿 $m^3$ 的年径流量中有 3/4 分布在北部，而南部的需水量却占整个加州的 4/5。为合理分配区域水资源，促进加州南部经济社会的发展，加州政府与联邦政府合作建设了将加州北水资源调往南部区域的北水南调工程，其中联邦政府负责建设中央河谷工程，加州政府负责建设北水南调工程。

北水南调工程主要由三部分组成：一是加州调水工程，将费瑟河和萨克拉门托圣华金三角洲一带富余的水量调往旧金山湾、圣金华流域和南加州缺水地区；二是洛杉矶输水渠道工程，引加州中部欧文斯河之水入洛杉矶市；三是科罗拉多引水工程，引科罗拉多河之水入南加州。整个工程设计年输水量为 52.2 亿 $m^3$，一期工程已于 1973 年建成，现有供水能力为 28 亿 $m^3$。

北水南调工程的成功兴建，对美国西部地区甚至整个美国经济的宏观布局和资源优化配置都起到十分重要的推动作用。通过以北水南调工程为主的调水工程建设，为受水区经济社会发展提供了充足的水源支撑。目前加州干旱河谷地带已发展灌溉面积 133.3 万 $hm^2$，成为美国重要的农产品生产和出口基地，加州已成为美国人口最多、灌溉面积最大、粮食产量最高的一个州；调水工程还保证了加州南部以洛杉矶为中心的 6 个城市 1 700 多万人的生活和工业、生态环境等用水需要，昔日干旱荒凉的南加州现已变成一片景色宜人的绿洲；同时由于农牧业的稳定发展、人口的持续增加和现代科技水平的不断移入，加州地区航空航天、原子能、飞机制造、石油化工、机器制造、电影工业等新兴产业迅速发展，使西南地区和西海岸带逐渐成为美国石油、电子和军事等尖端新兴工业中心，洛杉矶市也已发展成为美国的第三大城市。

2. 巴基斯坦西水东调工程

巴基斯坦西水东调工程由大型调蓄水库、控制性枢纽和输水渠道三部分组成。具体是从西三河印度河、杰赫勒姆河、杰纳布河向东三河萨特莱杰河、比阿斯河、拉维河调水。该工程规模巨大，共兴建 2 座大型水库、5 个拦河闸和 1 座带有闸门的倒虹吸工程，开凿 8 条相互沟通的联结渠道，总长 589 km，附属建筑物 400 座。整个工程于 1960 年开工，各项工程均已在 1965—1975 年陆续完成，总输水流量近 3 000 $m^3/s$。工程年调水量 148 亿 $m^3$，灌溉农田 153.3 万 $hm^2$。

西水东调工程的成功实施，进一步改善了巴基斯坦印度河平原的灌溉体系，有力地推动了东三河流域广大平原的农牧业和工业发展，使巴基斯坦由原来的粮食进口国逐渐实现自给自足，并且每年还可以出口小麦 150 万 t、大米 120 万 t。

3. 澳大利亚东水西调工程

大分水岭是澳大利亚东部新南威尔士州以北山脉和高原的总称，南北绵延约 3 000 km，宽 160～320 km，它的最高峰科修斯科山，又称大雪山，海拔 2 230 m，是全国最高点。大分水岭山脉东坡水量丰沛，而西坡由于大分水岭遮挡住了从太平洋吹来的暖湿气流从而干旱少雨。为了解决澳大利亚内陆干旱缺水的问题，澳大利亚于 1949—1975 年间修建东水西调工程，又称雪山工程(图 3-2)。分别在大分水岭的东西坡建库蓄水，用两组隧洞将东坡斯诺伊河的多余水量引向西坡的缺水地区。整个工程由 16 座大坝、7 座电站、2 座抽水站、80 km 的输水管道和 144 km 的隧道组成。雪山工程每年可以调水 30 亿 $m^3$，并沿途利用 760 m 的总落差发电，以供首都堪培拉和其他城市如墨尔本、悉尼的生活和工业用电之需。

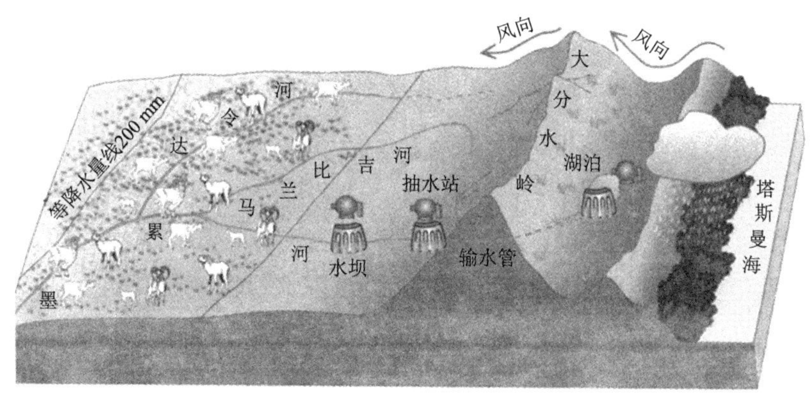

图 3-2 澳大利亚的东水西调工程（雪山工程）

## 二、引黄济青工程建设前的水资源状况

青岛市的主要水源地有公共水源地、莱西产芝水库及井群供水工程、平度尹府水库、城阳书院水库以及崂山水库。其中，关于公共水源地，在 1949—1987 年青岛市境内开辟的主要公共水源地共 8 处，建水厂 10 座，日供水量 22.5 万 $m^3$，高峰时可达 27 万 $m^3$。莱西产芝水库及井群供水工程于 1983 年 10 月动工，1984 年 5 月 10 日正式向市区供水；输水管渠自产芝水库起，沿线过潍石公路，跨大沽河，

穿蓝烟铁路，越五沽河直送即墨三湾庄水厂，总长 43.37 km，供水能力 8 万 $m^3/d$。平度尹府水库供水工程于 1983 年 10 月开工，1984 年 5 月竣工供水；尹府水库至即墨小吕戈庄水厂 30.74 km；设计日供水量 8.5 万 $m^3$，其中井群 4 万 $m^3$，尹府水库 4.5 万 $m^3$。书院水库供水工程于 1982 年 3 月建成，因市区供水紧张曾通过 9.4 km 渠道向崂山水库送水 65 万 $m^3$，通过崂山水库向市区供水。崂山水库坝基为混凝土桩截水墙，黏性土斜墙挡水，沙砾石沙壳稳定坝体，坝长 672 m，坝高 26 m，蓄水 5 601 万 $m^3$，设计日供水能力 8 万 $m^3$，是 1989 年引黄济青竣工前青岛市生产生活的主要水源。

引黄济青工程建设前青岛市城市供水情况如下：

中华人民共和国成立前：1897 年德国侵占青岛后开辟海泊河水源地，1901 年开始供水，供水量为 400 $m^3/d$。截至 1949 年，市区共有 4 座小水厂，供水 2 万 $m^3/d$。

中华人民共和国成立初期，因处于国民经济恢复阶段，未新增供水水源地和水厂。

20 世纪 60 年代至引黄济青工程建成前：1960 年崂山水库建成，1968—1984 年，多年大旱，取水口延伸至大沽河，1980 年向市区日供水 22.5 万 $m^3$，是最多的年份；后期为 15.74 万 $m^3$，枯水年份不足 13 万 $m^3$。

1981 年 9 月—1982 年 8 月，青岛市区严重缺水，市区每人每天定量供水仅 30 L，工厂处于半开工状态，严重制约青岛市的社会和经济发展，亟待开辟新水源。

## 三、引黄济青工程建设方案

### （一）水源地选择

从附近流域供水的可能性研究分析看，可向青岛市供水的大河有两条：潍河和五龙河。在论证中，重点研究了可能性大的潍河峡山水库和五龙河桥头两处引水方案。峡山水库承担着农业灌溉和高氟区人畜饮水的供水任务。根据规划，还将向潍坊市区供水。目前灌区供水无法保证，更无力向青岛供水。五龙河流域内大中型水库 3 座，小型水库 19 座。其中沐浴水库为大型水库，库容 1 亿 $m^3$。由于可引水量太少，而且每立方米水的投资高，因此不能采用。上述两河的可用水量在本流域内尚难满足要求，更无条件外调，何况附近各河基本属于同一雨区，青岛市用水紧张时，各河也断流。因此，从水量相对丰沛的黄河调水，即引黄

济青，是解决青岛市供水不足的相对理想的方式。

引黄济青工程是山东省境内一项将黄河水引向青岛的水利工程（跨流域、远距离的大型调水工程），耗费巨大，关系到供水的长久安全，需要精细谋划。引黄济青的主要供水对象为青岛市区，同时供给输水明渠沿线60余万人的生活用水、农田灌溉用水以及补充地下水源。

## （二）工程规划要解决的问题

确定合理、可行的引水时间：引黄济青工程渠首位于黄河下游，应避开灌溉季节和汛期引水。黄河汛期含沙量大，应节制引水，以减轻泥沙处理的困难。

减少输水损失，保证设计水量：在输水过程中，应采取有效的措施，提高输水利用系数，减少沿途渗漏损失，以保证达到设计供水量。

保证供水水质符合标准：按照国家水质标准，Ⅲ类以上地表水为达标，应确保输水水质不受沿途交叉河道的污染。

处理好引黄泥沙：引黄工程引进泥沙量大，需规划足够的沉沙池面积，以保证工程设计使用年限；对沉沙池的泥沙必须妥善处理，防止影响沉沙区群众的正常生产、生活。

具有足够的水库调节能力：引黄济青工程引水期短，为达到全年均匀向青岛市供水的要求，需要修建具有相应调节能力的调蓄水库。

尽量减少输水过程中因突发事故造成的损失：引黄济青工程输水河长、泵站多、冰凌影响大，出现突发事件的机会多，而输水河沿线又缺乏修建多处调节水库的条件。为避免或减少遭遇突发事件所造成的损失，应采取必要的工程和管理措施，替代水库的调节作用，以便使全线输水能够灵活调度，输水畅通。

综合效益要高：在保证青岛市供水的前提下，应尽量照顾沿途农业灌溉和人畜饮水。同时应考虑相机利用沿线天然河道的可利用水资源为青岛供水。

## （三）输水方案的比选

为确保向青岛供水的数量和质量能够符合设计要求，并获得较好的综合效益，在输水河的规划中进行了明渠、明暗结合、低压矩形管道、圆形管道3根和2根（管径皆为1.2 m）共5个方案的比较。其中明渠与明暗结合方案比较结果基本一致，圆形管道2根管的方案投资及管理费用都太高，故仅选择明渠、低压矩形管道和3根圆管3个方案加以比较。这3个方案的供水量都为30万 t/d。

明渠方案：渠首引水流量45 $m^3/s$，冬春季节引水，引水期89 d。输水明渠由沉沙池出口至末端调节水库，线路全长 253 km，水库以下至自来水厂利用管道输水，长 22 km。沿线设 5 级泵站，总装机 2.5 万 kW，调节水库总库容 1.58 亿 $m^3$。

低压矩形管道（1.4 m × 1.8 m）方案：引黄流量 8.1 $m^3/s$，引水期 257 d，调节水库位于沉沙池出口，水库总库容 4430 万 $m^3$，出库流量 4.8 $m^3/s$。由水库至自来水厂，输水河全长 262 km。全线共 9 级泵站，总装机 1.1 万 kW。

3 根圆形管道方案：引黄流量 7.6 $m^3/s$。调蓄水库位置、输水河全长皆与矩形管道相同。水库总库容为 4 242 万 $m^3$，出库流量为 4.52 $m^3/s$，沿线设 10 级泵站，总装机 3.1 万 kW。

上述三个方案经济、财务分析比较见表 3-2。

**表 3-2　明渠、矩形管道、3 根圆形管道经济、财务分析比较**

| 方案 | 投资（亿元） | 经济评价 | | 财务分析 | |
|---|---|---|---|---|---|
| | | 益费比 | 投资回收年限 | 益费比 | 投资回收年限 |
| 明渠 | 8.52 | 1.54 | 9.79 | 1.18 | 15.24 |
| 低压矩形管道 | 8.96 | 1.46 | 11.56 | 1.10 | 18.64 |
| 3 根圆形管道 | 9.88 | 1.24 | 18.76 | 0.81 | 40.24 |

从表 3-2 可见，明渠方案投资最少，各项经济、财务评价的主要指标也优于两种管道方案。明渠与管道方案（包括上述两种管道）比较，明渠方案的优点有 6 条：冬春季节引黄与上游灌溉矛盾小，引水期短，供水保证程度高；施工简单，工期短，见效快，便于维修；建材用料少，能源消耗少；可相机调用大沽河余水，从而减轻引黄泥沙处理与输水运行费用；有利于近远期结合，输水潜力大；综合效益大，为沿途农业供水、向滨海咸水区及高氟区供水量较大。缺点 2 条：明渠输水渗透和污染问题大，处理技术比较复杂，对管理要求高；移民、占地多。管道方案优点 3 条：运行管理比明渠容易；防治水污染比明渠简单；移民、占地少。缺点有 7 条：引黄天数长，与农业灌溉有矛盾，一旦黄河断流，对供水影响较大；施工复杂，工期长，能源消耗多；预应力混凝土管厂家生产能力不足；建材用量多；管道常年输水，基本无扩大输水潜力；综合效益低；压力管节太多，容易发生事故，从而影响输水安全。

综合以上经济财务分析和优缺点比较结果，明渠输水方案具有明显优势。因此，引黄济青工程采用了明渠输水方案。

### （四）工程建设规模

引黄济青工程是以解决青岛市城市、工业用水为主的多效能工程。引黄济

青渠首引水流量 45 $m^3/s$，出沉沙池 38.5 $m^3/s$，入小清河子槽流量 37 $m^3/s$，第一级泵站过水流量 35.5 $m^3/s$，第二级泵站王耨泵站 30.5 $m^3/s$，过潍河流量 29 $m^3/s$，过胶莱河流量 27.2 $m^3/s$，第三级泵站亭口泵站过水流量 26.5 $m^3/s$，过大沽河流量 24 $m^3/s$，入棘洪滩调蓄水库流量 23 $m^3/s$。

### （五）输水线路的选定

最终选定的引黄济青输水线路始于博兴县，经广饶、寿光、寒亭、昌邑、高密、平度、胶州等县（市、区），在即墨区桥西头村入棘洪滩水库，全长 253.34 km，共分为六个河段。水库以下至白沙河水厂为暗渠管道，长 22 km。（图 3-3）。

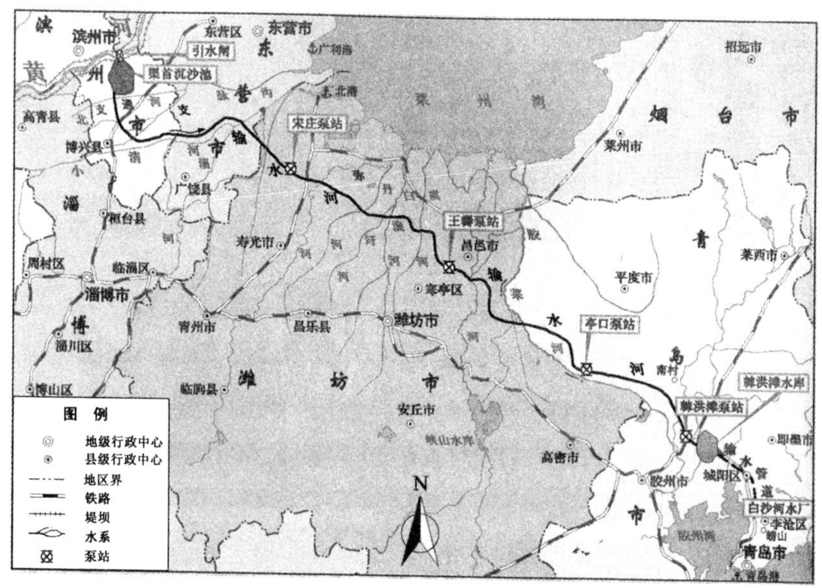


图 3-3 引黄济青输水线路图

（1）沉沙池出口至小清河分洪道段：输水线路出沉沙池后，沿新二号支沟东侧至北支新河，过北支新河后，于高官庄西过东张铁路后向东再穿张东公路至二号支沟。过二号支沟后，沿二号支沟东侧向南，穿过三号支沟、支脉河入分洪道子槽。该段长 19.9 km。

（2）小清河分洪道子槽段：输水线路过分洪道北堤沿子槽输水。入槽后进入广饶境内的毛家道口东，沿子槽输水在王家道口南出子槽。该段长 36.8 km。

（3）出分洪道子槽至宋庄泵站段：出分洪道子槽后，于新淄河口以下北堤村穿小清河。后向东南方向至央上东北，在寿光境内的一干废渡槽附近过塌河，再向东南沿旧张僧河北侧至寿光宋家庄西北的宋庄泵站。该段全长 23.7 km。

（4）宋庄泵站至王耨泵站段：泵站提水后，线路过东马塘沟，向东穿羊益公路、羊益铁路至弥河西岸的中营村北，转向东南与弥河正交，在弥河分水口以上300 m处穿河，过河后在南半截河村南转向东，经李家官庄南至场里村北，转向东南至昌大公路，再经挑沟村西至党家营北进入寒亭。入寒亭后线路转向东，沿党家营、沈家营、邵吕店村北至大圩河。输水线路正交穿大圩河后，向东南至大湾口南过白浪河。然后向东经泊子村北穿寒央公路至利民河，沿潍北农场南缘废丰产河北侧向东至虞河进昌邑境内。过阜康河，在博乐埠村北线路向南转，过国防公路，经中裴庄、南裴庄西，在西芝庄北向东南，于岞埠北沿夹沟河南侧过烟潍公路，至王耨村东北最终达王耨泵站。该段全长68.77 km。

（5）王耨泵站至胶莱河段：过泵站后，线路沿蒋庄沟西侧向南转向东，经张古庄北进入寒亭。再向东过潍河，过潍河东堤后，经梁家长庄北、宋庄南国夏岞公路至东黄埠北，转向南穿潍石公路，向南在王麻屯村西入吴沟河。该段线路长34.13 km。

（6）胶莱河段至棘洪滩水库段：过胶莱河后，线路进入平度境内，经小召与西河村之间，向东南与陈家小庄过联合沟，至昌许屯西南过平度县级公路。然后经辛庄北、大兰北、坊头南至袁家东过昌平河，再过大喜屯南，再经大战庄过高平公路。后过亭口泵站后，线路直至古路庄南转向东，在清水河口以下过陈家沟。线路经过陈家沟后，沿清水河南侧向东至白沙河。过白沙河后，线路向东偏南经李戈庄北、后双丘北至尹河庄东北过西新河，过西新河后，沿小新河向东3 km转南，经大亭兰丘东至西朱家庄西，过助水河后，向东南至孟家庄北进入胶州，继续向东南过胶平公路、利民河，于小高村北过大沽河。过大沽河后，线路向东南至张庄转向南，直至小新河转弯点，利用蓝村编组站铁路桥预留桥洞输水。过铁路桥后，线路向东南并进入即墨境内，最终入棘洪滩水库。该段线路长70.04 km。

## 第二节　引黄济青的路径和归趋

引黄济青工程自滨州市博兴县打渔张引黄闸引取黄河水，途经滨州、东营、潍坊、青岛4个市（地），跨越小清河、潍河、胶莱河、大沽河等30多条河流，至白沙河水厂，全长291 km。整个引黄济青工程按功能划分为渠首引水与沉沙工程、输水工程、蓄水工程和供水工程四大部分。

## 一、渠首引水与沉沙工程

引水渠首设在黄河下游博兴县打渔张险工处，东南行经宋庄泵站、王耨泵站、亭口泵站、棘洪滩水库、输水管道，最终抵达青岛市白沙河水厂。渠首设计引水流量 45 $m^3/s$，在保证率为 95% 的情况下，设计每日向青岛市供水 30 万 $m^3$。图 3-4 为打渔张渠首闸。

图 3-4　引黄济青打渔张渠首闸

黄河水泥沙多，引黄济青工程是在冬春非灌溉期集中引水，引水必然引进泥沙，且黄河下游为悬河，引出的泥沙不会返回黄河，必须妥善择地沉沙。所以沉沙就成了引入黄河水之后的第一道工序，沉沙处理效果的好坏关系到工程的成败。工程沉沙池选择在离打渔张引黄闸不远处，采用条渠形沉沙池，总面积 36 $km^2$（图 3-5）。该沉沙池设计 9 条，每 4～5 年更换 1 条，采用自流与扬水相结合的运行方式，使用 50 年。

图 3-5　夕阳下的引黄济青工程沉沙池入口闸

## 二、输水工程

引黄济青的输水工程包括输水渠道、泵站、倒虹、渡槽、涵闸及桥梁工程。

输水河由博兴县沉沙池出口，东南行经宋庄泵站、王耨泵站、亭口泵站、棘洪滩站4座泵站，跨越小清河、潍河、胶莱河、大沽河等30多条河流，到即墨桥西头村西北入棘洪滩水库，全长253.34 km。输水河多采用混凝土板、塑料薄膜和黏土衬砌，以防渗漏。

泵站采用四级泵站扬水。其中，宋庄泵站位于寿光市北部宋家庄村西北羊益公路西约3.0 km处，站址地形开阔，交通运输也较方便；亭口泵站位于平度市张家坊东南，高平公路东0.2 km处，地形开阔，交通方便；棘洪滩泵站是输水河末端向水库抽水的泵站，位于即墨市蓝村镇南，棘洪滩水库大坝西侧。

表3-3　5座泵站的基本情况

| 泵站名称 | 泵站设计流量($m^3/s$) | | 泵站设计净扬程(m) | | | 水泵型号 | 机组合数(台) | 单泵设计流量($m^3/s$) | 泵站装机总功率(kW) |
|---|---|---|---|---|---|---|---|---|---|
| | 设计 | 加大 | 设计 | 最高 | 最低 | | | | |
| 打渔张泵站 | 45.0 | 53.5 | 5.36 | 6.26 | 2.80 | 2000ZLB-5<br>900ZLB-4A | 6<br>2 | 12.3<br>3.28 | 6 800 |
| 宋庄泵站 | 34.5 | 38.0 | 8.71 | 10.03 | 7.79 | 12CJ-100<br>26IILB-10 | 7<br>2 | 5.3<br>0.9 | 5 440 |
| 王耨泵站 | 29.5 | 32.5 | 10.05 | 12.05 | 8.63 | 1.6IIL-50A<br>900IILB-10 | 6<br>2 | 7.0<br>1.87 | 5 420 |
| 亭口泵站 | 26.0 | 28.6 | 6.78 | 6.81 | 4.16 | 18CJ-70 | 4 | 8.3 | 3 600 |
| 棘洪滩泵站 | 23.0 | 33.1 | 7.98 | 11.78 | 3.37 | 1.6IIL-50B<br>900IID-11.5 | 5<br>2 | 7.0<br>2.06 | 4 600 |

输水河上共设置倒虹34座。倒虹的上、下游采用斜坡段，中部水平顶板位于河底以下1～2 m，倒虹的进口处设节制闸门，闸前设拦污栅和沉沙池，出口设检修叠梁闸门、拦污栅和消力池。倒虹洞身采用矩形断面，分两孔和三孔两种情况，其断面尺寸系结合不同的水面线进行综合比较选定。

输水河与北支新河、三号支沟的交叉，根据现有工程情况，确定采用渡槽渡河，渡槽槽身长度均为80 m。

为保证输水的正常进行，在与河道交叉的倒虹吸前设置控制闸，作为控制水

位和流量的控制建筑物。如输水河在穿越小清河分洪道北堤、弥河西堤、潍河西堤、潍河中堤处设置涵闸。在泵站发生故障时，为保证泵站的安全，在各级泵站前均需设置泄水闸。

规划的渠道两岸均有农田，为保证输水河两岸的正常交通及农业生产，在渠道上布置农业生产桥。输水渠道穿越东北公路等国道 14 条，亭兰等县级公路 13 条。为保证交通畅通，引黄济青工程沿线布置新建 21 座公路桥，部分公路桥合并倒虹吸工程一并穿过。

### 三、调蓄工程

棘洪滩水库是引黄济青工程的唯一调蓄水库，位于胶州市、即墨市和城阳区交界处，库区面积达 14.422 $km^2$，围坝长 14.277 km，设计水位 14.2 m，总库容 1.46 亿 $m^3$。棘洪滩水库与引黄济青工程同时建设，并同时引水。

### 四、供水工程

从棘洪滩水库至白沙河水厂输水管道 22 km，其中隧洞 1.8 km，增压泵站 1 座，装机 2 170 kW；穿河倒虹 2 座；净水厂 1 座，设计净化能力 36 万 $m^3/d$；铺设由净水厂到市区的输水干管 54 km。供水工程是引黄济青工程的配套枢纽工程，于 1987 年 12 月动工兴建，并于 1989 年 12 月 10 日建成通水。白沙河水厂位于崂山区仙家寨村西，重庆路南侧。主要建筑物有 9 万 $m^3/d$ 反应沉淀池 4 座、18 $m^3/d$ 滤站 2 座、7 500 $m^3$ 清水池 2 座、36 万 $m^3/d$ 二级泵房 1 座（水利部南水北调规划设计管理局和山东省胶东调水局，2009）。

## 第三节　引黄济青的工程意义及社会评价

### 一、工程意义

截至 2019 年 11 月 16 日，引黄济青工程通水 30 年来，累计引水 94.09 亿 $m^3$，其中，调引黄河水 58.49 亿 $m^3$、长江水 24.41 亿 $m^3$、当地水（峡山水库等其他水源）11.19 亿 $m^3$，累计配水 79.2 亿 $m^3$，其中配水青岛 46.82 亿 $m^3$、潍坊 9.64 亿 $m^3$、烟台 3.31 亿 $m^3$、威海 2.71 亿 $m^3$。年均引水量超过 3.1 亿 $m^3$，受益人口近

2 000 万，被誉为“黄金之渠”。引黄济青工程已累计向青岛市提供涓涓清流 46.82 亿 $m^3$，相当于 84 个崂山水库（库容量约为 5 600 万 $m^3$）的库容。

工程从黄河引水到青岛，具有引水、沉沙、输水、蓄水、净水、配水等设施，功能齐全，配套完整，已经是青岛市用水的主要来源。在经济上，根据青岛市估算，该工程将为青岛增加经济效益 300 多亿元，使高氟区、咸水区的居民喝上了甜水，为博兴县提供农灌用水近 10 亿 $m^3$，沿途城乡也得到 61 亿 $m^3$ 的供水，可增加粮食 5.1 亿 kg。在地理上，有效地补偿了地下水 6 亿 $m^3$，防治了海水入侵的危害。

## 二、社会评价

工程改变了青岛市一直缺水的面貌，使得青岛的工农业可以自由发展，居民的社会生活也得到改观，原先排长龙打水和工厂因缺水而停工的现象再也不存在了，引黄济青工程受到了青岛社会的广泛赞誉。但是由于引水的成本高于当地水的成本，在价格问题上引发了争议。

## 思考题

1. 我国古代就有调水工程，如 2 400 年前的京杭大运河、郑国渠，2 000 年前的都江堰等；中华人民共和国成立以后，还兴建了如东深供水、引额济乌等调水工程。通过资料调研，试分析这些调水工程产生的历史背景及积极意义。

2. 通过网络地图重走引黄济青线，并标注重要提水泵站位置，评价引黄济青工程的积极意义。若你是规划工程师，在工程建设初期，你有何建议？

# 第四章

# 南水北调之东线工程

南水北调工程是缓解我国北方水资源短缺的战略性基础设施。建设南水北调工程，是党中央、国务院根据我国经济社会发展需要做出的重大决策，对于落实节约资源、保护环境的基本国策，进一步推动中国经济社会建设，实现可持续发展，具有极为重要的意义。南水北调工程总体规划分为东线、中线和西线三条调水线路，与长江、黄河、淮河以及海河共四大江河相互连接，构成以“四横三纵”为主体的总体布局（图4-1），以实现中国水资源南北调配、东西互济的合理配置格局。南水北调工程受水区控制面积145万$km^2$，约占全国的15%，共14个省（自治区、直辖市）直接受益，受益人口4.38亿人。

其中，南水北调东线工程已于2013年建成通水，自通水以来，工程有效缓解了青岛市的水资源短缺矛盾，促进了青岛市经济、社会发展和城市化进程。同时，通水有效缓解了青岛市地下水超采局面，增加生态供水，使生态恶化的趋势得以缓解。本章将对南水北调工程的总体规划、东线工程的路径和归趋以及南水北调东线工程的建设对环境的影响等内容进行介绍。

## 第一节　南水北调工程概述

### 一、南水北调的总体规划

#### （一）南水北调

南水北调是把中国长江流域丰盈的水资源抽调一部分送到华北和西北地区，从而改变中国南涝北旱和北方地区水资源严重短缺局面的重大战略性工程。

工程目的是促进中国南北经济、社会与人口、资源、环境的协调发展。工程从长江下游、中游、上游，规划了东、中、西三条调水线路。这三条调水线路与长江、淮河、黄河、海河相互连接，构建起中国水资源“四横三纵、南北调配、东西互济”的总体格局（图 4-1）。工程的总投资额是 5 000 亿元人民币，总调水规模为每年 448 亿 $m^3$。

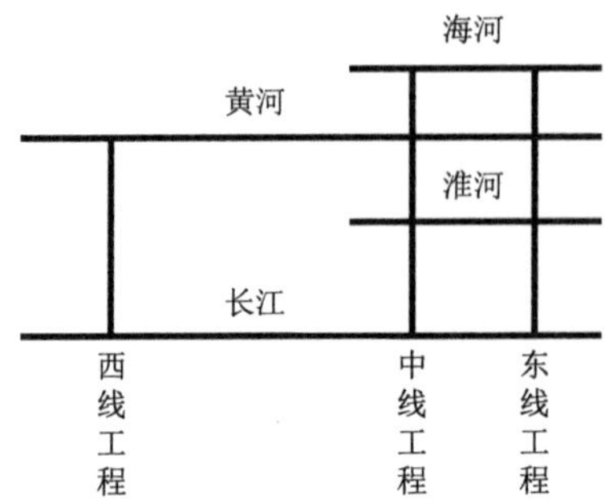


图 4-1　南水北调四横三纵格局概念图（国务院南水北调工程建设委员会办公室，2018）

### （二）为什么要实施南水北调工程

中国北方水资源总量逐年减少，地下水超采严重，在充分发挥节水、治污、挖潜的基础上，黄河、淮河、海河流域（简称黄淮海流域）仅靠当地水资源难以支撑其经济社会的可持续发展。为缓解这种情况，国家决定在加大节水、治污力度和污水资源化的同时，实施南水北调工程（国务院南水北调工程建设委员会办公室，2018）。

### （三）南水北调的提出及建议

南水北调工程规划始于 1952 年毛泽东主席提出的伟大设想，一直到 2002 年，历经半个世纪，主要经历了五个阶段（表 4-1）。2002 年正式批复《南水北调总体规划》，南水北调工程正式开工建设。

表 4-1　南水北调工程规划论证阶段

| 论证阶段 | 经历时间 |
|---|---|
| 探索阶段 | 1952—1961 年 |
| 以东线为重点的规划阶段 | 1972—1979 年 |
| 东、中、西线规划研究阶段 | 1980—1994 年 |
| 论证阶段 | 1995—1998 年 |

续表

| 论证阶段 | 经历时间 |
| --- | --- |
| 总体规划阶段 | 1999—2002年 |

1958年8月，在北戴河召开的中共中央政治局扩大会议上，通过了《中共中央关于水利工作的指示》，第一次正式提出“南水北调”的规划，同时决定动工修建丹江口水库作为向北方调水的水源地。1974年，丹江口水库竣工，并蓄积共100多亿立方米的水量。按照规划将从丹江口水库开挖渠道向北输水，直至北京、天津，这条重要线路是南水北调中线。

1961年12月，位于京杭大运河和新通扬运河交汇处的江都水利枢纽开始动工修建并于1977年完成，这里被确定为南水北调东线工程的起点。枢纽共拥有4座电力抽水站、12座水闸，抽引长江水的速度可超过400 $m^3/s$。

2002年12月23日，国务院正式批复《南水北调总体规划》，并最终确定建设东线、中线、西线三条调水线路，分别从长江流域的下游、中游、上游向北方调水。规划调水总规模为448亿 $m^3$，其中东线148亿 $m^3$，中线130亿 $m^3$，西线170亿 $m^3$。2002年12月27日，东线和中线一期工程开始动工兴建，时任国务院总理朱镕基在人民大会堂主会场宣布南水北调工程开工。

南水北调的东线是从江苏扬州附近抽取长江水，利用京杭大运河及其平行的河道逐级提水北送，并连接起调蓄作用的洪泽湖、骆马湖、南四湖和东平湖；出东平湖后一路向北穿过黄河，输水到河北、天津，另一路向东，经济南输水到烟台、威海和青岛。整条线路惠及江苏、安徽、山东、河北、天津五省（直辖市）。中线是以长江中游的丹江口水库为水源地，通过开挖渠道经过长江流域与淮河流域的分水岭方城垭口，然后在郑州以西穿过黄河，沿京广铁路西侧自流北上，沿途向河南、河北、北京、天津四省（直辖市）供水。西线调水是在长江上游通天河、支流雅砻江和大渡河上游筑坝蓄水，通过隧洞穿过巴颜喀拉山，向黄河上游补水。供水范围包括青海、甘肃、宁夏、内蒙古、陕西和山西六省（自治区）。

2013年12月8日，南水北调东线一期工程正式通水；2014年南水北调中线工程正式通水。截至目前，西线调水工程还未进行开工建设。

## 二、南水北调工程之世界之最

南水北调工程从规划、开工建设以来，创下了多个“世界之最”。

（1）世界规模最大的调水工程——几十万建设者，上千亿投资。南水北调

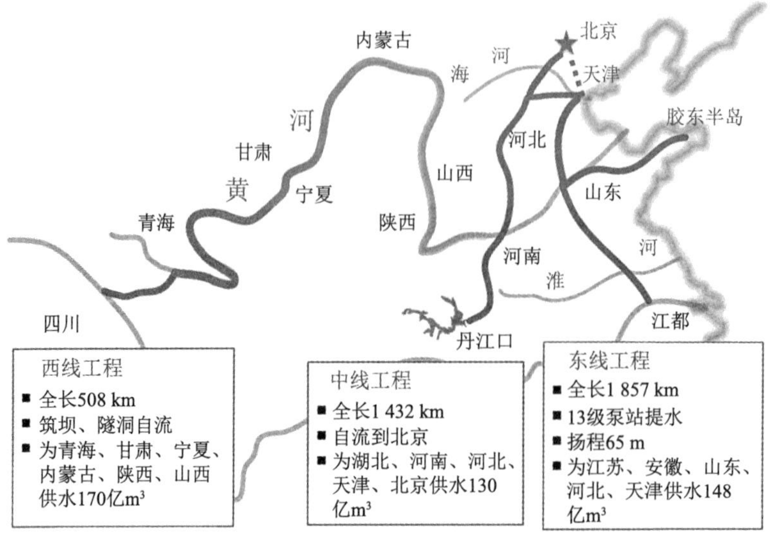


**图 4-2　南水北调的东线、中线和西线路线示意图**

工程是迄今为止世界上规模最大的调水工程，工程横穿长江、淮河、黄河、海河四大流域，涉及十余个省（自治区、直辖市），输水线路长，穿越河流多，工程涉及面广，效益巨大，包含水库、湖泊、运河、河道、大坝、泵站、隧洞、渡槽、暗涵、倒虹吸、管道、渠道等水利工程项目，是一个十分复杂的巨型水利工程，其规模及难度国内外均无先例。

（2）世界供水规模最大调水工程——规划年调水规模 448 亿 $m^3$。其中，东线 148 亿 $m^3$，中线 130 亿 $m^3$，西线 170 亿 $m^3$。

（3）世界距离最长的调水工程——规划干线总长度达 4 350 km。南水北调工程规划的东、中、西线干线总长度达 4 350 km。其中东、中线一期工程干线总长为 2 899 km，沿线六省市一级配套支渠约 2 700 km，总长度达 5 599 km。

（4）世界受益人口最多的调水工程——涉及人口 4.38 亿。南水北调工程主要解决我国北方地区，尤其是黄淮海流域的水资源短缺问题，规划区人口 4.38 亿人（2002 年）。仅东、中线一期工程直接供水的县级以上城市就有 253 个，直接受益人口达 1.1 亿人，为这些地区经济结构调整创造了机会和空间。同时，为黄河下游地区补充水量，为提高西北地区水资源承载能力创造了条件。

（5）世界受益范围最大的调水工程——解决 145 万 $km^2$ 供水。供水区域控制面积达 145 万 $km^2$，约占中国陆地面积 960 万 $km^2$ 的 15%。当前实施的东、中线一期工程建设，按照每 5 万～10 万元投资创造一个就业机会估算，每年可增

加约 18 万个就业机会；通水后，随着水资源条件的改善，经济社会发展后劲得到发挥，将创造更多的劳动就业机会；将产生农业供水效益、防洪效益、航运效益、排涝效益和生态环境效益。

（6）世界水利移民史上最大强度的移民搬迁——中线丹江口库区移民搬迁。南水北调中线丹江口大坝因加高需搬迁移民 34.5 万人，移民搬迁安置任务主要集中于 2010 年、2011 年完成，其中 2011 年完成 19 万人的搬迁安置，年度搬迁安置强度即搬迁安置人口在国内和世界上均创历史纪录，在世界水利移民史上前所未有。

（7）世界规模最大的泵站群——东线泵站群工程。南水北调东线一期工程输水干线长 1 467 km，全线共设立 13 个梯级泵站，共 22 处枢纽、34 座泵站，总扬程 65 m，总装机台数 160 台，总装机容量 36.62 万 kW，总装机流量 4 447.6 $m^3/s$，具有规模大、泵型多、扬程低、流量大、年利用小时数高等特点。工程建成后成为亚洲乃至世界大型泵站数量最集中的现代化泵站群，其中水泵水力模型以及水泵制造均达到国际先进水平。

（8）世界单体最大的 U 型输水渡槽工程——中线湍河渡槽工程。为降低对调水线路上的其他河流的影响，南水北调工程使用了大量渡槽，用来跨越调水路线上的原有河流，以降低工程产生的生态影响。其中，在南水北调工程中线，湍河渡槽和沙河渡槽两项工程使用的渡槽均为三向预应力 U 型渡槽，渡槽内径 9 m，单跨跨度 40 m，最大流量 420 $m^3/s$，采用造槽机现场浇注施工。其渡槽内径、单跨跨度、最大流量属世界首例。

（9）世界首次大管径输水隧洞近距离穿越地铁——中线北京段西四环暗涵工程。南水北调中线北京段西四环暗涵工程，具有两条内径 4 m 的有压输水隧洞，穿越北京市五棵松地铁站，这是世界上第一次大管径浅埋暗挖有压输水隧洞，从正在运营的地下车站下部穿越，并且创下暗涵结构顶部与地铁结构距离仅 3.67 m、地铁结构最大沉降值不到 3 mm 的记录。

## 三、南水北调工程的积极意义

### （一）社会意义

南水北调工程有效缓解了北方缺水的问题；增加水资源承载能力，提高水资源的配置效率；促使中国北方地区逐步成为水资源配置合理、水环境良好的节水、防污型社会；有利于缓解水资源短缺对北方地区城市化发展的制约，促进当地城市化进程;为京杭运河济宁至徐州段的全年通航保证了水源,也促进了鲁西和苏北两个商品粮基地的进一步发展。

### (二)经济意义

南水北调工程为北方经济发展提供了保障;促进经济结构的战略性调整;通过改善水资源条件来促进潜在生产力,提高经济增长;扩大内需,促进和谐发展,为受水区 GDP 的稳步增长提供水资源的支撑。

### (三)生态意义

南水北调工程改善了黄淮海地区的生态环境状况;改善北方当地饮水质量,如高氟水、苦咸水和其他含有对人体不利的有害物质的水源问题;利于回补北方地下水,保护当地湿地和生物多样性;改善北方因缺水而恶化的环境;较大地改善北方地区的生态和环境,特别是水资源条件。

# 第二节　东线工程的路径和归趋

## 一、东线工程基本情况

南水北调东线工程,简称东线工程,是指从江苏扬州江都水利枢纽提水,途经江苏、山东、河北三省,向华北地区输送生产生活用水的国家级跨省界区域工程。

《南水北调东线工程规划》于 2001 年修订完成,东线工程通过江苏省扬州市江都水利枢纽从长江下游干流提水,沿京杭大运河及其平行河道,通过 13 个梯级泵站逐级提水北上(图 4-3),向黄淮海平原东部、胶东地区和京津冀地区提供生产生活用水。供水区内分布有淮河、海河、黄河流域的 25 座地市级及其以上城市,据 1998 年统计,区内人口 1.18 亿,耕地 880 万 $hm^2$。

东线工程利用江苏省已有的江水北调工程,逐步扩大调水规模并延长输水线路。从长江下游扬州抽引长江水,利用京杭大运河及与其平行的河道逐级提水北送,并连接起调蓄作用的洪泽湖、骆马湖、南四湖、东平湖。长江水出东平湖后分两路输水:一路向北,在位山附近经隧洞穿过黄河;另一路向东,通过胶东地区输水干线经济南输水到青岛、烟台、威海。东线工程开工最早,并且有现成输

水道。

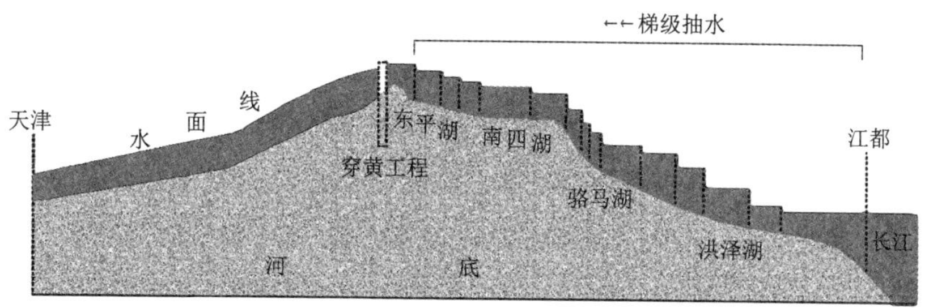

图 4-3 南水北调东线工程逐级抽水示意图

## 二、南水北调东线工程山东段情况

南水北调东线工程在山东境内以东平湖为节点分为南北、东西两条输水干线，干线全长 1 191 km，其中南北干线长 487 km，东西干线长 704 km，形成“T”字形输水大动脉和现代水网大骨架，可为山东省水资源的优化配置和统一调度奠定良好的工程基础。

南水北调东线工程山东段供水范围共涉及 14 个市（济南、青岛、淄博、枣庄、东营、烟台、潍坊、济宁、泰安、威海、德州、聊城、滨州以及菏泽），107 个县（市、区）。供水范围 11.3 万 $km^2$，占全省面积的 73.7%。山东省一期工程需调江水量年平均为 13.53 亿 $m^3$。其中，按区域分胶东半岛 7.46 亿 $m^3$，鲁南地区 2.28 亿 $m^3$，鲁北地区 3.79 亿 $m^3$；按行业分城市用水 13.20 亿 $m^3$，航运 0.33 亿 $m^3$。

南水北调工程于 2002 年 12 月 27 日在山东省率先开工。2013 年 11 月 15 日，南水北调东线一期工程全线通水成功。南水北调东线一期山东段共分为以下 11 个单项工程。

韩庄运河段工程：工程内容可概括为“三站三控制”。“三站”指台儿庄泵站、万年闸泵站、韩庄泵站，“三控制”指魏家沟、三支沟和峄城大沙河水资源控制工程。

南四湖水资源管理及水质监测工程：工程内容可概括为“一站四闸”。“一站”即二级坝泵站，“四闸”即大沙河、杨官屯河、姚楼河和潘庄引河河口控制闸。

南四湖下级湖蓄水影响处理工程：根据规划分析，南水北调拟将南四湖下级湖正常蓄水位由 32.3 m 抬高至 32.8 m。将对渔民居住安全、湖田、水生植物、滨湖排涝等带来一定影响。影响处理工程主要包括滨湖截渗、排渗等工程措施，渔民生产生活影响补偿等非工程措施。

南四湖—东平湖段工程：工程内容可概括为“一湖两河三站一影响”。“一湖”指南四湖湖内疏浚工程；“两河”指梁济运河、柳长河及其配套建筑物工程；“三站”指长沟泵站、邓楼泵站和八里湾泵站；“一影响”指利用梁济运河、柳长河输水对陈垓、国那里灌区灌溉影响处理工程。

东平湖蓄水影响处理工程：工程内容主要包括蓄水防渗影响处理工程以及蓄水淹没库区补偿措施。

穿黄枢纽工程：由南岸输水渠段、穿黄河枢纽段、北岸穿引黄渠段等三部分组成，全长 7.87 km。一期工程穿黄规模按照 100 $m^3/s$ 设计。

鲁北输水工程：工程内容可概括为“一库两河”。“一库”即大屯水库，“两河”即小运河和七一、六五河。大屯水库位于山东省武城县，主要调蓄德州市德城区和武成县城区的供水，年供水规模 12 185 万 $m^3$。主要包括均质围坝、泵站等，水库总库容 5 256 万 $m^3$，蓄水深 8.05 m。

东平湖—济南段工程(济平干渠工程)：扩挖输水河道 90 km，济平干渠全线共设各类交叉建筑物 188 座。

济南—引黄济青段工程：工程可概括为“一渠两库”。“一渠”即济南—引黄济青段输水渠，“两库”即东湖水库和双王城水库。东湖水库位于济南市东北约 30 km 处，调蓄济南市区、章丘市、滨州市和淄博市水量 9 247 万 $m^3$，主要包括围坝、分水闸、倒虹、入库泵站、泄水闸以及出库闸等，水库总库容 5 549 万 $m^3$，蓄水深 12.5 m。双王城水库位于潍坊寿光市北部，调蓄潍坊、青岛两市水量 5 675 万 $m^3$，主要包括均质土围坝、泵站、水闸等，总库容 6 150 万 $m^3$，蓄水深 10 m。

通讯调度工程：包括通信系统、水情、水质、工情、监测站网和自动化调度运行系统。

截污导流工程：主要包括小季河截污工程、邳苍分洪道截污工程、宁阳县光河截污工程、济宁市区截污工程、梁山县截污工程、鱼台县截污工程、微山县截污工程、北沙河截污工程、城郭河截污工程、十字河截污工程、薛城小沙河截污工程、东鱼河北支截污工程、聊城古运河截污工程、临清汇通河排水工程、武城截污导流工程、夏津截污导流工程等 21 项。

山东段南水北调工程投资共计 169.80 亿元。其中韩庄运河段工程 7.87 亿元，南四湖水资源管理及水质监测工程 5.36 亿元，南四湖下级湖蓄水影响处理工程 2.50 亿元，南四湖—东平湖段工程 20.38 亿元，东平湖蓄水影响处理工程 3.98 亿元，穿黄枢纽工程 6.90 亿元，鲁北输水工程 29.92 亿元，东平湖—济南段工程

12.93亿元，济南—引黄济青段工程60.21亿元，通讯调度工程及其他工程5.00亿元，截污导流工程14.75亿元。据测算，山东段南水北调东线一期山东段工程年均直接经济效益67.33亿元。其中城市及工业供水65.29亿元，航运2.04亿元，可基本解决近期山东省水资源短缺问题，同时可有效拉动山东省经济持续增长，创造更多的就业机会，促进山东省内污染治理，有效改善供水区生态环境（刘长余和赵培青，2007）。

## 三、南水北调东线水污染治理

### （一）通水前水污染治理

东线工程地处中国经济较发达的东部地区，途经的城市多为工业重镇，沿线各地河流和调蓄湖泊污染问题突出。例如就在南水北调工程宣布开工后仅仅两天，位于南水北调东线调水源头的扬州邵伯湖由于水污染严重，水域内的10万多斤鱼虾死亡，湖内生态遭遇灭顶之灾。水污染问题之严重使得天津政府忧心忡忡，担忧东线工程最终调引来的会是连鱼虾都无法存活的污水，这不仅解决不了天津市的水资源短缺问题，还会加重当地的水污染。时任国务院南水北调办环境保护司司长石春先曾解释说，东线工程黄河以南的36个监测段面，只有1个段面达到规划的地表Ⅲ类水指标，其他段面，尤其是山东省境内的区段均为Ⅴ类甚至劣Ⅴ类水质，无法正常使用。

为了保证一渠清水永续北送，党中央、国务院明确提出南水北调“三先三后”原则，即先节水后调水、先治污后通水、先环保后用水，绝不让污水进干线。针对东线工程特点，国家相关部门按照国务院要求的“三先三后”原则，组织编制了《南水北调东线工程治污规划》，明确以实现输水水质达Ⅲ类标准为目标，并在此基础上构建了五位一体的治污机制，包括水质、总量、项目、投资和责任，如须削减COD和氨氮入干线量分别为82.5%和84.2%，治污难度极高。江苏、山东两省分别编制了东线江苏段14个、山东段27个控制单元的治污方案，实施了污水处理项目、工业治理项目、截污导流项目、综合治理项目、垃圾处理、船舶污染防治打捆项目6类共426个项目。截至2012年11月，南水北调工程全线已实现了地表Ⅲ类水质目标，并超额完成了规划中的COD和氨氮削减总量目标，沿线生态环境得到显著改善。其中，东线水质改善最为明显的是曾经被戏称为“酱油湖”的南四湖。治污结束后，据统计南四湖栖息的鸟类达到200种，15万余只，绝迹多年的小银鱼、毛刀鱼等都再现南四湖，其支流白马河更发现了素有“水中熊猫”

之称的桃花水母；中华秋沙鸭、黑鹳等珍稀鸟类也来到兴隆水域安家落户。

### （二）通水后水污染治理

东线一期工程通水后，形成了新的水质保障管理体制，由工程沿线的各级人民政府对其管辖范围的环境治理负责，并采取“河长负责制”“断面长制”等方法将治污目标与考核挂钩，推动水质保护管理工作。工程运营单位负责东线一期工程运行期日常环境管理，工程运行期间的环境管理任务包括环境因子的监测、监督环保措施的执行、开展环保科研工作三个方面。各级人民政府的相关部门作为监督管理机关对水污染防治进行统一监管。

东线一期工程通水后，江苏省和山东省分别从责任落实、生态红线管控、深化治污项目实施、生态文明建设等方面开展水质保障工作，使大部分相关断面的水质得到了改善（滕海波等，2021）。

## 四、东线工程逐级提水

东线工程长江取水点附近的高程为 3～4 m，穿黄工程处高程约为 40 m，天津附近高程为 2～5 m，整个输水线路的地形是以黄河为脊背，向南北倾斜。东线一期工程从长江取水点到洪泽湖、骆马湖、南四湖再到东平湖，高程逐渐上升且两个相邻湖泊之间的水位差都在 10 m 左右，因此想要实现长江水由低处往高处流，需要在各个节点间各建设 3 级泵站，在南四湖的下级湖和上级湖之间设 1 级泵站，共修建 13 级泵站、160 台大型水泵实现逐级提水。这些泵站成功把水逐级提高到将近 13 层居民楼的高度，从而将长江抽引的水输送到地势更高的中国北方地区。

# 第三节　东线工程对环境的影响

总体而言，东线工程的环境影响是利大于弊，不利影响也可采取措施加以改善。工程实施后，有利于改善北方地区水资源供需条件，促进经济社会的可持续发展；有利于改善供水区生态环境，提高人民生活质量；有利于补充沿线地下水，对地面沉降等起到缓解作用；有利于城镇饮水安全，改善高氟区居民饮水质量；有利于改善供水区投资环境，具有显著的社会效益。

东线工程调水量占长江径流量的比重很小，调水对引水口以下长江水位、河

道淤积和河口拦门沙的位置等影响甚微；一期工程引水量为100 $m^3/s$，不会因此而加重长江口盐水上侵的危害，遇长江枯水年和枯水季节，可采取避让措施，不加重长江口的盐水上侵。

黄淮海平原已经形成比较完善的排水系统，并积累了丰富的防治土壤盐碱化的经验，因此，调水造成的北方灌区土壤次生盐碱化问题能够预防和控制。

调水对输水沿线湖泊的水生生物是有利的，对长江口及其附近海域水生生物不会有明显影响，调水也不会把南方的血吸虫扩散到北方。

## 思考题

1. 什么是流域？何为跨流域调水工程？讨论跨流域调水工程对自然水循环过程的作用。

2. 南水北调工程分东、中、西三线，通过资料调研，分析说明各线的起止点、受益区域。

3. 分析南水北调东线工程的高程变化，探讨其对环境的影响。

# 第五章

# 海水淡化

海水淡化是解决沿海城市缺水问题的有效开源途径之一，可以增加淡水总量，且不受时空和气候影响，是补充淡水资源的有效手段。青岛市当地水资源匮乏，时空分布不均，降水年际年内变化大，客水依赖程度高。水资源是影响当地经济社会发展的重要限制性因素之一。由于青岛市地处暖温带地区，海岸线较长，达 730 km，海水清澈透明，水质优良，且取水方便，具有发展海水淡化的潜力（康权等，2021）。在青岛发展海水淡化可以在短期内增加城市供水量、缓解供水压力，是保障全市供水安全的重要途径，已在青岛市得到应用，取得较好的成果。本章首先对海水淡化工艺的分类、国内外研究现状进行了概述；其次，介绍了三种常见的海水淡化技术，即反渗透技术、多级闪蒸技术和低温多效技术；最后，就海水淡化对海洋环境的影响以及减缓影响的措施进行介绍，并对青岛市海水淡化的未来方向提出了展望。

## 第一节　概述

### 一、海水淡化及分类

海水淡化是指通过物理、化学或物理化学方法将海水中盐分脱除以获取淡水的技术和过程。海水淡化工艺可以分别按照动因、实现途径以及技术原理等不同进行分类。

根据动因的不同，海水淡化可以被划分为自然过程和人工过程。其中，自然过程是指大自然时刻进行着的，动力来源于太阳能、风能的海水淡化工艺；人工过程主要包括海水冻结法、电渗析法、蒸馏法、反渗透法及离子交换法等。其中

来自大自然的海水淡化过程，尤其是以太阳能为动力的海水淡化过程无时无刻不在进行，是水循环的主要动力来源（图 5-1）。人类以地表水或地下水为饮用水源的，其水源归根结底来源于大自然的海水淡化过程。

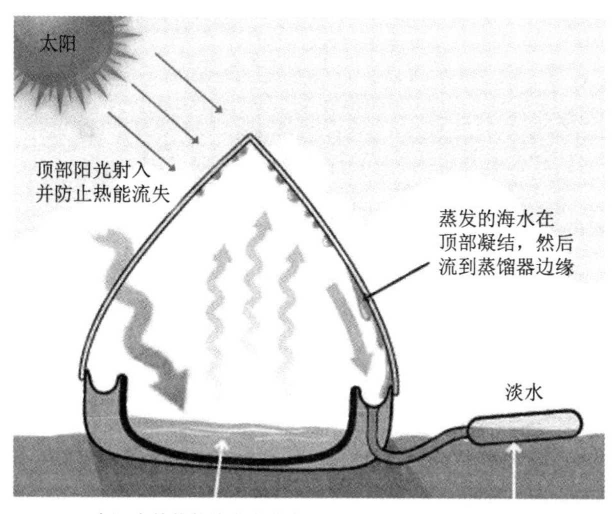


**图 5-1　以太阳能进行海水淡化的原理**

根据实现途径的不同，海水淡化可以被划分为：① 从海水中取出淡水，如蒸馏法（多级闪蒸、低温多效等）、反渗透法、冰冻法、水合物法和溶剂萃取法等工艺；② 从海水中取出盐分，如离子交换法、电渗析法、电容吸附法和压渗法等工艺。

根据技术原理的不同，当前规模化应用的海水淡化技术可以划分为：① 热法，即通过加热蒸馏或者冷冻过程，将淡水分离出来，如常规蒸馏法、多级闪蒸法、低温多效法以及冰冻法等，当前，国际上最成熟、应用最为广泛的热法主要有低温多效法和多级闪蒸法；② 膜法，即通过各种功能膜材料将淡水分离，如反渗透法、电渗析法、离子交换法等。膜法相比于热法起步较晚，热法是 20 世纪四五十年代逐渐发展起来，膜法起步于 20 世纪六七十年代，膜技术较大规模应用在海水淡化产业是自 20 世纪八十年代才开始的，但发展速度很快。1990 年以后，随着反渗透膜性能的提高、价格的下降、高压泵和能量回收效率的提高，反渗透已成为投资最省、成本最低的海水淡化技术。

## 二、国内外发展现状

### （一）全球海水淡化产业发展状况

随着全球社会经济发展对清洁淡水需求量的不断增加，海水淡化产业快速发展。据统计，2010 年到 2019 年，全球已安装的海水淡化容量以每年约 7% 的速度稳步增长。截止到 2020 年 2 月，全球脱盐水生产安装容量为 9 720 万 $m^3$/d，其中海水淡化产能为 5 540 万 $m^3$/d，占比约 57%（图 5-2）。

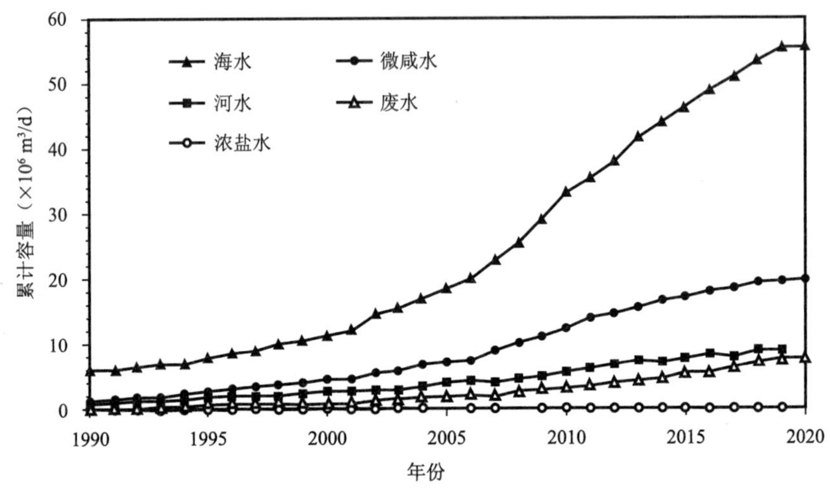


**图 5-2　1990 至 2020 年全球不同给水水源的脱盐安装产能情况**

在全球范围内，越来越多的政府机构开始参与并主导海水淡化项目，尤其是市政应用项目。根据现有数据，沙特阿拉伯的海水淡化公司（SWCC）拥有世界上最大的海水淡化能力，可生产超过 550 万 $m^3$/d 淡水。紧随其后的是阿布扎比水电部（ADWEA，现为能源部）和科威特水电部，装机容量分别超过了 390 万 $m^3$/d 和 290 万 $m^3$/d。阿拉伯联合酋长国迪拜水电部（DEWA）的装机容量超过了 230 万 $m^3$/d，拥有大规模海水淡化能力的机构还有以色列的 Mekorot 和阿曼水电采购公司（SAOC）。海水淡化已经成为世界各沿海国家解决水资源不足问题的有效途径，在中东地区以及美国、以色列、西班牙、澳大利亚、新加坡等国家都有大量应用。目前世界上有 2 亿多人口依靠海水淡化水生存和发展。

海水淡化采用的技术主要是反渗透（RO）、多级闪蒸（MSF）和低温多效（MED），分别占全球总产能的 55.2%、27.6% 和 10%。其中，RO 是应用最广泛的海水淡化技术，累计装机容量为 3 060 万 $m^3$/d。MSF 是工程容量排名第二的

技术，约为 1 530 万 $m^3/d$。使用 MED 技术的海水淡化能力为 330 万 $m^3/d$。从地区分布来看，MSF 和 MED 技术主要分布在中东和北非地区，其他地区以 RO 技术为主；从淡化水用户分布来看，全球淡化市场每年增加的工程中，市政用户占比总体高于工业用户。

许多国家为了解决日益紧缺的淡水资源问题、促进海水淡化产业的发展，在加大资金投入的同时，积极研究制定鼓励发展海水淡化的政策和措施。例如：阿联酋对发电设施和供水设备的进口无限制，仅征收 4%的关税；以色列制定制水规划，对海水淡化、苦咸水淡化和废水回用等提出了明确目标；欧盟把海水淡化作为区域政策重点，对地中海沿海成员国在海水淡化工程建设方面给予资金支持，如对于西班牙的海水淡化工程项目，欧盟给予 80%左右的资金支持（高继军等，2019）。

### （二）我国海水淡化产业发展状况

我国面临严重的水资源短缺问题，人多水少，水资源总量与人口以及地区经济发展水平不相匹配。同时，随着经济社会的不断发展和人口增长，水质污染的问题日益严峻，资源型缺水和水质型缺水并存，致使缺水范围不断扩大。海水是重要的资源，海水淡化是解决我国沿海水资源短缺的重要途径，是沿海水资源的重要补充和战略储备，对推动生态文明建设具有重要意义。

党中央、国务院高度重视海水淡化工作，国家发展改革委联合自然资源部印发的《海水淡化利用发展行动计划（2021—2025 年）》明确了十四五时期海水淡化利用目标：到 2025 年，全国海水淡化总规模达到 290 万 t/d* 以上，新增海水淡化规模 125 万 t/d 以上，其中沿海城市新增海水淡化规模 105 万 t/d 以上，海岛地区新增海水淡化规模 20 万 t/d 以上；海水淡化关键核心技术装备自主可控，产业链、供应链现代化水平进一步提高；海水淡化利用发展的标准体系基本健全，政策机制更加完善。

沿海各地及相关部门积极推进海水利用工作，截止到 2020 年底，国内已建成日产淡化水百吨以上海水淡化项目 176 个，产能达到 180.34 万 $m^3/d$，采用 RO 和 MED 为主。

国内海水淡化水 2/3 用于工业，集中在水价较高的沿海省份。图 5-3、图 5-4 分别为 2020 年全国沿海省市海水淡化工程分布情况和已建成海水淡化项目产水用途情况。可以看出，淡化水主要用于电力、石化和钢铁等高耗水行业、工业园

* 在不同行业中，海水淡化规模用 t/d 或 $m^3/d$ 表示，二者无差异，本书不作区分。

区及缺水地区的市政供水。我国已掌握反渗透和低温多效海水淡化技术，相关技术达到或接近国际先进水平。

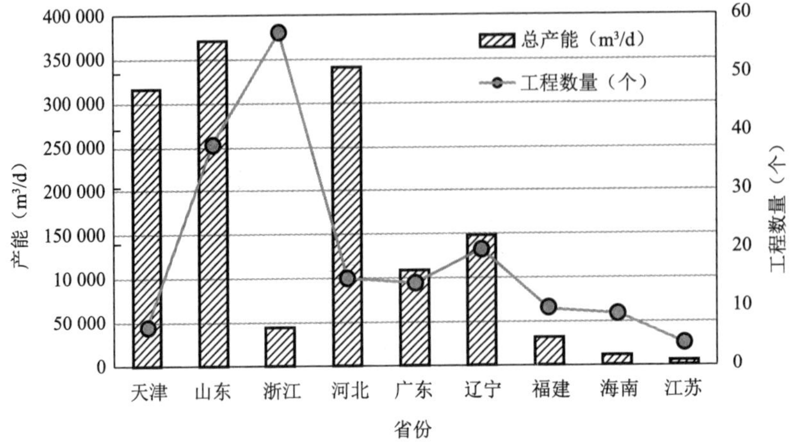


图 5-3　2020 年全国沿海省市海水淡化工程分布图

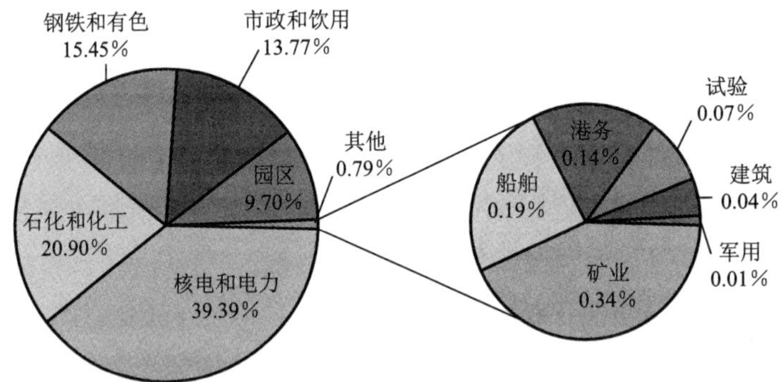


图 5-4　2020 年全国已建成海水淡化项目产水用途分布图

关于国家和行业标准方面，2020 年 12 月，由自然资源部天津海水淡化与综合利用研究所牵头编制的《海水淡化水后处理设计指南》(GB/T 39219—2020)、《海水淡化利用工业用水水质》(GB/T 39481—2020)、《多效蒸馏海水淡化系统设计指南》(GB/T 39222—2020)和《反渗透海水淡化阻垢剂阻垢性能试验周期浓缩循环法》(GB/T 39221—2020)等 4 项国家标准，获得国家标准化管理委员会批准并正式发布。2020 年 8 月山东省人民政府办公厅发布的《关于加快发展海水淡化与综合利用产业的意见》提出，计划到 2022 年底，全省海水淡化产能超过 100 万 t/d。

# 第二节 海水淡化工艺

## 一、海水淡化技术

### （一）反渗透技术（Reverse Osmosis, RO）

1. 技术原理

（1）半透膜。

半透膜（semipermeable membrane）是一种只允许某种小分子或离子扩散进出，而不允许生物大分子物质自由通过的薄膜，原因是半透膜孔隙的大小比离子和小分子大，但比生物大分子如蛋白质和淀粉小。例如细胞膜、膀胱膜以及人工制的胶棉薄膜等都属于半透膜。

（2）渗透与渗透压。

当把相同体积的纯溶剂和溶液分别置于一容器的两侧，中间用半透膜隔开，静置一段时间后，我们会发现溶液的液面会高于纯溶剂的液面，说明纯溶剂自发地透过半透膜，向溶液侧进行流动，这一现象称为渗透现象。渗透是一种溶剂（例如水）通过一种半透膜进入一种溶液或者是从一种稀溶液向浓溶液自然渗透的过程。经过此过程，浓溶液的液面比稀溶液的液面高出一定的高度，这一高度将形成一个压力差，最终达到渗透平衡状态，此压力差被称为渗透压。

（3）反渗透。

反渗透是相对于渗透而言的。如图 5-5 所示，反渗透法是一种膜分离技术，该方法利用一种只允许溶剂（例如水）透过而不允许溶质透过的半透膜将海水和淡水分开，在分离过程中，若对海水一侧施加一大于海水渗透压的外压，那么海水中的纯水将透过半透膜进入到纯水中。由于溶剂的流动方向与自然渗透的方

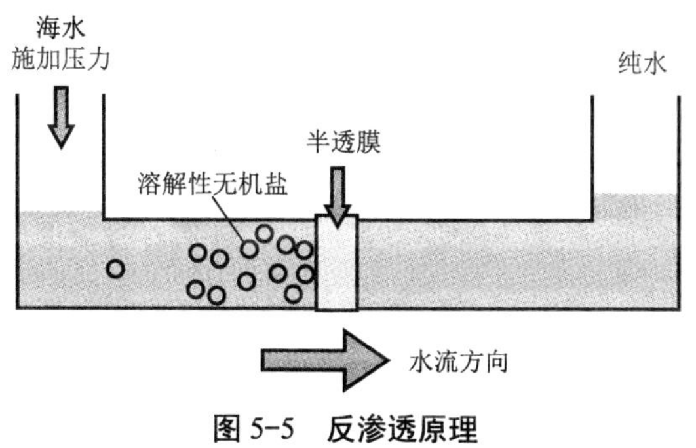


图 5-5 反渗透原理

向相反，因而这一过程被称为反渗透。反渗透同其他分离过程相比具有相态不变、设备简单、能耗低、操作容易、占地面积小等优点。

（4）反渗透膜材料。

反渗透膜是实现反渗透的核心元件，是一种模拟生物半透膜制成的具有一定特性的人工半透膜。常用于反渗透的膜有醋酸纤维素膜、芳香聚酰胺膜、聚苯并咪唑膜以及由多种材料组成的复合膜等。理想的反渗透膜应具备以下的特征：在高流速下脱盐率高；有较高的机械强度和使用寿命；能在较低的操作压力下发挥功能；能耐受化学和生化作用的影响；受 pH、温度等因素的影响较小；制膜的原料来源广泛，成本较低，加工简便。

反渗透膜的主要性能指标有脱盐率、产水量、回收率等。

脱盐率和透盐率：

$$透盐率 = 产水盐浓度/进水盐浓度 \times 100\%$$

$$脱盐率 = (1 - 产水盐浓度/进水盐浓度) \times 100\%$$

$$透盐率 = 100\% - 脱盐率$$

膜元件的脱盐率在其制造成型时已确定，脱盐率的高低取决于膜元件表面超薄脱盐层的致密度，脱盐层越致密脱盐率越高，产水量越低。反渗透膜对不同物质的脱盐率主要由物质的结构和相对分子质量决定的，其中对高价离子及复杂单价离子的脱盐率可以超过 99%，对单价离子如钠离子、钾离子、氯离子的脱盐率稍低，但也可超过 98%；对相对分子质量大于 100 的有机物脱除率也可达到 98%，但对相对分子质量小于 100 的有机物脱除率较低。

产水量：产水量是指反渗透系统的产水能力，即单位时间内透过反渗透膜的水量，通常会用吨/小时（t/h）或加仑/天（gal/d）来表示。

回收率：指膜系统中给水转化成产水或透过液的百分比。膜的回收率在设计时已经确定。

（5）反渗透膜组件。

各种膜分离装置都包括膜组件和泵。膜组件是将膜通过某种形式组装在一个基本单元设备内，对溶液施加外压，使溶剂和溶质进行分离，工业上称该单元设备为膜组件或简称组件。在膜分离工业生产装置中，可根据生产需要，设置数个甚至数千个膜组件。目前，工业上常用的反渗透膜组件主要有板框式反渗透膜组件、管式反渗透膜组件、中空纤维式反渗透膜组件和螺旋卷式膜组件四种类型。

对反渗透膜组件的基本要求是：尽可能高的膜装填密度，装填密度是指单位体积膜装置中膜的面积（$m^2/m^3$）；不易产生浓差极化现象；抗污染能力强；清洗

和换膜方便；价格便宜。

2. 典型反渗透海水淡化工艺流程

图 5-6 为海水反渗透淡化工艺的流程。海水经 $Cl_2$ 杀菌、$FeCl_3$ 凝聚处理及双层过滤器过滤后，pH 调至 6 左右。对耐氯性能差的膜组件，在进行 RO 装置处理之前还要用活性炭进行脱氯处理，或者用 $NaHSO_3$ 进行还原处理后进入 RO 装置进行处理，淡水和浓盐水被分离。

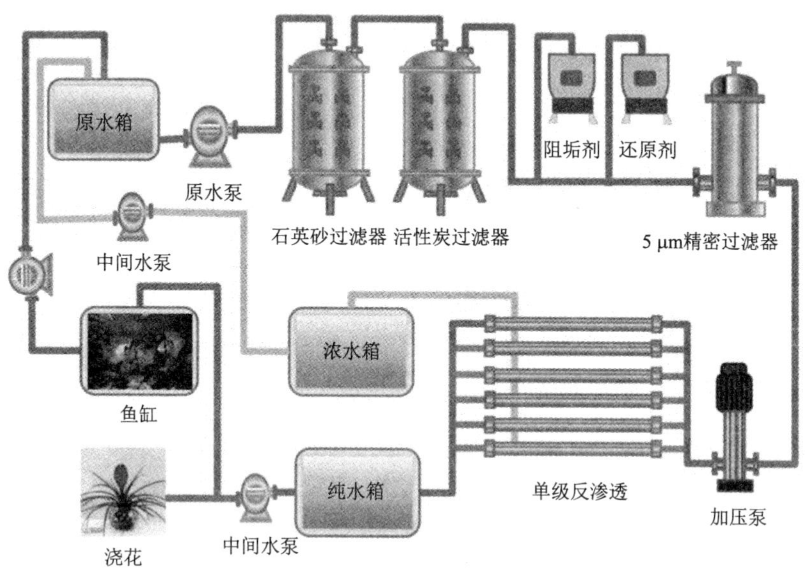


图 5-6 典型反渗透海水淡化工艺流程图

3. 特点

将反渗透技术用于海水淡化的主要特点有：盐水分离过程中不涉及相变，能耗低；工艺流程简单，结构紧凑；反渗透系统中的半透膜对海水的 pH，以及海水中含有的氧化剂、有机物、藻类、细菌、颗粒和其他污染物很敏感，因此需要更加严格的预处理系统；半透膜上容易形成水垢和污垢，从而导致膜的脱盐率衰减，水质不稳定，需要定期对半透膜进行清洗和更换；系统能耗较高，生产每吨水的平均电力消耗量为 3.0～5.5 kW•h，仍需进一步降低；产品水质较低，比较适合民用或者普通工业市场。

### （二）多级闪蒸技术（Multiple Stage Flashing, MSF）

1. 技术原理

“闪蒸”是指水在一定的压力和加热到一定的温度下，注入下级压力较低的容器中，突然的扩容使部分水瞬间汽化为蒸汽的过程。多个闪蒸过程组成的系统称为“多级闪蒸”。

多级闪蒸技术的原理如下(图 5-7)：在一定的压力下，将原料海水加热到一定的温度，然后将热海水通过节流孔引入到闪蒸室，由于热海水的饱和蒸汽压大于蒸发室的压力，热海水将立即蒸发，从而使得热海水自身的温度降低，直到海水温度与其饱和蒸汽温度基本平衡，所产生的蒸汽冷凝后即为所需要的淡水。多级闪蒸以此原理为基础，使热海水依次流经若干个压力逐渐降低的闪蒸室，通过逐级蒸发降温，同时海水也逐级增浓，直到其温度接近天然海水。

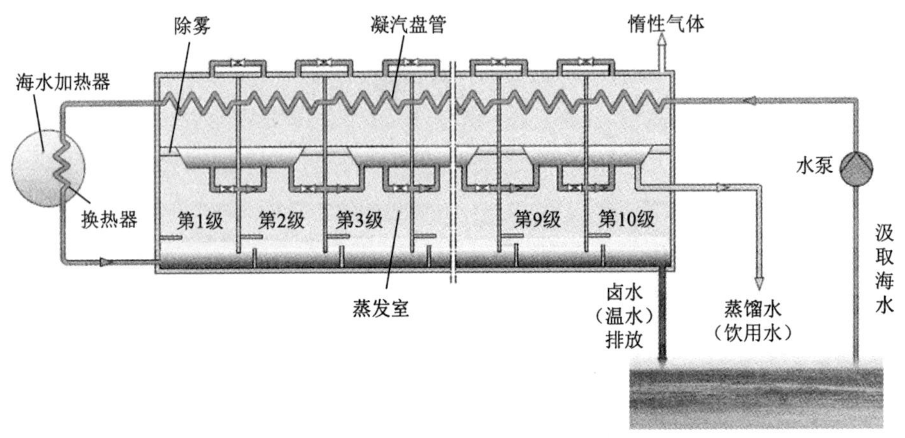


**图 5-7　典型多级闪蒸海水淡化技术原理（伍丽娜，刘菊，2015）**

2. 典型工艺流程

现以三级闪蒸为例，介绍多级闪蒸的工艺过程。该装置由三个封闭的闪蒸室组成，每个闪蒸室下都有一块可调节热海水水位的堰板，中部左侧为汽水分离器，右侧为淡水盘，上部为冷却水管束，顶部有抽气管口。

常温的海水首先进入第三级闪蒸室上部的冷却水管束，后经二级、一级上部冷却水管引出至海水加热器。当设备运转时，该段海水一方面可作为冷却水使用，另一方面海水本身将被预热。从一级上部出来的被预热的温海水经海水加热器加热至 90～100 ℃，然后热海水进入第一级闪蒸室的下部，由于闪蒸室内的压力比热海水温度所对应的饱和蒸汽压低，因此热海水被迅速汽化，汽化后的蒸汽上升至闪蒸室的上部，当遇到冷凝区的管束时，被凝结成为淡化水(或称为产品水)，淡化水滴入淡水盘后逐级汇总，最终引出至室外水箱进行储存。

经过第一级闪蒸室的热海水，按照上述原理依次进入第二、第三级闪蒸室，

逐级汽化—凝结，到了最后三级的热海水，其温度有所下降，含盐量也随之增加，浓海水可按比例进行再循环或排至地沟。为了使闪蒸室内的压力低于每一级热海水温度所对应的饱和蒸汽压，闪蒸室的真空度应逐级增强，闪蒸过程的级数越多，其热效率越高，经济效益越好。理想的多级闪蒸海水淡化装置，其热海水在最后一级的温度与最后一级上部冷却水温度（常温海水温度）之差应为6～10 ℃。

3. 特点

多级闪蒸技术是海水淡化工业中最为成熟的技术，它是针对多效蒸发结垢较为严重的缺点发展起来的。其优点为：第一，由于该方法将加热与蒸发过程进行分离，并未使海水真正沸腾（仅为表面沸腾），因而大大改善了一般蒸馏过程的结垢问题；第二，多效闪蒸技术成熟可靠，运行安全性高，操作弹性大，设备结构简单，投资成本较低，特别适合应用于大型的海水淡化应用。此外，该技术可有效利用低位热能和废热，有效节约能源。

但是，多效闪蒸技术也存在一定的缺点。第一，大量海水的循环和流体的输送，导致操作成本升高；第二，与多效蒸馏法相比，需要较大的热传面积。多效闪蒸常与火力电站进行联合运行，以汽轮机低压抽汽作为热源，因此不需要高压蒸汽为热源，特别适合用于与火电厂或核电厂相结合的大型淡化工厂。可为高中压锅炉提供优质脱盐水，也可作为生活用淡水。

### （三）低温多效蒸馏技术（Low Temperature Multiple Effect Distillation, LT-MED）

1. 技术原理

多效蒸馏是指：在第一效，海水经过蒸发器上部的喷嘴在管束外表面喷淋。盐水从每一排管子向更低一排落下，在每根管子上形成降膜。加热的蒸汽通过管内时会在管内冷凝，而盐水会在管外蒸发形成二次蒸汽。前一个蒸发器蒸发出来的蒸汽将作为下一个蒸发器的热源，并冷凝成为淡水。以此类推，蒸发和冷凝重复进行。该技术是用一系列水平管将膜蒸发器串联起来并分成若干效组，用一定量的蒸汽输入，通过多次的蒸发和冷凝，从而得到多倍于加热蒸汽量的蒸馏水的海水淡化技术。在此过程中，蒸发器按系列式布置，以确保热水蒸发侧的压力可维持在较低值。在一个蒸发器中凝结蒸汽成倍增加是多效蒸发过程的标志。

而低温多效蒸馏技术是指盐水的最高蒸发温度不高于 70 ℃，当蒸发温度低于 70 ℃时，蒸发表面海水中盐类结晶的速率将大大降低，从而能避免或减缓设备结垢的产生。

2. 典型工艺流程

低温多效蒸馏海水淡化的工艺流程见图 5-8。

进料海水在冷凝器中预热及脱气后，将被分成两股物流，其中一股物流作为冷却水排回大海；另一股物流将变成蒸馏过程的进料液，加入阻垢剂后，喷淋系统将料液分布到各个蒸发器顶排管上，自上而下流动过程中，部分海水吸收管

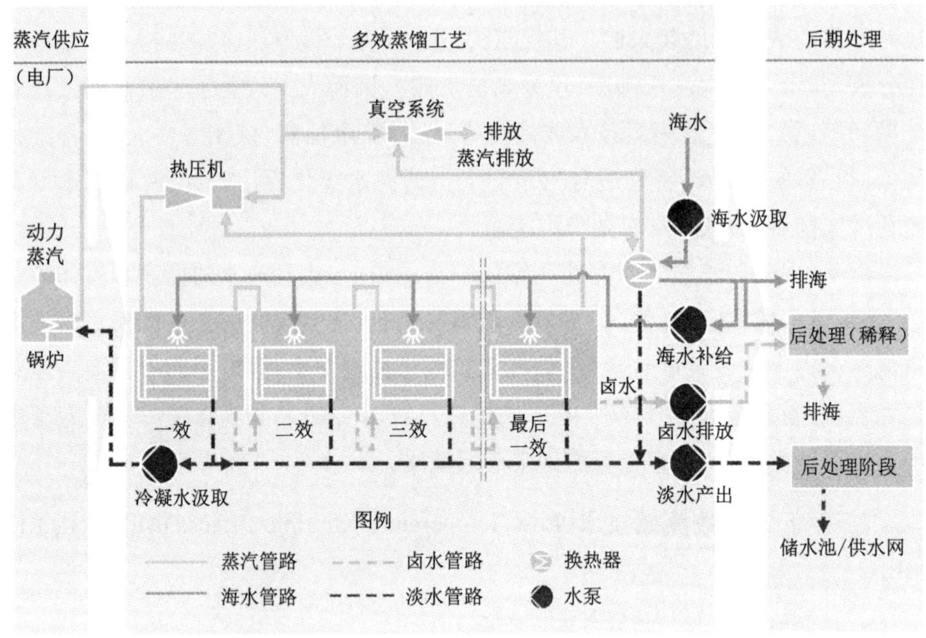


图 5-8　典型低温多效蒸馏海水淡化工艺流程图（伍丽娜，刘菊，2015）

内冷凝蒸汽的潜热而汽化，生成的蒸汽输入到下一效的蒸发管内部，并在管内冷凝。与此同时，在管外产生了基本等量的蒸发。二次蒸汽穿过捕沫装置后，将进入下一效的传热管内，第二效的操作压力和温度略低于第一效。蒸发和冷凝过程沿着一连串的蒸发器重复进行，最后一效的蒸汽在冷凝管内被海水冷却液冷凝。每一效的冷凝液（蒸馏水）将被收集起来用产品水泵抽出并输入储罐，生产出的产品水是平均含盐量小于 5 mg/L 的纯水。浓缩海水经过冷却之后，排回大海。

3. 特点

低温多效海水淡化技术具有以下的优点。第一，进料海水的预处理简单，海水进入低温多效装置之前只需经过筛网过滤和加入 5 mg/L 左右的阻垢剂即可，

而不像多级闪蒸那样必须进行加酸脱气处理。第二,由于操作温度低,完全避免或减缓了设备的腐蚀和结垢现象。第三,系统的操作弹性大,在高峰期,该淡化系统可以提供设计值110%的产品水,而在低谷期,该淡化系统可以稳定地提供额定值40%的产品水。第四,系统的动力消耗小,低温多效系统用于输送液体的动力消耗很低,可降低淡化水的制水成本。第五,系统的热效率高,30 ℃的温差即可安排12个以上的传热效数,从而达到10左右的造水比。第六,系统的操作安全可靠,在低温多效系统中,发生的是管内蒸汽冷凝而管外液膜蒸发,即使传热管发生了腐蚀穿孔而泄漏,由于汽侧压力大于液膜侧压力,浓盐水不会流到产品水中。第七,低温多效海水淡化出水水质好,产品水的含盐量低于5 mg/L,相比而言,采用反渗透法要达到如此高的水质,必须采用两级反渗透。第八,低温多效蒸馏的产品水为脱盐水,而反渗透的产品水是含氧水。

虽然低温多效蒸馏法在技术上有诸多优点,蒸发温度不能超过70 ℃也成了该技术进一步提高热效率的制约因素。冷凝和蒸发过程的传热系数随其操作温度的升高而增大,另外由于低温操作时蒸汽的比容较大,使得设备的体积较大,无形中增加了设备的投入。因此,尽可能地提高低温多效过程中的操作温度,使之达到更高的造水比,是近几年来海水淡化界努力解决的问题,也是我国今后海水淡化技术研究的发展方向。

## 二、海水淡化对海洋环境的影响

随着我国海水淡化产能的快速增加,海水淡化对环境的影响逐渐引起人们的重视。尤其是海水淡化过程中产生的浓海水,大量直接排放入海对海洋生态环境的影响不容忽视,有必要加以应对。

### (一)海水淡化对海洋环境的影响

第一,海水淡化设备运行须消耗能量,能耗是海水淡化最主要的成本。热法海水淡化系统的能耗较高且能量利用效率较低,而带有能量回收装置的反渗透海水淡化系统的能耗较低。大部分海水淡化工程采用电能作为能量来源,在发电过程中燃烧化石燃料可能产生非甲烷类挥发性有机化合物等物质,如处理不当可能污染大气环境。目前太阳能、风能、海洋能和核能等新能源海水淡化技术仍处于研发阶段且不够成熟,仅在一些海岛等特殊地区有少量示范工程。

第二,海水淡化工程施工期的管线开凿、厂房建设和设备安装等活动可能产生悬浮物、含油污水和固体废弃物等,如处理不当可能污染近岸海域的海洋生态环境。海水淡化厂区和辅助设施建设占用土地，导致海岸带工业化加速，滨海自然景观被破坏，影响当地社会生活环境。海水取水工程可能影响海水交换和沉积物运动（张静怡等，2015），降低海水透明度和真光层深度。为防止结垢和腐蚀，热法海水淡化系统在脱气过程中会产生二氧化碳，排入大气可能造成温室效应。反渗透海水淡化系统的高压泵和能量回收装置运行时产生的噪音超过 90 dB，可能影响周边居民生活环境。埋设于地下的海水输送管道如果破裂，造成的渗漏会使海水进入地下蓄水层，导致地下水污染（赵国华，童忠东，2012）。海水的预处理过程可能产生含盐污泥等固体废弃物，反渗透膜组件的定期更换也可能产生含化学物质的固体废弃物，如处理不当可能污染周边环境。

第三，海水淡化过程只有不到 50% 的海水变为淡水，其余海水以浓海水的形式排放。目前我国海水淡化产业处于发展初期，浓海水排放量少，对海洋生态环境的影响尚无相关报道。随着我国海水淡化规模的不断扩大，还需重视浓海水排放对海洋生态环境的影响。海水淡化浓海水对海洋生态环境可能的影响，主要是由于浓海水成分与进水海水相比较会有变化。一是热法海水淡化容易导致传热管、金属管道等相关设备腐蚀，由于冲洗而引入的重金属物质，如铜、铁、锌、镉、镍、铬，若其浓度过高则可能对海洋生物产生毒害作用。二是为了提高海水淡化系统的运行效率和保护反渗透膜组件，预处理过程中添加了杀菌、絮凝、防垢、缓蚀、消泡等药剂，主要包括活性磷酸盐和无机氮等；为了对过滤器、膜组件、蒸发器等设备进行定期清洗，海水淡化过程中需使用柠檬酸和多磷酸钠等弱酸清洗；此外，为了防止海水中 $Ca^{2+}$、$Mg^{2+}$ 等在海水淡化组件中结垢，也需采用 pH 调节剂或酸化试剂对原海水进行酸化。而这些含有有机物、营养盐、酸性试剂的废水和酸性清洗废水若不处理，则易造成海洋环境的富营养化，对海洋生物的生存产生潜在影响和威胁。三是海水淡化脱盐过程中吸收的热量、浓缩后的浓盐水，若不经稀释、扩散，会导致浓海水排放口附近海域的温度、盐度高于周围海水，可能会对海洋生态环境造成影响。

### （二）预防措施

首先，要完善海水淡化技术。在海水淡化工程勘察和设计阶段，应尽可能地远离医院、学校和居民区等人群聚集区，避开已规划或已运营的滨海旅游区和自然保护区等生态敏感区域。工程施工阶段产生的含油污水应收集后处理，禁止直接排放入海；采用沉井式取水方法，避免扰动水体；在反渗透海水淡化系统的高压泵和能量回收装置中安装消音器或声屏障等，减小噪声污染；海水输送管道

避开地下蓄水层，并采用耐腐蚀的高性能材料和加强日常巡检，防止管道“跑冒滴漏”。对于工程运行阶段产生的固体废弃物，须先鉴定其危险性，如为危险废弃物则由专业机构处理，如为一般废弃物则按有关规定处理。

要根据工程所在地的具体情况选择能耗较低的海水淡化技术，也可综合采用多种海水淡化技术提高产淡水率和降低工程成本。新能源因其清洁无污染和可再生等特点，具有良好的发展前景，其中太阳能和风能海水淡化技术尤其适用于偏远海岛的中小型海水淡化工程（高从堦等，2016）。

其次，要优化浓海水排放措施。浓海水排放口应远离海湾和河口等生态敏感区域，尽可能选择海洋水动力条件较好的开放性海域，避开由岬角等特定地形引起的涡流带和波浪破碎带。减缓排水流速从而减小机械卷载效应。在浓海水排放管道末端 50～100 m 处采用多端口扩散，扩散位置的水深至少为 7 m，起点距低潮线至少 200 m；排放口朝向海面，与大陆坡之间的角度为 30°～45°，促进浓海水排放后迅速稀释和扩散。在排放前消除浓海水中的有害物质，或经污水处理装置与其他冷却水混合稀释后排放。为防止热污染，可采用冷却系统使浓海水充分散热或选择扩散条件较好的排放口。根据排放口附近海域的潮汐特点，在特定时间排放。

最后，加快浓海水综合利用。浓海水中含有的大量无机盐、稀有元素和化合物，是重要化工原料。可综合利用浓海水制盐、制碱以及提取溴、镁、钾、锂、铀和碘等（高从堦等，2016），减少其排放量甚至实现“零排放”，且生产过程无“三废”产生，从根本上减小以至消除其对海洋生态环境的影响，并创造经济价值（赵国华，童忠东，2012）。浓海水综合利用和“零排放”技术是海水淡化产业可持续发展的有效途径，但目前存在占地面积大、制盐蒸发速度低和费用较高等缺点，亟须加快技术研发和应用（寇元希等，2019；胥建美等，2021）。

## 第三节 “把水杯端在自己手里”

### 一、青岛市海水淡化的历史

1958 年，青岛的山东大学开始进行电渗析法海水淡化研究。山东大学迁往济南后，由山东海洋学院（现中国海洋大学）与青岛化工厂、中国人民解放军海军北海舰队等单位继续合作研究。

1965 年，醋酸纤维膜极式反渗透海水淡化装置研制成功。

1966 年，全国第一届海水淡化会议在青岛举行。

1967—1969 年，中国科学院海洋研究所是全国海水淡化会战点之一，完成了反渗透脱盐法日产 1 t 淡水的板式海水淡化器的技术设计和现场运转任务，并对反渗透脱盐法夹套式海水淡化器进行了初步试验。

1976 年，青岛市又与胜利油田合作，进行了苦卤咸水反渗透淡化器的研制，并于 1979 年在胜利油田进行日产 8～10 t 苦卤咸水反渗透淡化器试验取得了预期效果。

20 世纪 90 年代，在青岛部分海岛、远洋船舰和军队舰艇上装有淡化装置。

2013 年，青岛市首个海水淡化市政用水工程正式供水。

## 二、青岛市海水淡化的现状

青岛市海水淡化在国内起步较早，2006 年制订了全国第一个城市海水淡化产业发展规划，2013 年被确定为国家海水淡化试点城市，海水淡化发展长期位于国内前列。截至目前，青岛已建成海水淡化工程共计 13 个，建成海水淡化规模达 23.6 万 t/d，占山东省海水淡化规模的 83.35%，占全国海水淡化规模的 19.6%（自然资源部海洋战略规划与经济司，2019），高峰日供水量达到市区供水量的 10%。从技术上看，青岛市海水淡化主要以反渗透技术为主，占总规模的 98.7%；从用途上来看，青岛市海水淡化主要用于工业，部分用于市政用水。山东省规模最大的 2 个海水淡化工程是青岛百发海水淡化工程和青岛董家口海水淡化工程，产能均达到 10 万 t/d；其中 2013 年建成的青岛百发海水淡化工程是国内最大的市政用水海水淡化项目，也是全国首个取得饮用水卫生许可的海水淡化项目，是青岛市供水调峰调压的主要水源；2016 年建成的董家口海水淡化工程是中国首个自主研发、设计、建设的大型海水淡化工程，也是世界范围内相同规模建设周期最短、投资成本最小、水价最低的海水淡化工程，主要满足董家口经济区园区内工业用水需求。此外，山东省工程建设标准《淡化海水纳入城市供水系统水质安全保障技术标准》编制组在青岛成立，该标准成为海水淡化行业全国首个省级工程建设标准。表 5-1 为青岛市已建成的海水淡化工程情况。

表 5-1　青岛已建成海水淡化工程情况

| 序号 | 名称 | 建成年份 | 工艺 | 规模(t/d) |
|---|---|---|---|---|
| 1 | 山东青岛黄岛电厂海水淡化试验装置 | 2003 | MED | 60 |

续表

| 序号 | 名称 | 建成年份 | 工艺 | 规模(t/d) |
|---|---|---|---|---|
| 2 | 山东青岛黄岛电厂海水淡化工程 | 2004 | MED | 3 000 |
| 3 | 山东青岛新河镇海水淡化装置 | 2004 | RO | 60 |
| 4 | 山东青岛科瑞特机电公司海水淡化装置 | 2004 | RO | 50 |
| 5 | 山东青岛黄岛电厂海水淡化Ⅰ期工程 | 2006 | RO | 3 000 |
| 6 | 山东青岛黄岛电厂海水淡化工程Ⅱ期 | 2007 | RO | 10 000 |
| 7 | 山东青岛电厂海水淡化工程 | 2007 | RO | 8 600 |
| 8 | 山东青岛碱业Ⅰ期海水淡化工程 | 2009 | RO | 10 000 |
| 9 | 山东青岛即墨田横岛海水淡化工程 | 2009 | RO | 480 |
| 10 | 山东青岛大管岛海水淡化装置 | 2011 | RO | 5 |
| 11 | 山东青岛灵山岛海水淡化装置 | 2012 | RO | 300 |
| 12 | 山东青岛百发海水淡化装置 | 2013 | RO | 100 000 |
| 13 | 山东青岛董家口海水淡化工程 | 2016 | RO | 100 000 |

青岛海水淡化水现已并入市政供水系统，海水淡化水与本地水、调引客水共同构建了多水源的供水保障体系，为保证青岛城市供水安全做出了积极贡献。但与其他地表水源(蓄水工程、引水工程、浅层地下水以及污水处理回用等)供水量相比，海水淡化年供水量为3 693万$m^3$，仅占3.67%，仍有很大发展空间。

在技术研发方面，目前青岛市涉及海水综合利用技术研发的机构有中国海洋大学、中科院海洋所、725研究所等多家具有自主知识产权海水淡化技术研发实力的高校、科研院所，具备发展海水淡化产业的科技支撑条件，在预处理、多级闪蒸、多效蒸馏海水淡化系统、船用海水淡化装备、多能耦合海水淡化等方面，拥有良好的基础条件(刘志亭，2013)。全市涉及海水淡化装备利用技术研发及人才培养的机构有10余家，拥有市级以上工程中心5家，通过承担国家、省部级科技计划项目，开发形成一批具有自主知识产权的科技成果。

在设备制造方面，青岛市海水淡化制造能力不断增强。2016年全市海水淡化装备产业实现产值约50亿元，涌现了一批拥有自主知识产权的生产企业，重点培育了15家装备制造企业，集聚了一定数量的配套零部件制造企业，海水淡化装备制造已形成一定研发及生产能力，其中一些产品和技术接近国际先进水平(张国辉，周广安，2019)。

在技术应用方面，2004年，大唐黄岛电厂建成具有自主知识产权3 000 t/d

低温多效海水淡化示范工程，之后分别于2006年和2007年建成黄岛电厂3 000 t/d和10 000 t/d反渗透海水淡化工程。在黄岛电厂海水淡化工程的示范下，青岛电厂、青岛碱业等企业也纷纷发展海水淡化，为企业带来了较大的经济效益，同时有力促进了水资源节约利用。此外，青岛市有多家海水淡化装备制造重点企业，集聚了一定数量海水淡化配套零部件制造企业，在海水预处理装备、超滤膜等领域形成了优势产品。

在政策措施方面，2013年以来青岛市先后被列入国家海水淡化产业发展试点城市、国家海洋高技术产业基地试点，出台了《青岛市海水淡化装备制造业发展规划》《青岛市海洋产业发展指导目录（试行）》《青岛市海水淡化产业发展规划（2017—2030年）》等文件，推进青岛市海水淡化装备制造、材料和产品生产等领域的发展。2017年，山东省物价局对青岛市两个海水淡化项目用电价格政策进行了批复，明确百发海水淡化项目、董家口经济区海水淡化项目自2018年1月1日起3年内用电价格暂按居民生活用电标准执行，期满后根据国家电价改革进程和海水淡化项目运营状况另行确定。按此优惠政策测算，两个项目运行电费标准下降约20%，满负荷运转时每年可节约用电成本约4 260万元，大幅降低了海水淡化吨水成本。

## 三、青岛市海水淡化产业存在的问题

海水淡化总体规模偏小，利用水平远低于国外先进地区。根据青岛市《2020年水资源公报》，青岛市全年总供水量为100 532万$m^3$，海水淡化水供水比例仅占全市供水总量的3.67%，比重较低；且海水淡化的产品水大部分用于海水淡化厂周围的工业用水，极少应用在生活用水，利用水平与国内外先进地区有很大差距。主要原因是目前海水淡化不属于公用事业，无法享受引黄济青、南水北调等工程的财政补贴和扶持政策，产业完全靠市场运作，竞争力小，发展较慢。

资金投入和政策激励较少，配套设施不完善。虽然青岛市早在2006年就制订了海水淡化产业发展规划，也将海水淡化作为重点建设内容。但由于缺乏系统的规划和布局，导致海水淡化工程的建设较为分散，海水淡化配套管网建设较为滞后，限制了技术的发展。此外，青岛市目前对海水淡化资金投入较少，用户推广及配套政策也不完善，缺乏有力的政策支持和资金投入，也没有形成合理统一的海水淡化市场机制、定价机制和财政补贴机制，全面推广应用存在较大困难（王天琪等，2013）。

市民对海水淡化的认识不足，对海水淡化作为生活用水存在疑虑。大多数市民对水资源短缺的认知不足，对海水淡化存在误区，尤其是对海水淡化水作为生活用水存在抵触心理，在一定程度上也阻碍了海水淡化的发展和应用。

## 四、海水淡化技术未来发展及建议

为了促进青岛市海水淡化产业健康快速发展，缓解青岛用水短缺问题，相关部门出台了《青岛市海水淡化产业发展规划(2017—2030年)》(以下简称《规划》)。根据《规划》，青岛市将确立海水淡化稳定水源及战略保障地位，把海水淡化纳入全市水资源平衡供需管理。目标分三步完成：到2020年，全市海水淡化产能达到50万$m^3/d$以上，海水淡化对保障全市供水的贡献率达到15%以上；到2025年，海水淡化产能达到70万$m^3/d$以上；到2030年，海水淡化产能达到90万$m^3/d$以上，把青岛市打造成为全国海水淡化应用重点示范城市、国家级海水淡化产业基地、全球重要海水装备制造中心。这足可见青岛市政府对大力发展海水淡化产业的决心。

海水淡化技术发展相对成熟，其有效利用是增加水资源供给、优化供水结构的重要手段，对我国沿海地区、离岸海岛缓解水资源瓶颈制约、保障经济社会可持续发展具有重要意义，这些技术还可以广泛应用于苦咸水淡化及废水处理，这对于解决我国中西部地区的水资源紧缺问题同样大有可为。

对青岛市海水淡化产业及技术发展建议如下：

第一，完善海水淡化规划，将海水淡化列入水资源统一配置规划，明确海水淡化战略储备水源的定位，提升海水淡化在城市供水中的比例。明确发电、钢铁、石化、供热等企业工业用水逐步采用淡化海水替代自来水。统筹规划建设运营自来水和海水淡化供水，实现淡化厂与水厂互联，建立大供水管网格局，实现市政供水多水源调配互补。

第二，建立政府补贴政策，加强海水淡化配套设施的建设。目前的《青岛市海水淡化项目运营财政补助办法》只针对百发等国有企业，还应制定自营海水淡化项目的补助办法，对于水电联产企业自建的海水淡化工程，在一定时期内给予免征增值税政策优势，将电价优惠政策推广至全市。对海水淡化项目的清洁水量进行适当奖励和补偿，从政策体系上保障降低海水淡化成本。将海水淡化厂与城市市政供水管网连接，考虑水电联产，方便工业直供；配套供水管网，将海水淡化配套输水管网建设纳入市政管网建设范畴，降低企业海水淡化的生产成本。

第三，拓宽投融资渠道，市财政在年度预算中对海水淡化工程建设所需资金予以重点安排，优先保障。创造市场化条件，加强在税收、信贷、价格等方面的政策引导，创新 PPP 融资模式，大力吸纳社会资本，多渠道、多层次、多元化增加工程资金投入。

第四，加大技术研发力度，推进海水淡化新技术推广应用。加强海水淡化关键工艺、技术、材料的自主研发，优化海水淡化关键装置设计、制造技术，提高关键装备制造能力，支持国产材料设备的推广应用，提高设备的国产化比率，从而降低海水淡化成本（高继军等，2019）。

## 思考题

1. 比较分析反渗透技术、多级闪蒸技术和低温多效蒸馏技术的原理，讨论为何在我国大部分地区的海水淡化以反渗透技术为主。

2. 为什么青岛市强调要把“水杯端在自己手里”？为了实现这一目标，青岛采取的主要行动有哪些？对其他沿海城市有何借鉴意义？

# 第二篇 清水分流

饮用水的长距离输送极大地促进了人类文明的发展，为形成人口庞大的城市奠定了基础。公元前700年，伊拉克埃尔比勒城建成了约20 km长的暗渠输送地下水进入城市；公元前300年，古罗马建成了以河道、铅质管道或地下隧道组成的长达400 km的引水渠，向多达50万人口的古罗马城实现分质、分区供水，古罗马城也成为当时欧洲政治、经济和文化中心。

现代社会，饮用水与人们的生活更加息息相关，是政府重点解决的民生关切问题之一。然而，气候变化及人口数量的快速增长带来的水资源短缺、水污染问题，已严重制约我国社会经济的可持续发展。2005年松花江硝基苯污染事件造成哈尔滨断水数天，2007年太湖蓝藻暴发，使无锡面对偌大的太湖无计可施，无水可用，再一次为水资源保护敲响生态警钟。消毒副产物、内分泌干扰物等新兴污染物的出现，使城市自来水厂常规水处理技术已经远远不能满足人们对饮用水安全的需求。水源性、水质性缺水和广大居民的安全用水需求之间的矛盾越发凸显，成为当前亟待解决的关键问题，饮用水的深度处理成为必然趋势。

本篇结合青岛饮用水来源的复杂性，在给水常规处理、深度处理技术基础上，共分4章对给水系统的构成、饮用水的常规处理技术、深度处理技术、输配水管网方面进行论述和分析，其中，第六章介绍了城市给水系统的构成、分类及监测标准；第七章阐述了给水常规处理工艺理论基础，主要包括混凝、沉淀、过滤以及消毒等流程；第八章分析了给水深度处理技术，主要包括吸附、臭氧氧化、膜处理、吹脱技术等工艺；第九章介绍了城市供水的动脉系统，即给水管网系统。上述章节以提供安全饮用水为目标，实现了清水分流，保障了人们的基本需求。

# 第六章

# 城市给水系统

城市给水系统即将卫生达标的清洁水通过取集、处理和输配等过程，供给人们生产生活使用的综合系统。城市是人口高度聚集的区域，自给能力非常有限，需要源源不断地将物资和清洁水输入才能保证人们正常的生产生活，这也是城市能够立足发展的基础。早在公元前 700 年，伊拉克埃尔比勒城建成了约 20 km 长的暗渠，将城外的地下水输送到城市；公元前 300 年，古罗马建成了当时最先进、距离最长的引水渠，该水渠通过重力作用，将城外的洁净水向古罗马城实现分质、分区供水，古罗马城也成为当时欧洲政治、经济和文化中心。城市给水系统就像是人体的动脉一样，可以源源不断地将干净的饮用水输送到城市的每个角落，维持城市的正常运转，支撑着城市保持活力。

## 第一节　城市给水系统概述

### 一、城市给水系统的构成

根据不同的供水水源、供水对象及地形等，城市给水系统的组成也有所不同。图 6-1 为一典型的城市给水系统示意图，主要包括取水工程、给水处理工程以及输配水系统 3 大部分。图中各组成部分相互联系，共同完成从水源取水、水质处理直至将符合用户水质要求的清水送达用户的任务。

#### （一）取水工程

取水工程包括水源、取水口、取水构筑物、提升原水的一级泵站等。取水工程的功能是将原水取、送到城市净水厂，为城市提供足够的水源。水源分为地表

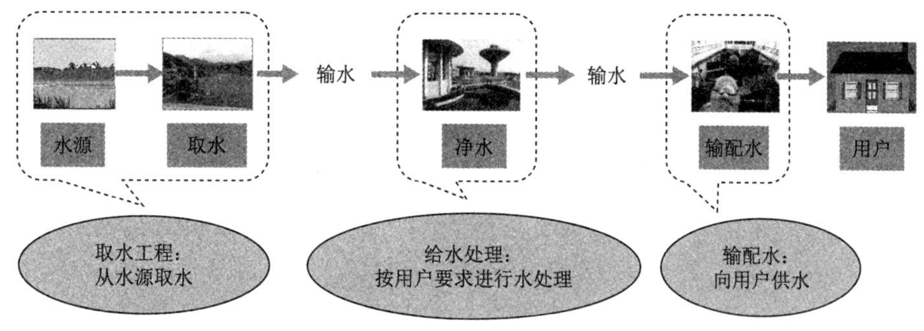


图 6-1　常规给水系统流程

水和地下水两种，每种水源都有其专门的取水工程，其作用是从选定的水源抽取原水，然后再送至水处理构筑物或给水处理厂。由于地下水源和地表水源的类型以及条件各不相同，所以取水工程也是多种多样的。取水工程设施一般包括取水构筑物和取水泵站。其中，地表水取水构筑物分为固定式取水构筑物和移动式取水构筑物：固定式取水构筑物包括岸边式、河床式以及斗槽式；移动式取水构筑物分为缆车式和浮船式。地下水取水构筑物分为管井、大口井、复合井和辐射井。

1. 地表水取水构筑物

（1）岸边式。

直接从岸边取水的固定式取水构筑物，称为岸边式取水构筑物，如图 6-2 所示。

当河岸较陡、岸边有一定的取水深度、水位变化幅度不大、水质及地质条件较好时，一般都采用岸边式取水构筑物。岸边式取水构筑物通常由进水间和取水泵站两部分构成，它们可以合建（图 a、b、c），也可以分建（图 d）。合建式具有布置紧凑、总建造面积较小、水泵的吸水管路短、运行安全、管理维护方便等优点，有利于实现泵房自动化，但结构和施工复杂。合建式适用于河岸坡度较陡、岸边水流较深且地质条件较好、水位变幅和流速较大的河流。在取水量大、安全性要求较高时，多采用此种形式。分建式岸边取水构筑物是将岸边集水井与取水泵站分开建立，对取水适应性较强，应用灵活、土建结构简单、施工容易，但吸水管长、运行安全性差、操作管理不便。分建式适用于河岸处地质条件差，以及集水井与泵房不宜合建的情况，当水下施工有困难，或建造合建式取水构筑物对河道断面航道影响较大时，宜采用分建式岸边取水构筑物。

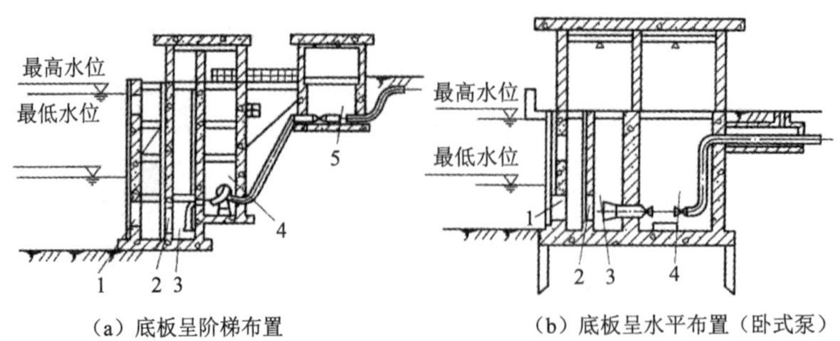


(a) 底板呈阶梯布置　　(b) 底板呈水平布置（卧式泵）

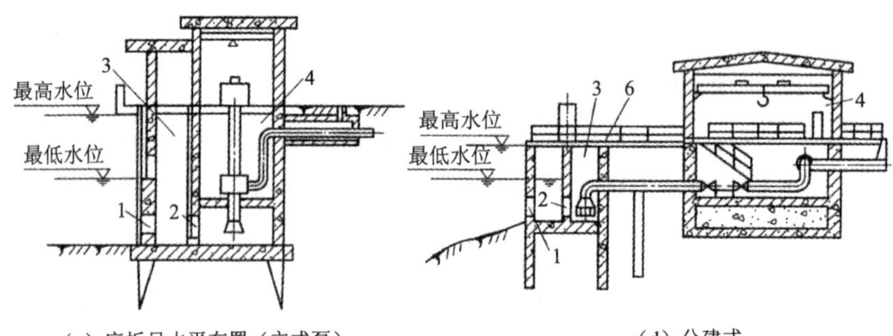


(c) 底板呈水平布置（立式泵）　　(d) 分建式

1—进水口　2—带网格的进水口　3—集水井

4—泵房　5—阀门井　6—引桥

**图 6-2　岸边式取水构筑物（李亚峰等，2019）**

(2) 河床式。

河床式取水构筑物，其取水设施包括取水头部、进水管、集水井和泵房，其构筑如图6-3所示。它的取水头设在河心，通过进水管与建在河岸的集水井相连接。根据集水井与泵房的位置也可分为合建式(图 a)和分建式(图 b)。

河床式取水构筑物适用于河岸较为平坦、枯水期主流离河岸较远、岸边水深较浅或水质不好、河床中部水质较好且水深较大的情况。它的特点是集水井和泵房建在河岸上，可不受水流冲击和冰凌碰击，也不影响河道水流。当河床变迁之后，进水管可相应地伸长或缩短，冬季保温、防冻条件比岸边式好。但取水头部和进水管经常淹没在水下，清洗和检修不方便。

(3) 斗槽式。

当河流含泥沙量大、冰凌严重时，宜在河流岸边用堤坝围成斗槽，利用斗槽中流速较小、水中泥沙易于沉淀、冰凌易于上浮的特点，减少进入取水口的泥沙和冰凌，从而改善水质。这种取水构筑物称为斗槽式取水构筑物，它一般由岸边式取水构筑物和斗槽组成，适用于岸边地质较稳定、主流离岸较近、河流含泥沙

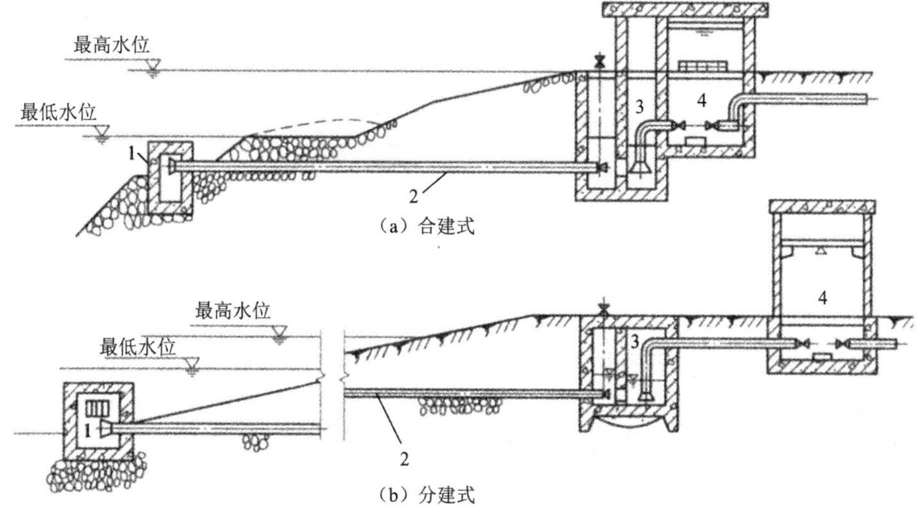


1—取水头部　2—进水管　3—集水井　4—泵房

**图 6-3　河床式取水构筑物（李亚峰等，2019）**

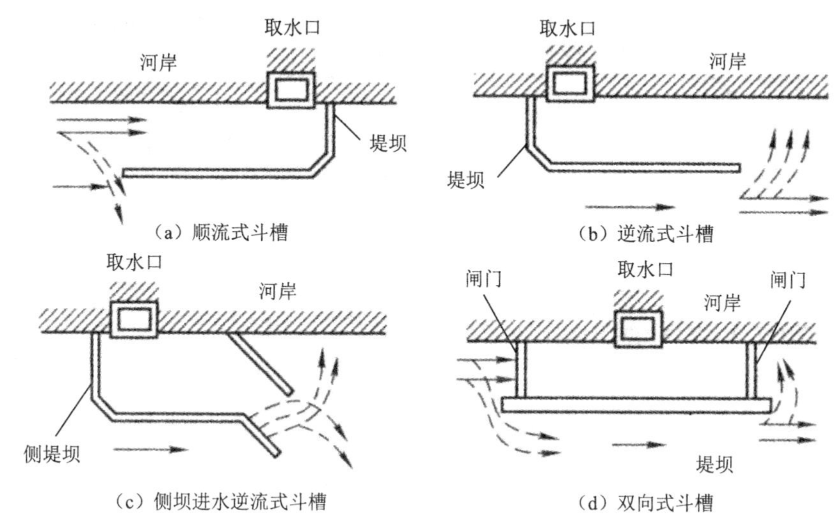


**图 6-4　斗槽的形式（李亚峰等，2019）**

和冰凌量大、取水量大的情况。斗槽的形式如图 6-4 所示。

（4）缆车式。

缆车式取水构筑物是建造于岸坡截取河流或水库表层水的取水构筑物。它由缆车、缆车轨道、输水斜管和牵引设备等组成，如图 6-5 所示。其特点是缆车随着江河或水库的水位的涨落，通过牵引设备沿岸坡轨道上下移动。缆车式取水构筑物移动方便、稳定、受风浪影响较小，但施工工程量大，只取岸边表层水，水质较差。它适用于河床较稳定、河岸地质条件较好、水位变幅大、无冰凌、漂浮物不多的河流。

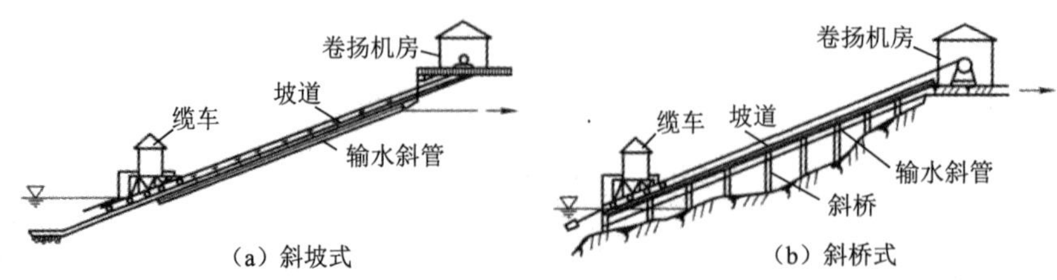


**图 6-5 缆车式取水构筑物（李亚峰等，2019）**

(5) 浮船式。

浮船式取水构筑物由浮船、锚固设备、联络管及输水斜管等组成，如图 6-6 所示。适用于河岸较稳定并有适宜坡度、水流平稳、水位变幅较大、河势复杂的河流。优点是易于施工、灵活和适应性强、能取到含沙量少的表层水。缺点是需要随水位涨落拆换接头、移动船位，操作较频繁，供水安全性差等。

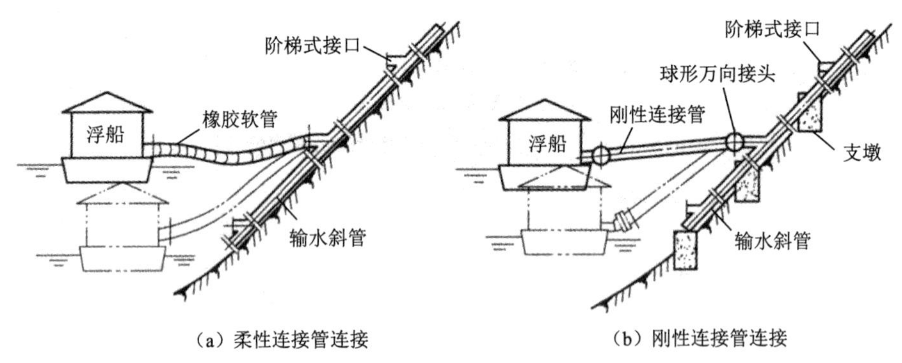


**图 6-6 浮船式取水构筑物（李亚峰等，2019）**

2. 地下水取水构筑物

由于地下水类型、埋藏条件、含水层性质等各不相同，地下水的取水方法和取水构筑物形式也各不相同，地下水取水构筑物有管井、大口井和复合井等类型。

(1) 管井。

管井俗称机井，是地下水构筑物中应用最广泛的一种，适用于任何岩性与地层结构，按其过滤器是否贯穿整个含水层，分为完整井和非完整井，如图 6-7 所

示。管井常由井室、井壁管、过滤器及沉淀管构成，如图 6-8 所示。

井室位于最上部，用于保护井口，避免含水层受污染，安装抽水设备，进行维护管理。根据井室的深度，深井泵站的井室有地上式、半地下式和地下式三种。

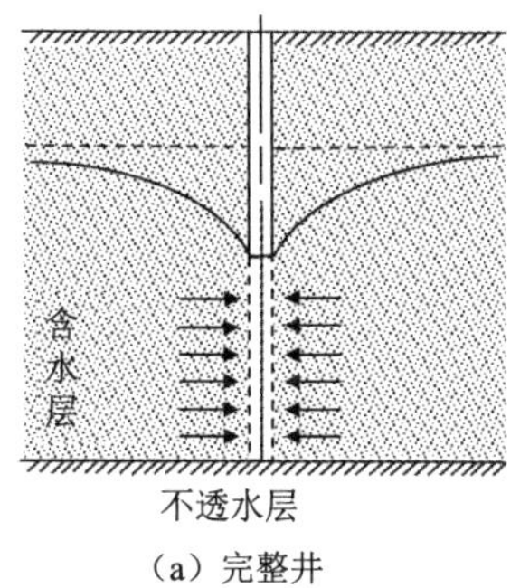

（a）完整井

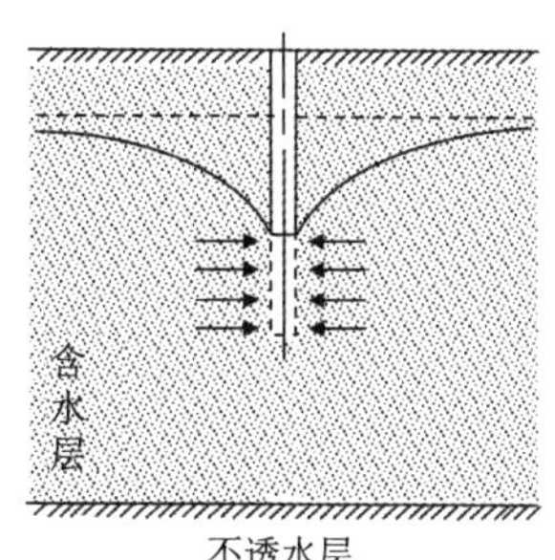

（b）非完整井

**图 6-7 管井（李亚峰等，2019）**

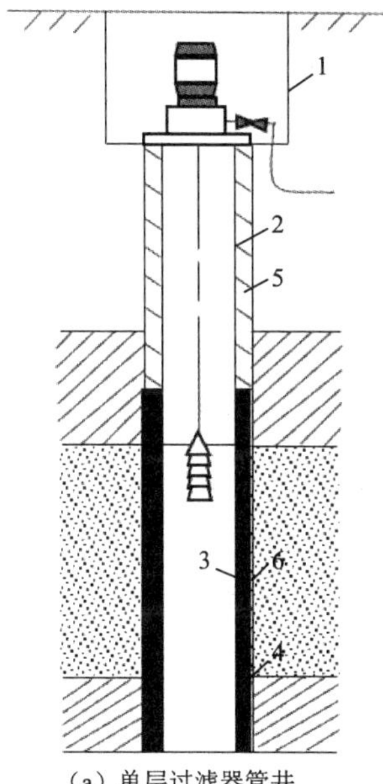

（a）单层过滤器管井

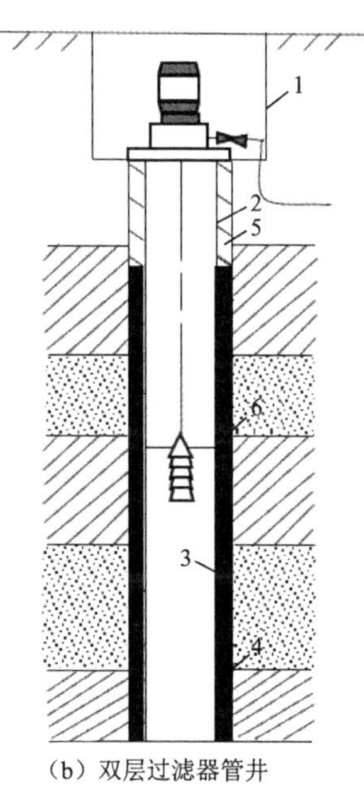

（b）双层过滤器管井

1—水泵 2—井壁 3—过滤器 4—沉淀管 5—井管 6—含水层

**图 6-8 管井一般构造（李亚峰等，2019）**

井管是为了保护井壁不受冲刷，防止不稳定岩层塌陷，隔绝水质不良的含水层。

过滤器位于含水层中，两端与井管相连，是井管的进水部分，同时对含水层起到保护作用，杜绝大的沙粒进入井管。

沉淀管位于井管的最下端，它的作用是防止沉沙堵塞过滤器，也是沉积涌入井管的细小沙粒的场所，直径与过滤器一致，长度常为 2～10 m。

管井的口径一般为 150～1 000 mm，深度为 10～1 000 m，通常所见的管井直径多为 500 mm 左右，深度一般小于 200 m。由于便于施工，管井广泛用于各种类型的含水层，但一般多用于开采深层地下水。在地下水埋深大、厚度大于 5 m 的含水层中可用管井有效地抽取地下水、单井出水量常在 500～6 000 $m^3$/d。

在规模较大的地下水取水工程中经常需要建造由很多井组成的取水系统，这被称为“井群”。根据取水方式，井群系统可分为自流井井群、虹吸式井群、卧式泵取水井群和深井泵井群。井群中各井之间存在相互影响，导致在水位下降值不变的条件下，共同工作时各井出水量小于各井单独工作时的出水量；在出水量不变的条件下，共同工作时各井的水位下降值大于各井单独工作时的水位下降值。在井群取水设计时应考虑这种互相干扰。

图 6-9　民用管井（压水井）

（2）大口井。

大口井因其井径大而得名，一般直径可达 3～8 m，是开采浅层地下水最合适的取水构筑物类型。大口井具有构造简单、取材容易、使用年限长及容积大，能起到调蓄水量作用等优点，但同时也受到施工困难和基建费用高等条件的限制。所以大口井多限于开采埋深小于 30 m、厚度小于 5～10 m 的含水层。我国大口井的直径一般为 4～8 m，井深一般在 12 m 以内，单井的出水量可达 10 000 $m^3$/d。大口井有完整和非完整井之分，如图 6-10 所示。

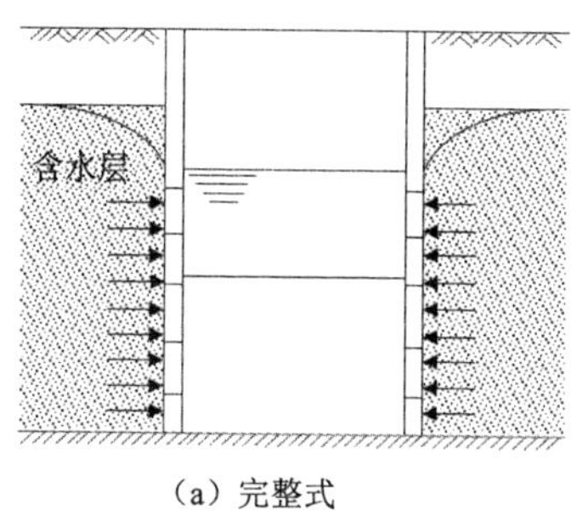


(a) 完整式

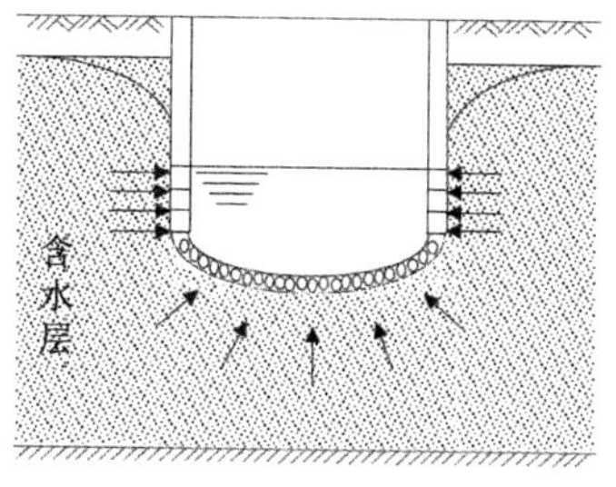


(b) 非完整式

**图 6-10 大口井示意图(李亚峰等,2019)**

大口井多采用不完整井形式,虽然施工条件较困难,但可以从井筒和井底同时进水,以扩大进水面积,且当井筒进水孔被堵后,仍可保证一定的进水量。完整井只能从井壁进水,故非完整式大口井的水力条件比完整式大口井好,适合开采较厚的含水层。

大口井主要由井室、井筒和进水部分组成。

井室的构造主要取决于地下水位的埋深和抽水设备的类型,一般分为半埋式和地面式,如井内不安装设备也可不设井室,井室应注意卫生防护。

井筒一般用混凝土或砖、石等砌筑,用来加固井壁,防止井壁坍塌及隔离水质不良的含水层。

进水部分包括井壁进水孔(或透水井壁)和井底反滤层。

**图 6-11 民用大口井**

(3) 复合井和辐射井。

复合井是由非完整式大口井和井底设置的管井过滤器组成。它是一个由大口井和管井组成的分层或分段取水系统，如图 6-12（a）所示。适用于地下水位较高、厚度较大的含水层，能充分利用含水层的厚度，增加井的出水量。

辐射井是由大口井与若干沿井壁向外呈辐射状铺设的集水管（辐射管）组合而成。通常又分为非完整式大口井与水平集水管的组合和完整式大口井与水平集水管的组合，如图 6-12（b）所示。由于扩大了进水面积，其单井出水量居各类地下水取水构筑物之首。高产的辐射井日产水量最高可达 10 万 $m^3$。

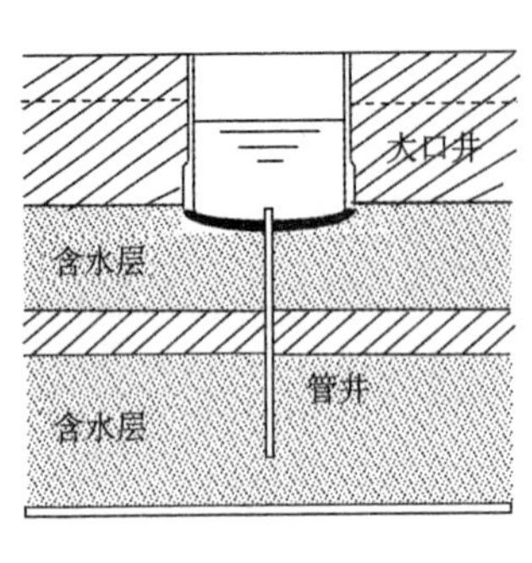

（a）复合井

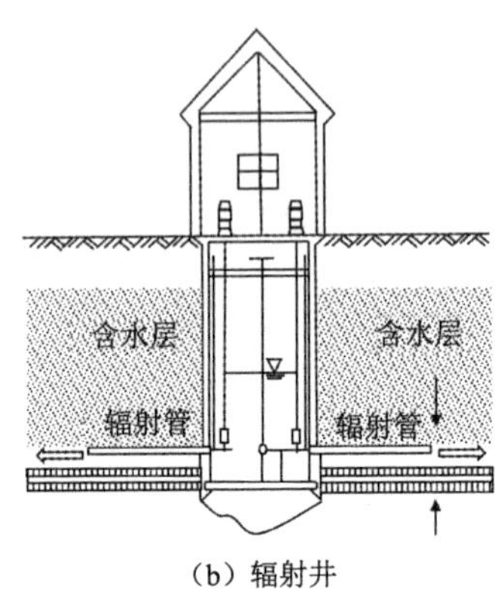

（b）辐射井

**图 6-12　复合井和辐射井示意图（李亚峰等，2019）**

无论是地表水资源，还是地下水资源，其水质、水量都需要采用相应的保护措施，以满足用水需要。对于地下水资源，在水量方面，应制订合理的开采计划，不应超采，以免引起生态环境恶化、地面沉降等不良后果；在水质方面，需要建立卫生防护地带，确保水质不受污染。对于地表水资源，在水量方面，应统筹规划流域的水量分配，流域上游修建的水工、河工工程，应确保下游水源的水量供应，同时应采取工程措施保护水源地附近的河床，保证水源供水稳定可靠；在水质方面，应划分水源保护区，严格限制排入水源水体的水质，确保水源不受污染（李亚峰等，2019）。

### （二）给水处理工程

给水处理工程包括采用物理、化学、生物等方法的水质处理设备和构筑物。生活饮用水常规处理一般采用絮凝、沉淀、过滤和消毒处理工艺和设施；由于工业、农业及生活污水未经适当处理而排入水体，使许多城市饮用水水源受到污染，致使饮用水水质恶化，对城市居民身体健康构成严重威胁，制约经济进一步发展和影响社会稳定。水源水质污染的另一个重要方面是氮、磷营养物大量排入水体所导致的水体富营养化，水体中藻类的过量繁殖严重影响自来水厂的净

化效果。我国水土流失严重，水中天然有机物浓度较高，也增加了饮用水的处理难度。所以，在今后相当长时期内，对于微污染水（含有微量污染物的水）的净化处理将是一个重要的研究课题，目前对微污染水在常规处理流程前常采用各种生物预处理工艺，而在其后则多采用生物活性炭滤池、膜技术等深化处理工艺（汪翙，何成达，2005）。

给水处理工艺流程选择要满足用户对水质的要求：供应居民用户使用的水，必须达到国家生活饮用水水质卫生要求，工业用水和其他用水必须达到有关行业水质标准或用户特定的水质要求。青岛市内三区及崂山和城阳部分区域的水厂就在“絮凝、沉淀、过滤、消毒”基础上，增加了臭氧－活性炭深度处理工艺以满足要求。

### （三）输配水系统

输配水系统的基本任务是保证将水源的原料水（原水）送至水处理构筑物及将符合用户水质标准的水（成品水）输送和分配到用户，这一任务是通过水泵站、输水管、配水管网及调节构筑物（水池、水塔）等设施的共同工作来实现的，它们组成了给水管网工程。输水管是指从净水厂至贮配水池的水管，配水管是指净水厂或贮配水池直接向用户供水的水管，专用水管是指从输、配水管分支引入用户表池的管道。其工程设计和管理的基本要求是以最少的建造费用和管理费用，保证用户所需的水量和水压，保持水质安全，降低漏损，并达到规定的供水可靠性。

1. 泵站

在给水系统中，往往需要设置水泵来增加水流的压力。泵站是安装水泵机组和辅助设备的场所，其主要作用是为机电设备的运行、检修、拆装等提供良好的工作条件和场地。在给水系统中，按泵站的作用可分为取水泵站（又称一级泵站）、送水泵站（又称二级泵站）、加压泵站及循环水泵站。取水泵站一般位于水源地，其作用就是将水源水送至净水厂。送水泵站一般位于水厂内部，将清水池中的水加压后送入输水管或配水管网。加压泵站一般位于给水管网系统中，对远离水厂的供水区域或地形较高的区域进行加压，以满足用户的用水要求。在某些工业企业中，为达到节约用水的目的，生产用水循环使用或经过简单处理后回用时采用循环水泵站，一般设置输送冷、热水的两组水泵。

2. 输配水管网

输配水管网包括输水管（渠）和配水管网。输水管分浑水输水管和清水输水管。浑水输水管是将原水送到水处理厂的管渠；清水输水管则是将水厂清水池中的成品水送往管网、或管网送往某大用户、或在区域供水中连接各区域管网的压力输水管。输水管渠一般沿线无出流。

配水管网则是将成品水送到各个给水区的全部管道，它由主干管、干管、支管、连接管、分配管等构成。配水管网中还需要安装消火栓、阀门（闸阀、排气阀、泄水阀等）和检测仪表（压力、流量、水质检测等）等附属设施，以保证消防供水和满足生产调度、故障处理、维护保养等管理需要（汪翙，何成达，2005）。

3. 调节构筑物

调节构筑物包括各种类型的储水构筑物，例如清水池、水塔（图 6-13）、高地水池（图 6-14），用以储存和调节水量。清水池设置在自来水厂内，其作用是储存和调节一、二级泵站抽水量之间的差额水量；同时，消毒剂和清水可在池内充分接触，进行杀菌。水塔和高地水池等调节构筑物设在输配水管网中，用以储存和调节二级泵站送水量与用户用水量之间的差值。管网中的调节构筑物并非一定要设置，大城市通常不用水塔。中小城镇及工业企业为了储备水量和保证水压，通常设置水塔。为了减小水塔高度，降低造价，水塔常设在城市地形最高处，其设在管网起端、中间或末端将分别构成网前水塔、网中水塔和网后（对置）水塔的给水系统。

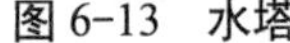
图 6-13　水塔

图 6-14　崂山上的蓄水池

## 二、给水系统的分类

城市给水系统是保证城市、工矿企业等用水的各项构筑物和输配水管网组成的系统。根据系统的性质不同，有四种分类方法。

### （一）按水源种类划分

按水源种类分为地表水和地下水给水系统。地下水源（图 6-15）包括潜水（无

压地下水)、自流水(承压地下水)和泉水;地表水源(图 6-16)包括江河、湖泊、水库和海水。地下水具有水质澄清、水温稳定、分布面广等特点,但部分地区的地下水矿化度和硬度较高。地表水源在大部分地区流量均较大,具有浊度较高(特别是汛期)、水温变幅大、有机物和细菌含量高、有较高的色度且易受到污染的特点。地表水还具有径流量大、矿化度和硬度低、含铁锰量较低的优点,而且其水质水量有明显的季节性。

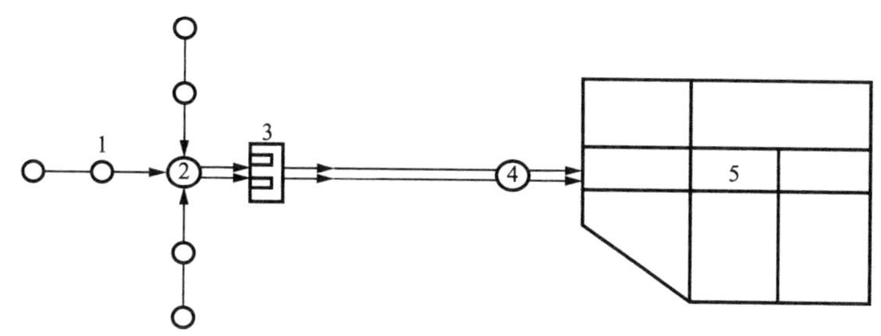


1—管井群 2—集水 3—泵站 4—水塔 5—管网

图 6-15 地下水源给水系统(汪朔,何成达,2005)

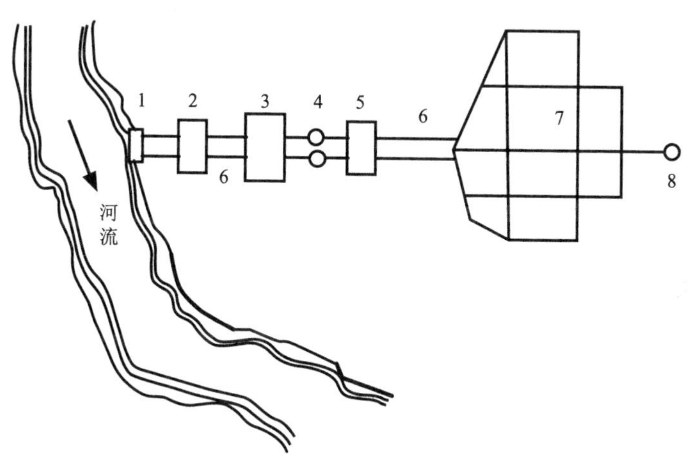


1—取水构筑物 2—一级泵站 3—水处理构筑物 4—清水池
5—二级泵站 6—输水管 7—管网 8—水塔

图 6-16 地表水源给水管道系统示意图

### (二)按服务范围划分

按服务范围分为区域给水、城镇给水、工业给水和建筑给水等系统。

1. 区域给水系统

随着经济发展和农村城市化进程的加快,许多小城市相继形成并不断扩大,或者以某一城市为中心，带动了周围城市的发展。由于城市之间距离缩短，两个以上城市采用同一给水管道系统，或者若干原先独立的管道系统连成一片，或者以中心城市管道系统为核心向周边城市拓展的供水系统即区域给水系统逐渐形成。区域给水系统不是按一个城市进行规划的，而是按一个区域进行规划的。其特点是：可以统一规划、合理利用水资源；另外，分散的、小规模的独立供水系统联成一体后，通过统一管理、统一调度，可以提高供水系统技术管理水平、经济效益和供水安全可靠性。区域供水对水源缺乏地区，尤其是城市化密集地区的城市较适用，并能发挥规模效应，降低成本。

2. 城镇给水系统

城镇给水系统具有较强的复杂性，涵盖了取水、输水、沉淀水、过滤水、配送水等内容，由水处理设备和输送管道共同组成。城镇给水系统在工作时，需要利用管道从水源地抽取水并按国家生活饮用水水质标准要求进行净化处理，再利用管道将这些已达标的饮用水输送到城镇的各个用水点，为居民提供水量充足、水质合格、水压达标的生活饮用水。

城镇常规的给水系统主要包括 3 个层面，分别为取水系统、水处理系统、输配水系统。取水系统是给水系统运行的第一级泵站，该系统的作用是确保机械设备的取水量，利用管道向水处理厂进行持续不断的输送。水处理系统是给水系统中最关键的部分，由众多处理环节或设备组成，该系统的作用是运用各种技术和设备对原水进行净化处理，使其符合国家生活饮用水标准，满足居民的用水需求。输配水系统由水处理系统和四通八达的输水管线组成，该系统的作用就是把处理合格的饮用水输送到用水点，满足城镇各个用户的用水需求，保障用户供水压力（陈明进，曾尉，2020）。

3. 工业给水

工业用水有其自身的特点，有些工业用水量大而对水质要求较低，有的用水量不大，对水质的要求却高于一般饮用水水质，受城镇给水系统规划的限制，这些工业企业必须自行建造给水系统解决供水问题。

工业给水系统要在充分考虑清洁生产的前提下，最大限度地节约用水和保护环境。目前，我国采用的工业用水系统分为直流给水、循环给水、复用给水和再生水回用等系统。

（1）直流给水系统：直流给水系统是指水经一次使用后即行排放或处理后排放的给水系统。这种系统适用于附近可利用水资源充足的情况，运行管理简便、可靠，较为经济。但是它完全没有考虑水的重复利用的可能性，浪费水资源，违

背了节水原则。

（2）循环给水系统：循环给水系统（图6-17）是按照对水质要求不同，水经使用后不予排放而循环利用或处理后循环利用的给水系统。在循环过程中，蒸发、飞散、风吹、排污及渗漏等所损耗的部分水量（一般不超过循环水量的10%），由水源或城镇管网不断地向系统中补充新水。这种系统具有节约能源和水资源，减少水源污染，提高供水的可靠性和企业的经济效益等优点，是工业给水中普遍采用的给水系统。

（3）复用给水系统：复用给水系统（图6-18）是水经重复利用后再行排放或处理后排放的给水系统。根据各用水单元（如车间）对水温、水质的不同要求，按程序前后恰当组合，即水经某些用水单元使用后排出的废水，直接或经适当处理后，供给另一些水质要求较低的用水点使用。这种给水系统一水多用，节水效果明显，可获得较好的环境效益和经济效益。这种给水方式也可用于工厂与工厂之间。

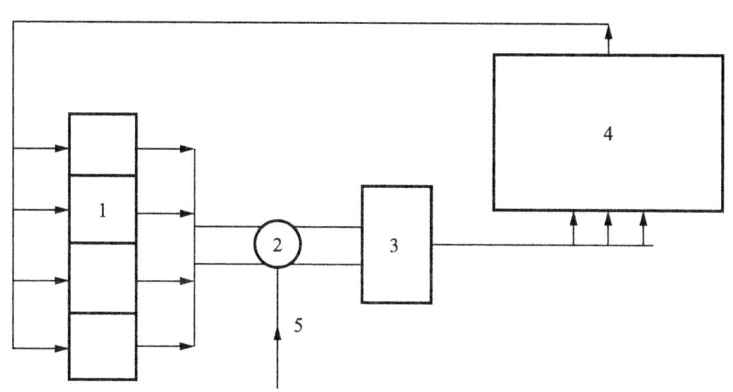


1—冷却塔　2—吸水井　3—泵站　4—车间　5—补充水

图6-17　循环给水系统（汪翙，何成达，2005）

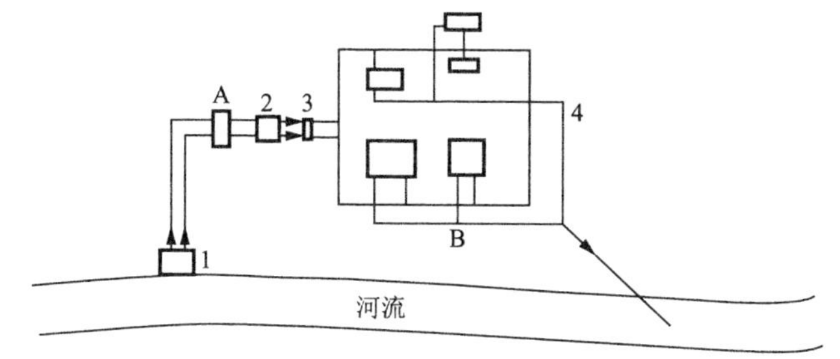


1—取水构筑物　2—冷却塔　3—泵站　4—排水系统　A，B—车间

图6-18　复用给水系统（汪翙，何成达，2005）

（4）再生水回用系统：再生水回用系统也是一种重复使用水资源的方法。它将工业废水和生活污水进行适当处理后，使水质达到再生水回用水的水质标准，回用于工业的间接冷却用水、工艺低质用水（包括洗涤、冲渣除灰、除尘、某些直冷和产品用水等）、市政用水和杂用水等。这种系统使废水资源化，且就地处理、就地利用，减少污水的排放量的同时，减少了对受纳水体的污染，其经济效益和社会环境效益是双重的。

水的重复利用率是城市节约用水的重要指标，也是考核工业用水水平的重要指标之一。和一些工业比较发达的国家相比，我国城市工业用水重复利用率还较低，在工业节水方面还有很大的潜力，所以改造生产工艺和设备，采用循环或复用给水系统，发展再生水回用系统，提高水的重复利用率，对于节水节能、环境保护具有非常重要的意义。

综上所述，工业企业生产给水系统的选择应从全局出发，考虑水资源的节约利用和水体保护，采用复用给水、循环给水或再生水回用系统（汪翙，何成达，2005）。

4. 建筑给水

建筑给水系统的任务是选择安全、经济、合理的给水方式，将市政给水输送到建筑内部的用水设备，同时满足用户对水质、水量、水压三方面的用水要求。建筑给水系统按用途可分为生活给水系统、生产给水系统和消防给水系统。

（1）生活给水系统。

生活给水系统是供给人们在日常生活中使用的给水系统，按供水水质可分为生活用水系统、直饮水系统和杂用水系统。生活用水系统提供饮用、盥洗、洗涤、沐浴、烹饪等用水；直饮水系统提供人们直接饮用的纯净水、矿泉水等；杂用水系统提供冲洗便器、冲洗汽车、绿化等用水。生活给水系统的水质应符合国家规定的《生活饮用水卫生标准》（GB 5749—2022）。

（2）生产给水系统。

生产给水系统是供给生产设备冷却、原料和产品的洗涤，以及各类产品制造过程中所需的生产用水。生产用水对水质的要求，根据生产设备和工艺要求而定。目前生产给水的定义范围有所扩大、城市自来水公司将带有经营性质的商业用水也称为生产用水。将水资源作为水工业的原料，相应提高生产用水的费用，有利于合理利用水资源和可持续发展。

（3）消防给水系统。

供给消防设施的给水系统，包括消火栓给水系统、自动喷水灭火系统、水幕系统、水喷雾灭火系统等。消防给水系统用于灭火和控火，即扑灭火灾和控制火

灾蔓延。消防用水对水质要求不高。

上述三类给水系统可独立设置，也可根据实际条件和需要组合供水，如生活－消防组合、生产－消防组合、生活－生产－消防组合的给水系统。还可按供水水质分为饮用水给水系统、杂用水给水系统、消防给水系统、循环或重复使用的再生水给水系统等（李亚峰等，2019）。

### （三）按供水方式划分

按供水方式分为自流系统（重力供水）、水泵供水系统（加压供水）。

（1）重力供水系统：指水源处地势较高，清水池（清水库）中的水依靠自身重力，经重力输水管进入管网并供用户使用。重力供水系统无动力消耗，是运行经济的供水系统，如图 6–19 所示。

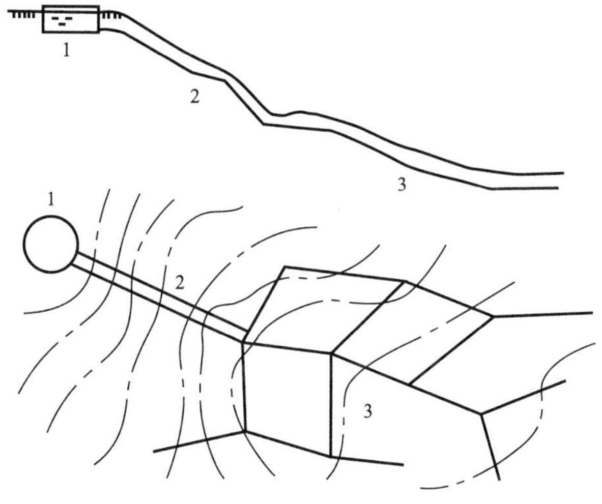


1—清水池　2—输水管　3—配水管网

**图 6–19　重力供水管道系统（汪翙，何成达，2005）**

（2）压力供水系统：指清水池（清水库）的水由泵站加压送出，经输水管进入管网供用户使用，此类供水系统有时甚至要通过多级加压将水送至更远或更高处的用户使用。压力供水系统需要消耗动力。

## 三、给水系统的布置形式

### （一）统一给水管网系统

根据生活饮用水水质标准，用统一的管网系统供给城市居民生活饮用水、工业生产和消防用水。因系统中只有一个管网，所以供水系统统一分配水质和水压。系统水源按水源数目不同可分为单水源给水系统（图 6-20）和多水源给水系统（图 6-21）。统一给水管网系统多用在新建中小城市、工业区、开发区及用户较为集中，各用户对水质、水压无特殊要求或相差不大，地形较平坦，建筑物层数差异不大的地区。该系统的管网中水压均由二级泵站一次提升，给水系统简单，投资较少，管理方便，但供水安全性低。

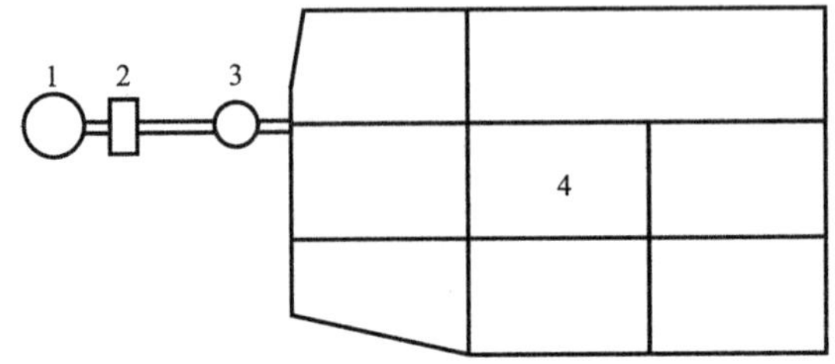


1—地下水集水池　2—泵站　3—水塔　4—管网

**图 6-20　单水源给水系统（李亚峰等，2019）**

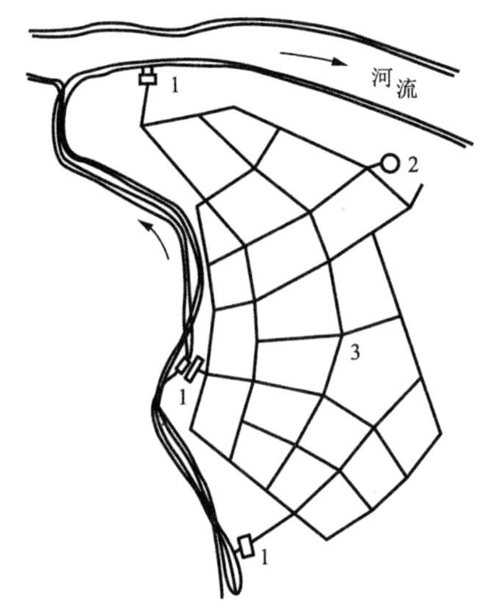


1—水厂　2—加压水泵　3—管网

**图 6-21　多水源给水系统（李亚峰等，2019）**

### （二）分区给水系统

将给水管网系统划分为多个区域，各区域管网具有独立的供水泵站，供水具有不同的水压。分区给水管网系统（图 6-22）可以降低平均供水压力，避免局部

水压过高，减少爆管的概率和泵站能量的浪费。

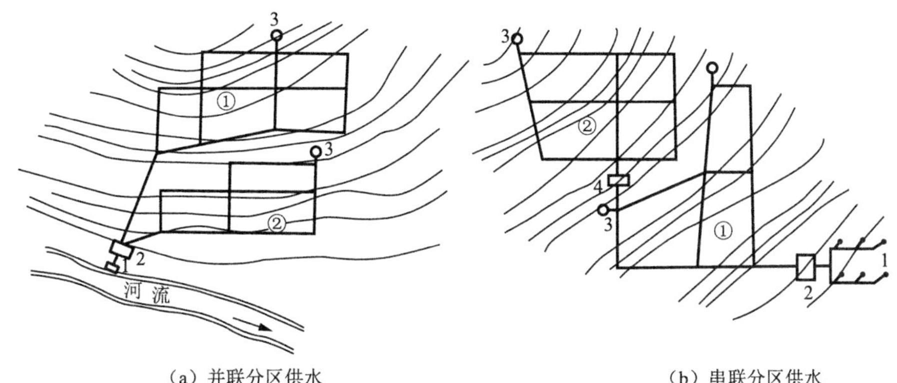


（a）并联分区供水　　　　（b）串联分区供水

1—取水构筑物　2—水厂二级泵站　3—高压输水管　4—高区加压泵站

①和②为不同供水区域

**图 6-22　分区给水系统（李亚峰等，2019）**

管网分区的方法有两种：一种是并联分区［图 6-22（a）］，不同压力要求的区域由不同泵站（或泵站中不同水泵）供水，其特点是供水安全可靠，管理方便，给水系统的工作情况简单，但增加了高压输水管长度和造价。另一种采用串联分区［图 6-22（b）］，设多级泵站加压。大中城市的管网为了减少因管线太长引起的压力损失过大，并为提高管网边缘地区的水压，在管网中间设加压泵站或由水库泵站加压，也是串联分区的一种形式。串联分区的输水管长度较短，可用扬程较低的水泵和低压管，但将增加泵站造价和管理费用（李亚峰等，2019）。此外，一些大型管网系统可能既有串联分区又有并联分区。

### （三）分质给水系统

根据用户对水质的要求不同，从同一水源或不同水源取水，在水厂中经过不同的工艺和流程处理后，由彼此独立的水泵、输水管和管网，将不同水质的水供给各类用户，系统中有两个或两个以上的管网（图 6-23）。除了在城市中工业较集中的区域，对工业用水和生活用水采用分质供水外，对于水资源紧缺的新建居住区、工业区、海岛地区等也可以考虑对饮用水与杂用水进行分质供水。

目前，我国部分城市为了进一步提高饮用水水质，也有将城市自来水经过进一步深度净化后制成直接饮用水，然后用直接饮用水管道系统供给用户的情况，从而形成一般自来水和直接饮用水两套管道的分质供水系统。

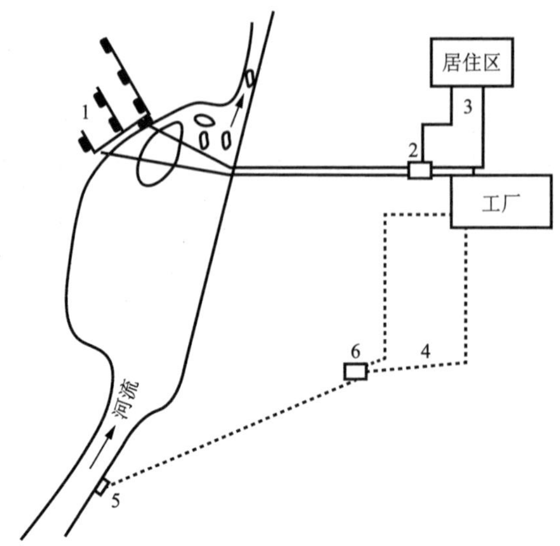


1—管井　2—泵站　3—生活用水管网　4—生产用水管网
5—取水构筑物　6—工业用水净水构筑物
**图 6-23　分质给水系统**

## （四）分压给水系统

由同一泵站内的不同水泵分别供水到水压要求高的高压管网和水压要求低的低压管网，以降低低压区的配水压力，节省高压管道，节约能量消耗，减少运行费用，如图 6-24 所示。

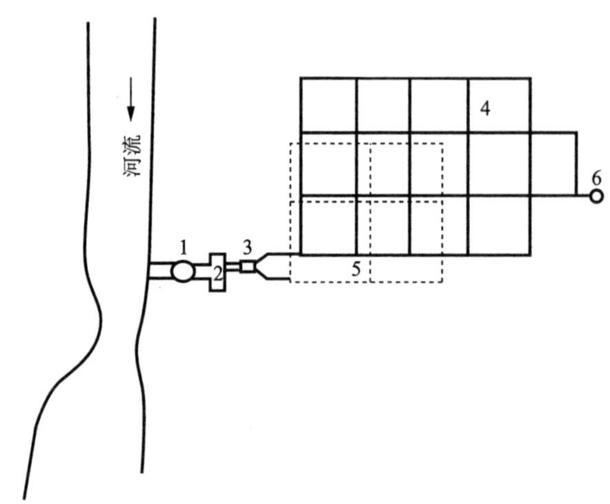


1—取水构筑物　2—净水构筑物　3—泵站　4—高压管网　5—低压管网　6—水塔
**图 6-24　分压给水系统**

## 四、青岛的给水系统

### （一）水源现状

青岛市是中国北方严重缺水城市之一。多年平均地表水资源量约 13 亿 $m^3$，人均占有水资源量 247 $m^3$，是全国平均水平的 11%，不足世界水平的 3%，远低于世界公认的人均 500 $m^3$ 的绝对缺水标准。地表径流的地域分布趋势和降水基本一致，总趋势是自东南沿海向西北内陆递减，空间分布特点也是由东南沿海向西北内陆递减。青岛市大部分区域属低山丘陵区，河流较多，多为山溪性、季风雨源型河流，源短流急，水资源开发利用难度较大。

当前，青岛市拥有以黄河（长江）、大沽河和白沙河三大水系为主，其他水源为辅的综合供水系统。青岛市市南区、市北区、李沧区，以及崂山区和城阳部分地区都属于青岛市区的供水范围。截至 2012 年底的官方统计资料显示，青岛供水系统的供水面积达 147 $km^2$，服务人口 172 万（李文强等，2021）。

### （二）取水工程

青岛城市供水的原水取自崂山水库、大沽河、棘洪滩水库（源自引黄济青和南水北调工程）、井群水源以及海水淡化，是一个多水源综合供水的城市。① 崂山水库取水工程：崂山水库取水工程有取水塔、渗水渠、输水管、引水沟、水电站、消力池，并建容量为 1 532 $m^3$ 清水池一座。② 大沽河水源：大沽河供水主渠（袁家庄—仙家寨水厂）长 54.6 km，设计供原水能力 25.6 万 $m^3/d$，最大供水能力 38 万 $m^3/d$。③ 棘洪滩水库（源自引黄济青和南水北调工程）水源：在崂山、即墨、胶州交界处兴建棘洪滩水库；在青岛白沙河下游南侧建一座现代化净水厂——白沙河水厂；水库与净水厂之间修建 22 km 的引水渠道，将棘洪滩水库水引入白沙河水厂。④ 井群水源：位于白沙河中游的流亭水源地，平均日供水量为 1 万 $m^3$ 左右，取水面积约 3.14 $km^2$。

### （三）给水处理工程

目前，青岛市市南区、市北区、李沧区、崂山区、城阳区内最主要的净水厂有崂山水库水厂、仙家寨水厂和白沙河水厂 3 座。

### （四）输配水系统

青岛市地势东高西低，城市布局南北狭长；市区内丘陵连绵，建筑物高低差悬殊；水源地主要集中在城市北部，且距离市区较远。基于这些特点，当前青岛供水布局为：采用输水干管将清水输送到城区，城区内配水管网为环状闭合形式；采取分区分压供水方式，将整个给水系统分成不同区位，每区有泵站和管网，各区之间互相联系，以保证供水安全可靠和灵活调度。

# 第二节　水质标准及水质监测

## 一、水质指标

水在循环过程中会受污染而发生水质变化，水质是指水和其中所含的杂质共同表现出来的物理学、化学和生物学的综合特性。水质变化可以通过水质指标来表达。水质指标是指水中杂质的种类、成分和数量，是通过对水中污染物定性、定量检测得出的，也是判断水质是否符合要求的具体衡量标准。按照水中污染物的性质，水质指标主要包括物理性指标、化学性指标和生物性指标。

### （一）物理性指标

物理性指标一般可以通过感官感受到，主要包括温度、色度、臭和味、固体物质（总固体、悬浮固体、溶解固体、可沉固体）、浊度、透明度及电导率等。这些指标对水的使用功能及水环境具有重要的影响，需要通过标准方法进行定量检测。

1. 温度

天然水的温度因水源不同而不同。地表水的温度随季节气候条件而变化，其范围大约在 0.1～30 ℃。地下水的温度比较稳定，一般变化于 8～12 ℃。饮用水的温度在 10 ℃左右较适宜，低于 5 ℃对胃黏膜有害。

水温测定应在现场进行，测定地点和深度应与所取水样相同，一般使用刻度为 0.1 ℃的水银温度计测试。

2. 色度

纯净的水是无色的，但天然水经常表现出各种颜色。由于腐殖质等污染物的存在，河湖水常带有黄褐色或黄绿色。水中悬浮泥沙、矿物也会带有颜色，各种藻类对水的颜色也有影响。水的颜色分为真色和表色。真色是指去除悬浮物后水的颜色，没有去除悬浮物的水具有的颜色称表色。一般工业废水，如印染、造纸、焦化等废水会产生很深的各种颜色。

色度指标易于直观察觉，可以采用比色法进行测定，标液采用氯铂酸钾和氯

化钴配制，由于氯铂酸钾的价格较贵，一般采用重铬酸钾和硫酸钴配制代用色度标准溶液。多数清洁的天然水色度在15～25度范围，造纸用水和纺织用水对色度有严格的要求，而染色用水则要求更高，需要在5度以下。

在废水处理实践中，如果废水颜色单一、稳定，可以测定最大吸收波长，采用分光光度法进行定性、定量测试。

3. 臭和味

天然水是无臭无味的。当水体受到污染后会产生异样的气味，用鼻子闻到的称为臭，用口尝到的称为味，这一指标主要用于生活用水，是判断适合饮用与否的重要指标之一。

水的异臭来源于还原性硫（如低浓度硫化氢）、氮的化合物、挥发性有机物（如硫醇、吲哚）和氯气等污染物质；不同盐分会给水带来不同的异味，如氯化钠带咸味，硫酸镁带苦味，铁盐带涩味，硫酸钙略带甜味等。

目前，按一定检测程序的感官法仍然是测量废水散发气味常用的方法。由于温度对水的气味影响很大，所以测定臭与味往往在室温（20～25 ℃）和加热（40～50 ℃）两种情况下进行。我国饮用水及回用水标准规定，原水及煮沸水都不应有异臭味。而国外规定水臭与味强度不超过2级（表6-1）。有些特殊恶臭有机物可以采用仪器分析其浓度，如采用气相色谱（GC）、气相色谱／质谱（GC/MS）等方法。针对目前特殊污染物，还开发了甲醛测定仪、VOC测定仪、油气测定仪等移动式设备。

**表6-1 臭与味的强度等级（张文启等，2017）**

| 级别 | 强度 | 说明 |
| --- | --- | --- |
| 0 | 无 | 没有可感受到的气味 |
| 1 | 极弱 | 一般使用者不能感到，有经验的水分析者可以察觉 |
| 2 | 微弱 | 使用者稍注意可以察觉 |
| 3 | 明显 | 容易察觉出不正常的气味 |
| 4 | 强烈 | 有显著的气味 |
| 5 | 极强 | 严重污染，气味极为强烈 |

4. 固体物质

水中所有残渣的总和称为总固体（TS）。1 L水样在温度为103～105 ℃下烘干，所得的残渣保留着结晶水和部分吸着水，重碳酸盐转变为碳酸盐，而有机物挥发逸失甚少，这时所得的残渣总量称为总固体，单位为mg/L。水中固体按照其溶解性能可分为溶解性固体（DS）和悬浮性固体（SS）。水样经过滤（最常用的滤纸是沃特曼（Whatman）玻璃纤维滤纸，其孔径为 1.58 μm）后，滤液蒸干所得的固体即为溶解性固体（DS），滤渣脱水烘干后即是悬浮性固体（SS）。固体残渣根据挥发性能可分为挥发性固体（VS）和固定性固体（FS）。将固体在 550 ℃左右的温度下灼烧，挥发掉的量即是挥发性固体（VS），灼烧残渣则是固定性固体（FS）。溶解性固体表示盐类的含量，悬浮性固体表示水中不溶解的固态物质的量，挥发性固体反映固体的有机成分量。

5. 浊度

浊度表示水中含有胶体状态（较小颗粒的悬浮物）的杂质，引起水的浑浊的程度，是衡量水的光透射率的方法，常用于评价较清洁水或废水，用于表征水中胶体和残留悬浮物。以福尔马肼悬浊液为主要的参照标样，浊度测量结果代表水样与该标样散光强度的比较，以散射浊度单位（NTU）表示。

与浊度的意义相反的是水的透明度，但二者都表明水中杂质对“透过光线”的阻碍程度。透明度的测试方法是，将某种物体或图像作为观察对象放入水中，俯视观察并改变水层高度，达到恰能看清观察对象为止，这时水层高度就是水的透明度，用厘米（cm）或米（m）作为单位表示。

6. 电导率

水中以离子状态存在的各种溶解盐类指标对废水回用或纯水制备至关重要。溶解盐总量可以用溶解性总固体（TDS）定量分析，但测量过程复杂耗时，盐含量低时测量精度也不好，一般采用电导率（EC）指标来替代。电阻率是电导率的倒数，二者可以互换。

电导率在国际单位制中采用的单位是毫西门子 / 米（mS/m），在实际使用时为了表示更小的电导率，也经常使用微西门子 / 厘米（μS/cm）等单位。原子反应堆、电子工业、超高压锅炉等所用的超纯水要求电导率在 0.1 ～ 0.3 μS/cm 以下（张文启等，2017）。

### （二）化学指标

化学指标是指水的化学性状和水中化学物质浓度，包括一般的化学性水质指标（pH、碱度、硬度、各种阴离子、总含盐量等）、有毒的化学性水质指标（各种重金属、氟化物、多环芳烃、农药等）以及有机物综合指标（溶解氧、化学需氧量、生化需氧量、总需氧量、总有机碳等）。

1. 主要的离子组成

天然水中主要的离子成分有 $Ca^{2+}$、$Mg^{+}$、$Na^{+}$、$K^{+}$ 阳离子和 $HCO_3^{-}$、$SO_4^{2-}$、$Cl^{-}$ 等阴离子，还有量虽然少，但起重要作用的 $H^{+}$、$OH^{-}$、$CO_3^{2-}$、$NO_3^{-}$ 等离子。这些离子指标可以反映水中离子组成的基本概况。水中所含各种溶解性矿物盐类的总量称为水的总含盐量，也称矿化度。此外，水体中还存在铁、锰、硅酸、氟、碘、硼等元素，它们都是以直接含量（mg/L）作为单位的，在特殊情况下，这些元素含量很高，成为水中主要的杂质。另外，水中也含有多种金属、非金属微量元素。

水中的主要离子组成由若干项常用的主要化学特性指标来表述。如氢离子浓度可以用 pH 表述，碳酸氢根、碳酸根和氢氧根离子可以表述为碱度，钙、镁离子可以表述水的硬度等。

2. pH 与酸、碱度

（1）pH 亦称氢离子浓度指数、酸碱值，是通常意义上溶液酸碱程度的衡量标准。在稀溶液中，可以用氢离子浓度来近似计算，即 $pH = -\log_{10}[H^{+}]$。$H^{+}$ 是无机离子，而某些有机物，如有机酸，在水中也会解离出 $H^{+}$。pH 是衡量水溶液酸碱性尺度的判断指标，其取值范围在 0～14 之间。在标准温度（25 ℃）和压力（101.325 kPa）下 pH = 7 的水溶液为中性；pH < 7 时水溶液中 $H^{+}$ 的浓度大于 $OH^{-}$ 的浓度，水溶液呈酸性，且 pH 越小，水溶液酸性越强；当 pH > 7 时水溶液中 $H^{+}$ 的浓度小于 $OH^{-}$ 的浓度，水溶液呈碱性，且 pH 越大，水溶液碱性越强。

天然水体的 pH 一般为 6～9，当受到酸碱污染时，pH 发生变化，会抑制水体中生物的生长，妨碍水体自净。在污水处理过程中，该指标非常重要，对处理过程及排放废水均起重要的作用。pH 可以表示水的最基本性质，凡涉及水溶液的自然现象、化学变化以及生物过程都与 pH 有关。pH 对水质的变化、水生生物生长繁殖、金属腐蚀性、水处理效果以及农作物生长等均有影响，是一个重要指标。在工业、农业、医学、环保和科研领域都需要测量 pH。通常，用 pH 计测量 pH。

（2）水的酸度是水中所有能与强碱相互作用的物质的总量，包括强酸、弱酸、强酸弱碱盐等。构成水酸度的物质主要为盐酸、硫酸和硝酸等强酸，碳酸、氢硫酸以及各种有机酸等弱酸，三氯化铁、硫酸铝等强酸弱碱盐等。

多数天然水、生活污水和污染不严重的工业废水中只含弱酸，主要是碳酸即 $CO_2$ 是酸度的基本成分。地表水中弱酸碳酸来源于 $CO_2$ 在水中的平衡，强酸主要来源于工业废水。含酸废水可腐蚀管道，破坏建筑物。因此，酸度是衡量水体水质变化的一项重要指标。

测定酸度的方法有酸碱指示剂滴定法和电位滴定法。

酸碱指示剂滴定法是用标准氢氧化钠溶液滴定水样至一定 pH，用指示剂指示滴定终点，根据其所消耗氢氧化钠溶液的量计算酸度。终点指示剂有两种：一是用酚酞作指示剂（变色 pH 为 8.3）测得的酸度称为总酸度或酚酞酸度，包括强酸和弱酸；二是用甲基橙作指示剂（变色 pH 约为 3.7）测得的酸度称为强酸酸度或甲基橙酸度。此法适用于天然水和较清洁水样的酸度测定。

电位滴定法是以玻璃电极为指示电极，甘汞电极为参比电极，与被测水样组成原电池并接入 pH 计，用氢氧化钠标准溶液滴定至 pH 计指示 3.7 和 8.3，据其相应消耗的氢氧化钠溶液量分别计算甲基橙酸度和酚酞酸度。此法适用于各种水体酸度的测定，不受水样有色、混浊的限制。但测定时应注意温度、搅拌状态、响应时间等因素的影响（胡洪营等，2015）。

（3）水的碱度是指水中能够接受 $H^+$（质子）与强酸进行中和反应的物质总量，包括强碱、弱碱、强碱弱酸盐等。水的碱度主要包括由碳酸盐产生的碳酸盐碱度和碳酸氢盐产生的碳酸氢盐碱度，以及由于氢氧化物存在而产生的氢氧化物碱度。此外天然水中的 $CO_3^{2-}$、$HCO_3^-$、$OH^-$、$HSiO_3^-$、$H_2BO_3^-$、$HPO_4^-$、$H_2P_4^-$、$HS^-$ 和 $NH_3$ 都会引起碱度的增加。

碱度指标常用于评价水体的缓冲能力及金属在其中的溶解性和毒性，是对给水和污水处理过程控制及水质稳定和管道腐蚀控制的判断性指标。若碱度是由过量的碱金属盐类所形成，则碱度又是确定这种水是否适宜于灌溉的重要依据。

水的碱度的测定最常用的方法是酸碱指示剂滴定法（中和滴定法）和电位滴定法。酸碱指示剂滴定法是用标准浓度的盐酸溶液滴定水样至一定 pH，用指示剂指示滴定终点，根据其所消盐酸溶液的量计算碱度。终点指示剂有两种：一是用酚酞作指示剂（变色 pH 为 8.3）测得的碱度称为酚酞碱度；二是用甲基橙作指示剂（变色 pH 约为 3.7）测得的酸度称为甲基橙碱度。此法适用于不含有能使指示剂褪色的氧化还原性物质的水样。

电位滴定法根据电位滴定曲线在终点时的突跃来确定特定 pH 下的碱度，它不受水样浊度、色度的影响，适用范围较广。当水样混浊、有色时，可用电位滴定法测定。此法适用于饮用水、地表水、含盐水及生活污水和工业废水碱度的测定。

3. 硬度

水的硬度是指能与肥皂作用生成沉淀，或者与水中某些阴离子化合生成水垢的两价金属离子的含量。水的硬度取决于水中钙、镁盐的总含量，其大小通常指的是水中钙离子和镁离了盐类的含量。

水的硬度分为碳酸盐硬度和非碳酸盐硬度两种。碳酸盐硬度主要是指由钙、镁的碳酸氢盐［$Ca(HCO_3)_2$、$Mg(HCO_3)_2$］所形成的硬度，还包括少量的碳酸盐形成的硬度。碳酸氢盐所形成的硬度经加热之后分解成沉淀物从水中除去，故亦称暂时硬度。非碳酸盐硬度主要是指由钙、镁的硫酸盐，氯化物和硝酸盐等盐类所形成的硬度。这类硬度不能用加热分解的方法除去，故也称为永久硬度，如$CaSO_4$、$MgSO_4$、$CaCl_2$、$MgCl_2$、$Ca(NO_3)_2$、$Mg(NO_3)_2$。水的总硬度是碳酸盐硬度和非碳酸盐硬度之和，水中 $Ca^{2+}$ 的含量称为钙硬度，水中 $Mg^{2+}$ 的含量称为镁硬度。

水硬度的表示方法很多，各国有不同的规定，但目前较统一的是用每升水中 $CaCO_3$ 的 mg 数表示。在我国主要采用两种表示方法：① 以度(°)计，以每升水中含 10 mg CaO 为 1 度(°)，也称为德国度；② 用 $CaCO_3$ 含量表示，单位 mg/L（胡洪营等，2015）。

4. 有机污染物的综合指标

水中有机污染物组成较复杂，对其分别进行定量分析测定难度很大，通常也没有必要，可以采用综合指标来表达。水体有机污染物主要危害是消耗水中溶解氧，在实际工作中一般采用生化需氧量(BOD)、化学需氧量(COD)、总有机碳(TOC)等指标来反映水中需氧有机物的含量。

(1) 生化需氧量(BOD)。

水中有机污染物被好氧微生物分解时所需的氧量称为生化需氧量(BOD，以 mg/L 为单位)。它反映了在有氧的条件下，水中可生物降解的有机物的量。生化需氧量愈高，表示水中可生物降解的需氧有机污染物愈多。生化需氧量包括微生物氧化被吸收的那一部分有机物所消耗的氧量和内源呼吸所消耗的氧量。该指标是废水处理系统需氧量计算的依据，也是重要的排放指标之一。

有机污染物被好氧微生物氧化分解的过程，一般可分为两个阶段：第一阶段主要是有机物被转化成二氧化碳、水和氨；第二阶段主要是氨转化为亚硝酸盐和硝酸盐。污水的生化需氧量通常只指第一阶段有机物生物氧化所需的氧量。微生物的活动与温度有关，测定生化需氧量时一般以 20 ℃作为测定的标准温度。易降解有机物需 20 天左右才能基本上完成第一阶段的分解氧化过程，即测定第一阶段的生化需氧量至少需 20 天时间，这在实际工作中有困难。目前以 5 天作为测定生化需氧量的标准时间，简称 5 日生化需氧量，用 $BOD_5$ 表示。据实验研究，一般有机物的 5 日生化需氧量约为第一阶段生化需氧量的 70%左右，对于工业废水来说它们的 5 日生化需氧量与第一阶段生化需氧量之差，可以较大或比较接近，不能一概而论。这样对于工业废水，BOD 的测试仅作为其可生化性的参考，测试过程中接种的微生物对于工业废水有不同的驯化期；另外，废水中污染物的浓度对于 BOD 的测试也有较大的影响。例如煤炭含酚废水一般 $BOD_5$ 很低，数据显示该废水可生化性很差，难以采用生物技术处理，但废水处理实践表明，该废水在酚类浓度适当的条件下，70% 以上的有机物可以生化，设计廉价的二级生物处理是非常必要的(张文启等，2017)。

(2) 化学需氧量(COD)。

化学需氧量是用化学氧化剂氧化水中有机污染物时所消耗的氧化剂量，用氧气的量(mg/L)表示。化学需氧量愈高，表示水中有机污染物愈多，但水中一些还原性无机物也会产生 COD，如氯离子，因此对于高盐废水的 COD 测试要注意这个问题。常用的氧化剂主要是重铬酸钾和高锰酸钾。以高锰酸钾作氧化剂时，测得的值称 $COD_{Mn}$，以重铬酸钾作氧化剂时，测得的值称 $COD_{Cr}$。$COD_{Mn}$ 反映的是受有机污染物和还原性无机物质污染程度的综合指标，由于在规定的条件下，水中的有机物只能部分被氧化，并不是理论上的需氧量，一般用于污染比较轻微的水体或者清洁地表水，其值超过 10 mg/L 时要稀释后再测定；$COD_{Cr}$ 反映的是受还原性物质污染的程度，由于只能反映能被氧化的有机物污染，主要应用于工业废水的测定，其值低于 10 mg/L 时，测量的准确度较差。

表 6-2　$COD_{Cr}$ 和 $COD_{Mn}$ 的区别

| 项目 | $COD_{Cr}$ | $COD_{Mn}$ |
|---|---|---|
| 定义 | 在一定条件下，有机物被重铬酸钾氧化所需的氧量 | 在一定条件下，有机物被高锰酸钾氧化所需的氧量 |
| 反应温度 | 146 ℃ | 97 ℃ |
| 测定时间 | 半天左右(超过 3 小时) | 1 小时 |
| 被测定有机物范围 | 除芳香烃和杂环类以外的有机物 | 一部分不含氮的有机物 |
| 适用范围 | 生活污水、工业废水等污水 | 较清洁的水 |

$COD_{Cr}$、$COD_{Mn}$ 和 $BOD_5$ 的测定均是用定量的数值来间接地、相对地表示水中有机物质数量的重要水质指标。对同一水体，三者的大小存在一定的关系，即 $COD_{Cr} > BOD_5 > COD_{Mn}$。如果废水中有机物的组成相对稳定，则化学需氧量($COD_{Cr}$)和生化需氧量($BOD_5$)之间应有一定的比例关系，并非所有能够被化学氧化的物质都能够被生物氧化，因此 $BOD_5/COD_{Cr}$ 值均小于 1，该比例关系是废水生化性能的重要参考。当 $BOD_5/COD_{Cr} > 0.3$ 时，废水适合用生物化学的方法

来处理，且比值越大，废水的可生化性就越强；当 $BOD_5/COD_{Cr} < 0.3$ 时，废水中不可生物分解的有机物质数量很多，废水不宜采用生化法来处理。

（3）总有机碳（TOC）和总需氧量（TOD）。

总有机碳（TOC）是指将水样在 900～950 ℃高温下燃烧，有机碳即氧化成 $CO_2$，测量所产生的 $CO_2$ 量，即可求出水样的总有机碳值，单位以碳（C）的 mg/L 计。TOC 包括水样中所有有机污染物质的含碳量，也是评价水样中有机污染质的一个综合参数。TOC 是通过燃烧化学氧化反应，测试水中有机碳含量而非耗氧量。该测试指标代表性强、精度高，受影响因素较少。如在一些废水处理过程中，如果残留双氧水（$H_2O_2$）或二价铁离子（$Fe^{2+}$），会影响处理出水 COD 的测试结果，但不会影响废水 TOC 值。

总需氧量（TOD）是在特殊的燃烧器中，以铂为催化剂，在 900 ℃温度下，使一定量水样气化。将其中的有机物燃烧，变成稳定的氧化物，然后测定气体载体中氧的减少量，作为有机物完全氧化所需要的氧量，单位以氧（O）的 mg/L 计。

测定 TOC 和 TOD 可分别采用总有机碳测定仪和总需氧量测定仪。

### （三）生物指标

生物指标是水质分析的重要方面之一，也是跟踪和反映水体水质变化的重要指标。一方面，水中微生物状态能够在一定程度上反映水中营养物质污染程度；另一方面，病原微生物指标能够直接或间接反映病原微生物污染状况。了解水中微生物或病原微生物污染，有助于掌握水利用过程中潜在的风险，能够及时采取相应措施控制生物风险因子的传播。

#### 1. 细菌总数

细菌总数反映了水体受细菌污染的程度。一般来说，水中细菌总数越高，表明水体受污染的可能性越大，但该指标难以说明污染的来源。此外，废水中病原微生物的数量较少，难以分离和识别。因而需要选用数量较多而又较容易检测的微生物作为目标病原体的替代指示物。细菌菌落总数（CFU）是指 1 mL 水样在营养琼脂培养基中，于 37 ℃培养 24 h 后生长出来的细菌菌落总数。由于细菌能以单独个体、链状、成簇等形式存在，而且没有任何单独一种培养基能满足一个水样中所有细菌的生理要求，所以细菌总数测定所得的菌落可能低于实际存在于水样中的活细菌的总数。细菌总数可以指示水处理工艺中对病原菌的去除效率，也可以衡量水中微生物的再生长能力，同时与水中大肠菌群也存在一定的关系（张文启等，2017）。

2. 大肠菌群数

大肠菌群是一类需氧及兼性厌氧且在 37 ℃能分解乳糖产酸产气的革兰氏阴性杆菌。大肠菌群并非细菌学分类命名，而是卫生细菌领域的用语，它不代表某一个或某一属细菌，而指的是具有某些特性的一组与粪便污染有关的细菌，这些细菌在生化及血清学方面并非完全一致。一般情况下，大肠菌群又称总大肠菌群。该菌群细菌包括埃希氏大肠杆菌、柠檬酸杆菌、产气克雷伯氏菌和阴沟肠杆菌等。

大肠菌群数是水样中大肠菌群数目的表示方法，一般指 1 L 水样中能检出的大肠菌群数，是指示水体被致病菌污染的一个指标。总大肠菌群分布较广，在温血动物粪便和自然界广泛存在。总大肠菌群细菌多存在于温血动物粪便、人类经常活动的场所以及有粪便污染的地方，人、畜粪便对外界环境的污染是大肠菌群在自然界存在的主要原因。粪便中多以典型大肠杆菌为主，而在外界环境中，大肠菌群其他类型则比较多。总大肠菌群作为粪便污染指示菌，其检出情况可用来表示水中是否有粪便污染，水中总大肠菌群数量多少表明了水样被粪便污染的程度（胡洪营等，2015）。

## 二、水质标准

水质标准指国家、部门或地区规定的各种用水或排放水在物理、化学、生物学性质方面所应达到的要求。如《生活饮用水卫生标准》（GB 5749—2022）、《生活饮用水水质卫生规范》；各类工业用水水质标准；《地表水环境质量标准》（GB 3838—2002）。下面主要介绍《生活饮用水卫生标准》。

### （一）《生活饮用水卫生标准》

随着生活水平的提高，人们对于饮用水水质的要求也在不断发展、不断提升。由于现代工业的高速发展、农药化肥的使用，更多种类、更多数量的化学物质排入水体，水体遭受到更严重的污染。而且，自来水厂常规处理工艺也不能彻底去除新的污染物，自来水厂消毒产生的消毒副产物也越来越引起人们的重视。同时，水质分析技术也有了很大的提高，制定于 1985 年的《生活饮用水卫生标准》（GB 5749—85）无论是指标限值还是指标数目都不能反映现在的水质安全卫生状况。

2006 年 12 月 29 日，经过原卫生部和国家标准委员会修订的《生活饮用水卫生标准》（GB 5749—2006）发布，这是原标准自 1985 年以来的首次修订。同时，

也给出了13项生活饮用水卫生检验方法的国家标准。GB 5749—2006标准充分考虑了我国的实际情况，提出的指标目标均根据我国现有的经济和技术条件而制定，并且参照了国际组织和发达国家的水质标准，力求与世界先进水平接轨。

GB 5749—2006主要包括106项水质指标，分为常规指标和非常规指标两类，其中常规指标42项，非常规指标64项。其中微生物指标6项，毒理学指标74项（其中无机化合物21项，有机化合物53项），感官性状和一般化学指标20项，放射性指标2项以及消毒剂指标4项。

2022年3月15日，国家对《生活饮用水卫生标准》进行了第二次修订，新标准GB 5749—2022于2023年4月1日起实施。主要修订之处包括水质指标由GB 5749—2006的106项调整为97项，包括常规指标43项和扩展指标54项；水质参考指标由GB 5749—2006的28项调整为55项。

### （二）《生活饮用水卫生标准》相关解释

1. 与GB 5749—85的比较

GB 5749—2006标准的水质指标由35项增加至106项，增加了71项，修订了8项，微生物指标由2项增至6项。增加了4项指标，分别为大肠埃希菌、耐热大肠菌群、贾第鞭毛虫和隐孢子虫；对总大肠菌群进行了修订。其中，贾第鞭毛虫和隐孢子虫为非常规指标。

毒理学指标中的无机化合物由10项增至21项，增加的指标包括溴酸盐、亚硫酸盐、氯酸盐、锑、钡、铍、硼、钼、镍、铊和氯化氰11项；对砷、镉、铅和硝酸盐等4项指标限值进行了修订。其中，砷、镉、铬（六价）、铅、汞、硒、氰化物、氟化物、硝酸盐、溴酸盐、亚硫酸盐和氯酸盐12项为常规指标。毒理学指标中的有机物指标由5项增至53项。对四氯化碳的指标值进行了修订。其中，三氯甲烷、四氯化碳和甲醛三项为常规指标。

感官性状和一般化学指标由15项增至20项。增加的指标分别为耗氧量、氨氮、硫化物、钠和铝；并且修订了浑浊度的指标值。其中氨氮、硫化物和钠为非常规指标；放射性指标修订了总α放射性，并且规定放射性指标超过指导值，应进行核素分析和评价、判定能否饮用。

对于消毒剂常规指标，在GB 5749—85中，仅有游离氯这一项关于消毒的指标，并且列于细菌学指标中。GB 5749—2006专门列出了饮用水中消毒剂常规指标及要求，体现了对于消毒剂问题的重视。

此外，GB 5749—2006相对于GB 5749—85，删除了水源选择和水源卫生防护两部分内容；简化了供水部门的水质监测规定，部分内容列入《生活饮用水集中式供水单位卫生规范》；增加了附录 A，这是一个资料性附录，其主要内容为生活饮用水水质参考指标及限值（GB 5749—2006）。

2. GB 5749—2006 的特点

统一了城镇和乡村的饮用水标准。GB 5749—2006 颁布之前，我国农村饮用水的评价一直依据《农村实施（生活饮用水卫生标准）准则》进行。GB 5749—2006 标准的适用范围扩大至城乡集中式供水和分散式供水的生活饮用水。但是，由于我国城乡发展的不均衡性，乡村地区在经济条件、水源及水处理能力等方面具有一定的局限性，在实践中尚难以达到与城市相同的饮用水水质要求。为此，在保证饮水安全的前提下，GB 5749—2006 制定了中小型集中式供水和分散式供水部分水质指标及限值。

加强了对可能危害人体健康的指标的控制。GB 5749—2006 标准中微生物学指标由 2 项增至 6 项，增加的两项指标——大肠埃希菌和耐热大肠菌群就是对总大肠菌群的细化。贾第鞭毛虫和隐孢子虫被列为非常规项目，既是参照了国际水质标准的发展趋势，也充分考虑到了我国对其实施检测的可行性。

GB 5749—2006 标准的毒理学指标达到 74 项，几乎是原标准的 5 倍。六六六、滴滴涕等农药虽然已经被禁止使用，但是由于其在土壤中的残留性，短时间内还很难完全降解。含有砷、氰化物、氟化物、硝酸盐等物质的水，容易使人发生急性中毒，甚至危及生命；而在大多数情况下，这些物质通常表现为慢性中毒，即在人体中积累到一定程度才会体现其危害性。这些会对人体产生威胁的指标都应列入标准之中。

当前，液氯消毒是我国主要的消毒方式，同时也有应用氯胺、臭氧和二氧化氯等消毒剂的。为了防止饮水在管道输送过程中被再次污染，要求消毒剂在饮用水出厂时和到达用户取水点时保留一定浓度，即存在一定余量。所以，消毒剂不但应有最高限值，还应有余量。GB 5749—2006 标准中将消毒剂指标单独列表说明，并且给出了以氯胺、臭氧和二氧化氯为消毒剂时的限值和余量。

重视与国际饮用水水质标准接轨。GB 5749—2006 标准检测指标的选择充分参考了 WHO、欧盟、美国和其他国家的现行饮用水水质标准，指标限值的选取主要参照 WHO 发布的《饮用水水质准则》第三版。指标数量的增加也体现了国际饮用水关注饮用水中微生物的健康风险，重视消毒剂和消毒副产物控制，加强饮用水中有机物控制的发展趋势（孙迎雪，田媛，2011）。

3. GB 5749—2022 的特点

（1）缩小城乡饮用水水质标准差距。

在新标准中，将小型集中供水定义为设计日供水量在 1 000 $m^3$ 以下或供水人口在 1 万人以下的集中供水，删除了“农村”，取消了地域限定；用“设计日供水量”替代“日供水量”，避免日用水量波动引起的标准适用范围不一致问题；同时，新标准指出，当小型集中式供水和分散式供水因水源与净水条件受限时，可对菌落总数、氟化物、硝酸盐（以 N 计）、浑浊度 4 项指标适当放宽。可以看出，新标准对小型集中供水和分散供水的水质要求更高，但水质标准差距的缩小与水质差距的缩小之间还需要开展大量工作，农村饮用水水质提升面临新挑战、新机遇。

（2）水质指标的重分类、调整。

新标准将原标准中的“非常规指标”调整为“扩展指标”，以反映地区生活饮用水水质特征及在一定时间内或特殊情况下的水质特征。指标数量由原标准的 106 项调整为 97 项，包括常规指标 43 项和扩展指标 54 项。

与原标准相比，新标准的变化主要有以下几个方面：① 更加关注感官指标。色度、浑浊度、臭和味等指标与饮用水时的口感、舒适度密切相关。为此，新标准增加了两项感官指标作为扩展指标。② 更加关注消毒副产物。新标准进一步将检出率较高的一氯二溴甲烷、二氯一溴甲烷、三溴甲烷、三卤甲烷、二氯乙酸、三氯乙酸 6 项消毒副产物指标从非常规指标调整到常规指标，以加强对上述指标的管控。同时，考虑到氨（以 N 计）的浓度对消毒剂的投加有较大影响，将其从非常规指标调整到常规指标。③ 更加关注风险变化。新标准根据水源风险变化和近年来的工作实践对指标做了调整，体现在“一增一减”。一方面，增加了乙草胺和高氯酸两项扩展指标；另一方面，对我国多年前已禁止生产使用的物质，结合近年来的检出情况，新标准将 12 项指标从标准正文中删除。④ 提高部分指标限值。新标准调整了标准正文中 8 项指标的限值，包括硝酸盐（以 N 计）、浑浊度、高锰酸盐指数（以 $O_2$ 计）、游离氯、硼、氯乙烯、三氯乙烯、乐果。

## 三、水质监测

水质指标分为常规指标和非常规指标。常规指标能反映生活饮用水水质基本状况，是常见的或经常被检出的项目；非常规指标是指仅存在于某一地区或者不经常被检出的指标，是根据地区、时间或特殊情况有选择地进行检测的项目。

需要注意的一点是，《生活饮用水卫生标准》（GB 5749—2006）中的42项常规指标与64项非常规指标均为强制执行的指标。在进行生活饮用水水质评价时，常规指标和非常规指标具有同等地位。

按照《生活饮用水卫生标准》106项指标对青岛市自来水进行检测。供水全过程建立了生物预警系统，水厂全过程和管网主要供水节点均实施24小时在线监测，全市选取90个水龙头点进行每日巡回采样。每天对城市供水出厂水和管网末梢水的水质监测点进行水质采样检测，青岛城市供水的水质综合合格率常年保持100%，水质指标符合国家《生活饮用水卫生标准》要求。

## 思考题

1. 城市给水系统由哪几部分构成？各有什么作用？

2. 线上参观“青岛水务网上博物馆”，了解青岛给排水的历史，描述你感受最深的某个方面。

3. 分析《生活饮用水卫生标准》（GB 5749—2006），对比GB 5749—1985版本，思考水质指标为什么由原来的35项指标增加至106项？

# 第七章
# 给水常规处理技术

给水处理的主要目的是通过必要的处理方法去除原水中的杂质，以安全优良的水质和合理的价格供人们生活和工业使用。给水处理工艺选择取决于原水的性质和使用的目的。传统的给水处理工艺流程：混凝—沉淀—过滤—消毒，是经典的四段工艺。对于水质较好的天然水体，其主要污染物为悬浮物及胶体物等，采用常规水处理工艺一般可以达到生活用水和一些工业用水的要求。

## 第一节　净水厂处理工艺选择

### 一、净水厂设计原则

城镇净水厂的自用水率一般为供水量的5%～10%；水厂应按近期设计，考虑远期发展；水厂设计中应考虑检修、清洗及备用的情况；水厂设计还应满足建筑、消防、道路、安全、绿化、环保等要求。

1.净水厂的厂址选择

净水厂厂址应与当地城镇总体规划和给排水专业规划相协调一致；靠近最大的用水片区；交通要方便，与城镇距离合理（便于管理）；有良好的工程地质条件；尽量选择土地利用价值及征地费用较低、施工方便、便于征地的地块，尽量不拆迁，尽量不占或少占农田；高程方面应尽量利用水源的高程，尽量做到重力取水和重力配水；不受洪水威胁并有较好的废水排除条件；有足够的用地规模以便于远期发展扩建；具备良好的卫生环境，并便于设立防护带；选址应有项目所在地的建设规划、国土资源等有关部门和专业设计单位的有关专业技术人员参加；最后应符合环境影响评价的要求。

净水厂不应建在下列地区：洪泛区和泄洪道；尚未开采的地下蕴矿区；珍贵动植物保护区和国家地方自然保护区；公园，风景区，文物古迹区，考古学、历史学及生物学研究考察区；军事要地、军工基地和国家保密地区。

2. 净水厂平面布置

净水厂总平面布置是根据确定的工艺方案，将处理构筑物和辅助构筑物进行合理组合，以达到以水体净化为目标的整体功能的总体设计。其基本原则是：处理系统力求简单、净水构筑物宜布置成直线形；近远期净水构筑物宜平行布置；构筑物间距应满足各构筑物和管线的施工要求；絮凝池与沉淀池宜建成一体，加药间与药库以及加氯间与氯库宜合建。

3. 净水厂高程布置

净水厂的高程布置应充分利用原有地形坡度，减少施工的土方量；对于流程中前后构筑物之间的水面高程设置应考虑构筑物本身、连接管渠、计量设备、跌水等部分水头损失之和；连接管渠应按正常流量计算，并按超载流量进行校核，适当选用较大尺寸。

4. 生产过程监测与自动控制

净水厂生产过程中应对流量、水质、液位、压力、水温、机电设备温度、电气系统等参数进行监测；同时通过分散控制、集中监测、集中控制等方式实现水厂的自动控制。

## 二、净水厂工艺流程的选择

净水厂的主要作用是去除水源水中的杂质，以安全优良的水质和合理的价格供人们生活和工业使用，其工艺选择取决于原水的性质和使用的目的。

1. 以地下水为水源的净水工艺

地下水是我国城市供水水源的重要来源之一，是我国北方诸多城市的主要供水水源。与地表水相比，地下水水质较为稳定，受外界环境变化及突发性污染的影响较小，取水后一般采用常规的“混凝—沉淀—过滤—消毒”工艺即可达到使用要求。然而，从我国主要城市的地下水水质状况来看，由于地质因素、环境因素、社会因素的影响，我国地下水中铁、锰等污染物超标严重。目前，有 18 个省（自治区、直辖市）的地下水铁、锰超标，超标地区人口达 3.3 亿，储水量占我国地下水总储量的 20% 以上（韩晓刚等，2013）。与此同时，我国地下水源水厂多采用单一的消毒处理工艺，该工艺对细菌类污染物具有较好的处理效果，对氨

氮、有机物等也有一定的控制作用，但是对铁、锰等污染物的去除效率较低，不能满足高氨氮、高铁锰条件下净水的需要，存在较大的安全隐患。因此，在对地下水源水厂现有工艺进行选择时，应根据自身原水水质特点，通过必要的试验分析，选择工艺成熟、经济合理、管理运行简便、能满足自身净水需要的处理方法。

2. 地表水水源净水工艺

针对洁净的地表水，一般采用传统的“混凝—沉淀—过滤—消毒”工艺。通过该工艺可去除水中颗粒物质和病原微生物，但无法去除原水中微量、痕量有机污染物以及部分重金属、氮磷等，需要在此基础进行升级改造，强化絮凝沉淀过程，强化微污染物的去除，强化脱氮除磷效率，形成深度处理工艺。

3. 微污染水源水净水工艺

微污染水源是指饮用水水源由于受到污染，其部分物理、化学以及微生物指标已超过《地面水环境质量标准》(GB 3838—2002)中关于生活饮用水源水的水质要求。这类水中所含的污染物种类较多、性质复杂，但浓度较低。其污染物主要包括感官性状污染物(如色度、浊度、臭和味及泡状物)，化学污染物(包括无机物和有机物)以及生物污染(如病原微生物、蓝藻)。而化学污染物带来的水质安全问题尤为严重，美国环保局的调查发现，饮用水水源中含有多达数千种的微量化学物质。除了人工合成的化学物质以外，水中还存在通过各种化学和生物反应而生成的副产物。这些化学物质通过大气、水体、土壤、食物等途径进入人体，对健康造成损害。现已证明了几十种化学物质能诱发人类癌症，几百种能在动物身上诱发痛症，上千种能损害细胞中的DNA。然而，微污染水源水虽受到污染，但是通过特殊工艺处理后仍可作为水源水使用(孙迎雪，田媛，2011)。

(1) 预处理。

通常把附加在传统净化工艺之前的处理工序叫预处理技术。预处理技术通常采用适当的物理、化学和生物的方法，对水中的污染物进行初级去除，使常规处理能更好地发挥作用。减轻常规处理和深度处理的负担，发挥水处理工艺整体作用，提高系统对污染物的去除效果，改善和提高饮用水水质。

预处理方法按对污染物的去除途径不同可分为化学氧化预处理技术、生物氧化预处理技术、吸附预处理技术、水库贮存法和空气吹脱法。

(2) 强化处理。

强化处理工艺是指对传统工艺的加药、混凝、沉淀、过滤中任一环节进行强化或优化，从而提高对水中有机污染物，包括低分子溶解性有机污染物的净化效果。强化常规净水处理工艺是目前控制水厂出水有机物含量的经济有效的手段。

常规工艺的强化包括强化混凝、强化沉淀和强化过滤。

强化混凝是指向水源水中投加过量的混凝剂，并控制一定的pH，从而提高常规处理中天然有机物的去除效果，最大限度地去除消毒副产物的前体物，保证饮用水消毒副产物符合饮用水标准的方法。

常规混凝是指在水源未受污染条件下的混凝，以除浊为单一目标。强化混凝可能有多种目的，如除浊、除天然有机物，主要通过优化几个主要的混凝条件来实现。凡是针对水源污染特征，通过优化传统混凝方式和条件，从而达到增强除浊、除臭、除藻、除有机污染物、除氯仿等效果的混凝，均可称为强化混凝。

强化混凝作为一种经济有效的去除有机物的技术，其常用方法主要有：加大混凝剂投加量，消除有机物对无机胶体的影响；投加具有絮凝作用的新型有机或无机絮凝剂，增加吸附、架桥作用；调整pH，水的pH对有机物去除影响明显，一般有机物较多时，pH为5～6，有利于形成腐殖酸、富里酸的复合物；投加具有氧化、混凝综合作用，能有效去除水中有机物的新型水处理药剂；完善混合、絮凝等设施，从水力条件上加以改进，使混凝剂能充分发挥作用。

强化沉淀：沉淀是水处理工艺中泥水分离的重要环节，其运行状况直接影响出水水质。由于水源有机污染增加，水中除含有悬浮物和胶体外，又增加了大量低分子可溶性有机物、各种金属离子、盐类和氨氮等成分，它们是很难借助絮体的碰撞或架桥吸附被去除的。

资料表明，水的浊度与有机物关系十分密切，将水的浊度降低至0.5 NTU（散射浊度单位）以下，则有机物可能减少80%。所以提高沉淀池净化效果，降低出水浊度，是处理受污染水的一项重要技术措施。新的强化沉淀分离技术应该注重应用高效新型高分子絮凝剂，强化和增加整体的净化特性；改善沉淀水流流态，减小沉降距离，提高沉淀效率；提高絮凝颗粒的有效浓度，促进絮凝体整体网状结构的快速形成。

传统的平流沉淀池构造简单，工作安全可靠，要求的运行管理水平较低，但其占地面积大，处理效率低，要想降低滤前水的浊度就需要增加沉淀池长度。浅池理论的出现使沉淀技术有了长足的进步，斜管沉淀池使沉淀效率得到了大幅度提高，但其可靠性远不如平流池。小间距斜板沉淀设备的发明改善了这一状况，它占地面积少，抗冲击负荷能力增强，出水水质稳定，沉后水浊度一般不超过3 NTU，滤后水浊度接近0 NTU。

高密度澄清池与斜管沉淀池构造基本一致，其区别在于它将斜管沉淀池的活性污泥进行回流，增大了絮体有效浓度，在沉淀区中部形成高浓度（20～30

$kg/m^3$)悬浮絮凝层，辅加小间距斜板(斜管)沉淀设备，大幅度降低了沉淀池出水浊度，提高了对有机物的净化效果，具有处理效率高、占地面积小(池体面积只有一般澄清池的 1/4)、节省混凝剂(约 30%)、污泥易脱水、处理效果好(出水浊度可达 0.2～1.0 NTU)等优点。

综上可见，强化沉淀技术主要通过改善沉淀池水流流态，减小沉降距离来提高沉淀效率；通过提高池内絮凝颗粒的有效浓度来实现对原水中有机物的连续网捕、扫裹、吸附、共沉等一系列的综合净化。

强化过滤：滤池的主要功能是发挥滤料与脱稳胶体的接触凝聚作用，去除浊度、细菌。预加氯抑制了滤料中生物的生长，此时滤层中没有或较少有生物降解作用；如果不预加氯，滤料层中就会有生物生长。

要实现这一目的，主要有两种途径：一种是采取某些措施对现行的滤料表面进行改性处理，提高其去除污染物的能力；另一种是复合应用多种具有不同功能的滤料。

常见方法是采用生物活性快滤池，它是在不增加任何设施的情况下在普通滤池石英砂表面培养附着生物膜，用以处理微污染水源水。另外，对滤料的改进也是研究的重点。国内外近年来开发成功的各种改性滤料，是在传统滤料表面通过化学反应附加一层改性剂，它既可通过在滤料表面增加巨大比表面积而强化吸附作用，又可在与水中各类有机物接触过程中由表面涂料所产生的氧化作用发挥净化功能，不但能净化大分子和胶体有机物，同时还可以大量吸附和氧化水中各种离子和小分子可溶性有机物，达到全面改善水质的目的。国内研制成功的用天然活性载体代替传统石英砂滤料已应用于生产，如经氯化钠活化的沸石滤池的生产试验测试结果表明，三氯甲烷和四氯化碳的平均去除率分别达到 52.7% 和 40.8%，氨氮的去除率为 50% 左右，苯的去除率为 60%～70%，并能去除水中有害金属离子，去除效果明显优于石英砂滤料。

另外，要选择合适的冲洗方法和冲洗强度，确保反冲洗既能有效冲去积泥，又不破坏滤料表面一定的生物膜；在滤池进水中保证存在足够的溶解氧以此来维持氨氮的硝化过程；取消滤前加氯工艺等，这些都是可采用的强化过滤的技术措施。滤速、滤层厚度与滤料粒径之比、助滤剂的使用以及滤料的选择均会影响过滤的效果。

强化过滤技术在运行管理方面有较大的困难，如要控制反冲洗强度，使其在保持一定生物量的基础上冲去积泥；另外，选择有利于细菌生长的滤料和控制滤池的微环境以利于生物膜成长也是技术难点(孙迎雪，田媛，2011)。

(3)深度处理技术。

深度处理技术是指在常规处理工艺之后,采用适当的处理方法,将常规处理工艺不能有效去除的污染物或消毒副产物的前体物加以去除,提高和保证饮用水质。应用较为广泛的有活性炭吸附、臭氧氧化、膜技术、光催化氧化等。

4. 低温、低浊、高藻水源水的净水工艺

当原水温度低、浊度低时,颗粒碰撞速率大大减小,混凝效果较差。为提高低浊原水的处理效果,通常投加高分子助凝剂或投加矿物颗粒,以增加混凝剂水解产物的凝结中心,提高颗粒碰撞速率并增加絮凝密度,一般可采用澄清工艺。目前开发了多种改进型澄清池,如高密度澄清池、微砂循环澄清池、上向流炭吸附澄清池,对原水温度、浊度适应性较强。

水库、湖泊水往往浊度小于 50 NTU,而含藻较高(每升近千万个),在除浊的同时需要考虑除藻,一般可采用气浮或微滤工艺(杭世珺,张大群, 2011)。

5. 高浊度水源水净水工艺

当原水泥沙颗粒较大或浓度较高,采用一次混凝沉淀和加大投药量仍难以满足沉淀出水要求时,应根据原水含砂量、粒径、砂峰持续时间、排泥要求和条件、处理水量水质要求,结合地形、现有条件等选择预沉方式。

# 第二节　给水的常规处理工艺

以地表水为水源的给水处理基本工艺如图 7-1。主体处理单元包括“混凝—沉淀—过滤—消毒”四段。

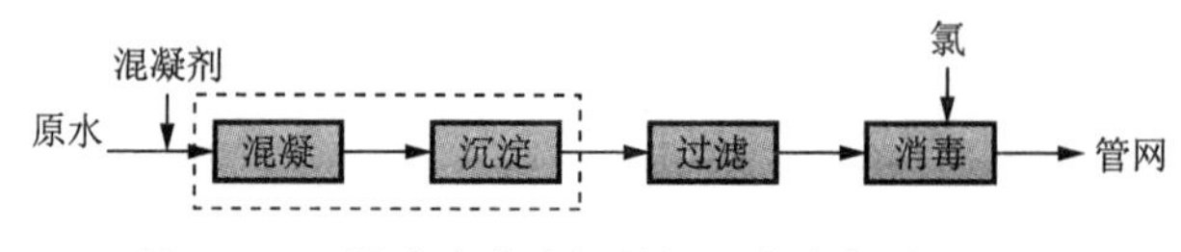


图 7-1　以地表水为水源的饮用水常规处理工艺

## 一、混凝

直径大小为 1 ～ 100 nm 的颗粒称为胶体,胶体带电,能在电场中移动。胶体粒子是胶团,包括胶粒和扩散层。胶粒又包括胶核和吸附层。水中胶体颗粒及微小悬浮物的聚集过程称为混凝,它是凝聚和絮凝的总称。混凝是为了使胶体

颗粒能够通过碰撞而彼此聚集；水中细微颗粒包括悬浮物和胶体颗粒，因为胶体颗粒自然沉降极其缓慢，在停留时间有限的水处理构筑物内不可能沉降下来，是造成水浑浊的根本原因。

1. 胶体颗粒脱稳的机理

混凝剂使胶体颗粒本身的双电层结构发生变化，使ξ电位降低或消失，达到胶体稳定性破坏的目的；胶体颗粒的双电层结构未发生多大变化，而主要是通过混凝剂的媒介作用，使颗粒彼此聚集。

投加化学药剂可以破坏胶体在水中形成的稳定体系，使其聚集为可以重力沉降的絮凝体以达到固液分离的目的。目前采用的混凝剂包括有无机盐类、无机聚合物和有机聚合物，通过多年的探索发现，不同的絮凝剂的混凝机制有所不同。总结起来，主要包括压缩双电层作用、吸附和电荷中和作用、吸附架桥作用和沉淀物网捕作用四种机制（张文启等，2017）。

（1）压缩双电层作用。

胶团中的反离子吸附层一般厚度较薄，而扩散层较厚（图 7-2），该厚度与水中的离子强度有关。离子强度越大，厚度越小。加入高价电解质使胶粒扩散层压缩，ξ电位降低，胶粒间的排斥作用减弱，胶粒发生凝聚。当ξ电位降为零时，溶胶最不稳定，凝聚作用最强烈；当投加过量后，溶胶可能复稳。

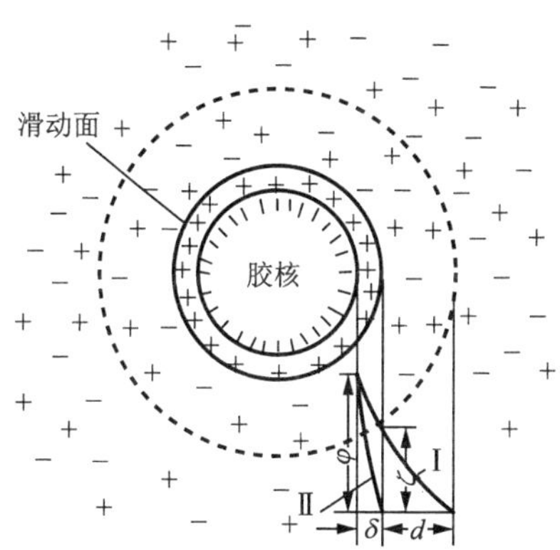


图 7-2　胶体结构和双电层示意图

（2）吸附和电荷中和作用。

当投加的电解质为铁盐、铝盐时，它们可在一定条件下解离和水解，生成各种络离子。这些络离子不仅可压缩双电层，而且可通过胶核外围的反离子层进入固液界面，并中和电位离子所带电荷，使Ψ电位降低，ξ电位也随之减小，达到胶粒的脱稳和凝聚，这就是电性中和。显然，压缩双电层和电性中和的结果相同，但作用机理却不同。

（3）吸附架桥作用。

当加入少量高分子电解质时，胶体的稳定性破坏而产生凝聚，同时又进一步形成絮凝体，这是因为胶粒对高分子物质有强烈的吸附作用。高分子长链物一端可能吸附在一个胶体表面上，而另一端又被其他胶粒吸附，形成一个高分子链状物，同时吸附在两个以上胶粒表面上。此时，高分子长链像各胶粒间的桥梁，将胶粒联结在一起，这种作用称为黏结架桥作用，它使胶粒间形成絮凝体（矾花），最终沉降下来，从而从水中除去这些胶体杂质。

（4）网捕作用。

当在水中投加较多的铝盐或铁盐等药剂时，铝盐或铁盐在水中形成的高聚合度的氧化物能够像网一样吸附卷带水中胶粒而沉淀。

2. 混凝剂和助凝剂

混凝剂种类很多，有 200～300 种，按化学成分可分为无机和有机两大类。由于给水处理水量大、安全卫生要求高，选用的混凝剂应满足混凝效果好、健康无害、使用方便、货源充足及价格低廉的要求。

常见的无机混凝剂有硫酸铝、聚合氯化铝、三氯化铁、聚合硫酸铁。其中，硫酸铝使用灵活，多以液态为主，但其水解反应为吸热反应，处理低温水时效果不佳，与新型混凝剂相比，有效含量和利用率都不高。聚合氯化铝以各种聚合物和氢氧化铝的形式直接存在于水体中，不再出现水解过程，对 pH 的适应性更强；在其他相同条件下，投加量较少，处理效果更佳。三氯化铁适用的 pH 范围较宽，形成的絮体比使用铝盐形成的絮体结构更密实，但溶液的腐蚀性很强，出水的色度比铝盐高。聚合硫酸铁形成的絮体密实，适应低温、低浊水的处理，药剂用量少，腐蚀性远比三氯化铁小，适用水体的 pH 范围宽。常见的有机高分子混凝剂有阳离子型、非离子型、阴离子型。

助凝剂是指有助于改善或提高混凝剂作用效果的物质。常见的助凝剂有活化硅酸和聚丙烯酰胺。其中活化硅酸是粒状高分子物质，处理低温、低浊水时效果显著，能促进对色度的去除；同时由于其在活化过程中能形成狭长的线性或环状聚合物，有利于吸附架桥作用。而聚丙烯酰胺及其水解产物是高浊度水处理中使用最多的助凝剂，投加这类助凝剂可大大减少铝盐或铁盐混凝剂的用量。

其他助凝剂如石灰、骨胶、海藻酸钠、黏土等也有一定的助凝作用。

## 二、过滤

用于截留悬浮固体的过滤材料称为过滤介质，按介质的结构不同，过滤分为粗滤（格栅）、微滤（筛网、无纺布）、膜滤（膜材料）和粒状材料过滤四个类型。粒状材料过滤是最常用的过滤形式，而石英砂是最常用的滤料。石英砂滤料具有机械强度高、化学稳定性好、廉价、取材便利等优点。但是由于反冲洗的水力筛分作用，反冲洗后滤层为小颗粒在上，大颗粒在下，其上小下大的孔隙分布不利于过滤，上部孔隙小易使滤层堵塞，下部孔隙大易使颗粒穿透。

## 三、消毒

消毒是指灭活水中病原微生物，切断其传染传播途径的方法，该过程不一定能杀死细菌芽胞。据世界卫生组织的调查，受污染饮用水的致病微生物有上百种，人类疾病 80% 与用水有关。为保障人体健康，应杜绝水介质传染病的发生和流行，生活用水必须经过消毒处理才可供使用。

在城市供水系统中，消毒是最基本的水处理工艺，用以保证居民安全用水。氯消毒是国内外最主要的消毒技术，美国自来水厂约有 94.5% 采用氯消毒，中国据估计 99.5% 以上自来水厂采用氯消毒。但自 20 世纪 70 年代发现氯消毒产生“三致”消毒副产物后，其他消毒工艺受到了重视。如二氧化氯、臭氧、光催化消毒、紫外线及相关复合技术等逐渐得以推广。

氯消毒主要是通过次氯酸的氧化作用来杀灭细菌，次氯酸是很小的中性分子，能扩散到带负电的细菌表面，通过细菌的细胞壁、细胞膜进入细菌内部，进行氧化作用，破坏细菌的酶系统而使细菌灭活。氯消毒对于水中的病毒、寄生虫卵的杀灭效果较差，需要较高的投加量才能达到理想的效果。

由于氯消毒价格低廉、消毒持续性好、操作使用简单，应用十分广泛。目前，在公共给水系统中，氯消毒成为最为经济有效和应用最广泛的消毒工艺。

普通的氯消毒工艺主要包括液氯、氯胺、漂白粉、次氯酸钠等。液氯消毒工艺一般应用较多；而漂白粉、次氯酸钠消毒工艺一般应用于小型水厂。

投加氯气装置必须注意安全，不允许水体与氯瓶直接相连，必须设置加氯机；液氯气化成氯气的过程需要吸热，可以采用淋水管喷淋；氯瓶内液氯的气化和用量需要监测。

氯与水的接触时间不得少于 30 min（张文启等，2017）。当水中氨氮较高时，可以采用折点加氯法进行氧化、消毒，可以降低水中的氨氮含量，产生氯胺消毒作用，该工艺停留时间较长，需要 1～2 h，氯投加量较高。

氯在水中的作用是相当复杂的，它不仅可以起氧化反应，还可与水中天然存在的有机物起取代或加成反应而得到各种卤代物，这些卤代有机化合物有许多是致癌物或诱变剂，通过各种途径进入水源水体，对人体健康产生严重的危害。

根据《生活饮用水卫生标准》(GB 5749—2022)，自来水管网末梢水中氯气及游离氯制剂含量要大于等于 0.05 mg/L，俗称余氯，余氯主要是在自来水输送过程中抑制细菌的产生。

目前，青岛的净水厂多采用次氯酸钠作为消毒剂，次氯酸钠具有类似氯气的气味，因此，大家闻到水中消毒剂的气味实际上是次氯酸盐的味道。

## 第三节　青岛净水厂的常规处理工艺

青岛市海润自来水集团有限公司是青岛市的主要供水企业，该公司以黄河（长江）、大沽河、崂山水库三大水系为主，其他水源为辅进行城市供水。有主净水厂 3 个（仙家寨水厂、白沙河水厂、崂山水厂）、贮配水池 13 座、加压泵站 14 座、供水管道 1 900 km，日综合供水能力达到 80.1 万 $m^3$，供水面积 147 $km^2$，主要包括市南区、市北区、李沧区以及崂山和城阳部分区域，受益人口达 175 万。

### 一、仙家寨水厂

仙家寨水厂坐落在白沙河畔、仙山路旁，它的前身是 1919 年开建、1920 年竣工送水、拥有百年历史的白沙河水源地。1920 至 1956 年厂名为“白沙河水源地”；1956 至 1990 年厂名为自来水公司“第二送水厂”；1990 年 3 月 5 日至 1993 年 9 月 8 日厂名为“白沙河水厂北厂”；1993 年 9 月 8 日命名为“仙家寨水厂”；2002 年 7 月企业改制，定名为“青岛中法海润供水有限公司仙家寨水厂”。

仙家寨水厂最大设计日净水量 36.6 万 $m^3$。常规处理工艺包括混凝、沉淀、过滤、消毒等过程，以去除水中的浊度、色度和微生物。一期于 2001 年 6 月 28 日正式投入运行，主要对大沽河和黄河水（引黄济青至棘洪滩水库）进行净化处理，设计日供水量为 18.3 万 $m^3$；二期于 2006 年 6 月 1 日正式投入运行，主要对崂山水库水和大沽河水进行净化处理，设计日供水量为 18.3 万 $m^3$，一、二期工程处理

工艺均采用混凝、沉淀、过滤、消毒的常规处理工艺。仙家寨水厂的一期主要构筑物有折板反应池、平流沉淀池、V 型砂滤池。工艺流程图如图 7-3 所示。

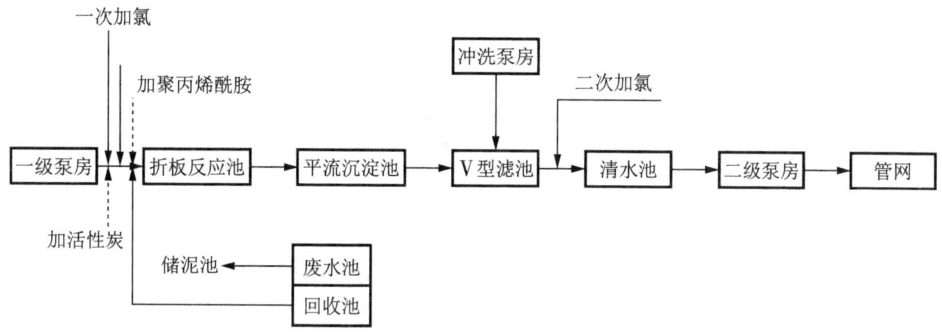


图 7-3　仙家寨一期工艺流程图（杨恺，2017）

仙家寨水厂的二期主要构筑物有高密度澄清池、平流沉淀池、V 型砂滤池。工艺流程图如图 7-4 所示。

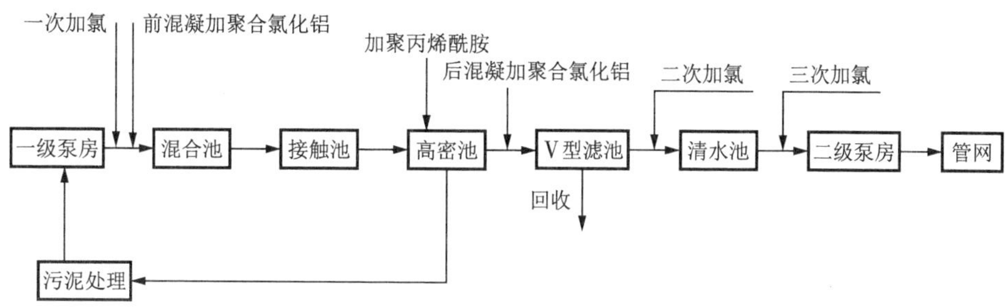


图 7-4　仙家寨二期工艺流程图（杨恺，2017）

2016 年 12 月 28 日，在原工艺基础上，升级为臭氧活性炭的深度处理工艺，对常规处理后的一期、二期滤后水进行深度处理，提高水质。

## 二、白沙河水厂

白沙河发源于崂山西麓，流入胶州湾，主河长 36.6 km，流域平均宽度 4.6 km。白沙河水厂兴建于 1989 年，是引黄济青工程的配套枢纽工程。白沙河水厂位于仙家寨水厂南侧，设计规模为 36 万 $m^3/d$，水源主要是棘洪滩水库水（通过引黄济青引水自黄河、南水北调引水自长江），通过暗渠由棘洪滩水库输水。白沙河水厂工艺流程图如图 7-5 所示。在常规处理工艺的基础上，2018 年 6 月白沙河水厂全部负荷进入臭氧活性炭深度处理工艺并网通水；2018 年 9 月，以部分深度处理的水为原水，设计规模 18 万 $m^3/d$ 的超滤系统满负荷并网通水，系统稳定运行。

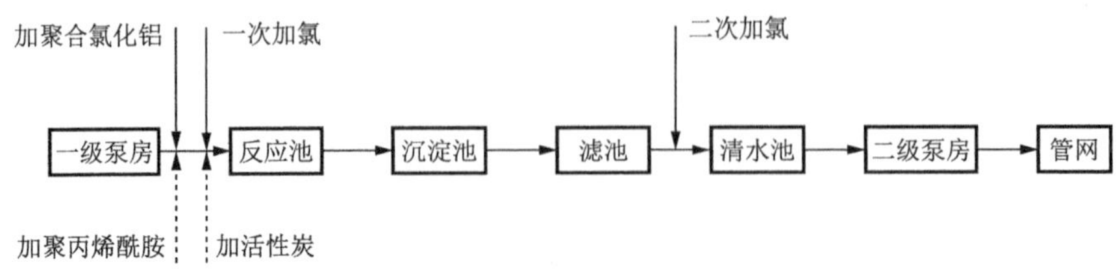


图 7-5　白沙河水厂工艺流程图（杨恺，2017）

## 三、崂山水厂

崂山水厂（图 7-6）位于仙家寨水厂与白沙河水厂（两厂相邻）上游约 10 km 处，坐落于崂山水库主坝西南侧，水源主要为崂山水库水，于 1965 年建成，设计日供水量为 7.5 万 $m^3/d$。目前日供水量约为 6.5 万 $m^3/d$。崂山水厂采用常规处理工艺，近年来由于水源地水质状况恶化，陆续建设了部分预处理临时设施，其中包括投加粉末活性炭除臭味，投加酸、碱调节原水 pH 等处理措施。水厂原水取自崂山水库，经取水塔借重力流至净水厂；原水经消能井消能后，在混合槽处投加混凝剂（液体聚合氯化铝）及一次加氯，经混合渠道中堰板水力混合，隔板反应池絮凝、平流沉淀池、普通快滤池过滤进入清水池，投加二次氯消毒后，由泵房送至城市管网。

图 7-6　崂山水库风景（王凯摄）

## 思考题

1. 绘制给水处理的一般流程图，标注各个构筑物名称及其作用。

2. 消毒是给水处理的重要过程，通过资料调研，你认为还可以采用哪些消毒方式？

3. 以青岛白沙河自来水厂为例，分析沿海城市饮用水的来源及水处理工艺的特征。

# 第八章
# 给水深度处理技术

饮用水的安全性对人体健康至关重要。20 世纪 90 年代以来，随着微量分析和生物检测技术的进步，以及流行病学数据的统计积累，人们对水中微生物的致病风险，以及致癌有机物和无机物对健康危害的认识不断深入，世界卫生组织和各国纷纷修改原有的水质标准或制定新的水质标准。了解和把握国际水质的现状与趋势，对于我们重新审视和修订已沿用多年的国家饮用水水质标准，满足新形势下我国城乡居民对饮水水质新的需求，加强对人体健康的保护具有十分重要的意义。

## 第一节　给水深度处理意义

### 一、给水处理发展的阶段

饮用水水质标准的发展可分为卫生学、安全性和健康学三个阶段。我们已经经历了卫生学阶段，现在正处于水质安全的阶段，健康的理念正在萌芽和发展中。目前我国现有的自来水厂 95% 以上采用的仍然是百年前的常规工艺，例如位于青岛市的仙家寨水厂，该水厂通过混凝—沉淀—过滤—消毒工艺进行水处理，消除水中的浊度、胶体等感观状污染以及病原微生物等，同时改善观感并杜绝水媒传染病的传播，最终满足《生活饮用水卫生标准》(GB 5749—2022)中 97 项指标。然而，对于达到“生活饮用水卫生标准”的自来水厂出水，虽然能满足“卫生学阶段”所关注的饮用水水质标准，但无法有效地满足“安全性阶段”“健康学阶段”所关注的污染物去除要求。因此，常规的给水处理工艺仍面临着巨大挑战。

## 二、给水处理卫生学阶段存在的问题

### （一）贾第鞭毛虫和隐孢子虫的问题

隐孢子虫（*Cryptosporidium*）和贾第鞭毛虫（*Giardia*）是两种严重危害水质安全的致病性单细胞原生动物，其卵囊或孢囊具有个体微小、致病剂量低、抵抗环境选择性压力强、易造成暴发流行等特点，呈全球性分布（图 8-1）。

贾第鞭毛虫孢囊呈卵形，宽度为 7.6～9.9 μm。被人体吸入后，贾第鞭毛虫会引起贾第鞭毛虫病——一种出现腹泻、疲劳、痉挛现象的胃肠疾病。病症可持续几天到几个月。水是贾第鞭毛虫传播的主要途径，贾第鞭毛虫的宿主是人类和动物，尤其是河狸和麝鼠。在水中，贾第鞭毛虫孢囊能保持 1～3 个月的感染能力。

与大肠菌群相比，贾第鞭毛虫有相当强的耐氯性。当出厂水浊度为 0.1～0.2 NTU 时，孢囊去除率可以达到 99.9%。硅藻土过滤及慢速砂滤池也能有效地去除贾第鞭毛虫孢囊。

微小隐孢子虫［图 8-1（b）］是隐孢子虫的一种，存在于河、湖，尤其是下水道和动物排泄物污染的水中。研究表明，即使是在浊度非常低的水处理系统中，仍可能有可引起疾病暴发或地方病的隐孢子虫卵囊存在。目前最常用的隐孢子虫的分析方法——免疫荧光法，仍存在不足之处，如无法确定卵囊是否死亡及是否对人体有感染性（孙迎雪，田媛，2011）。

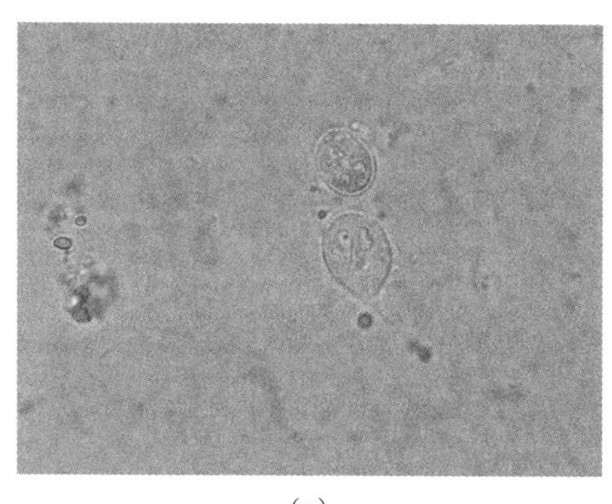

（a）

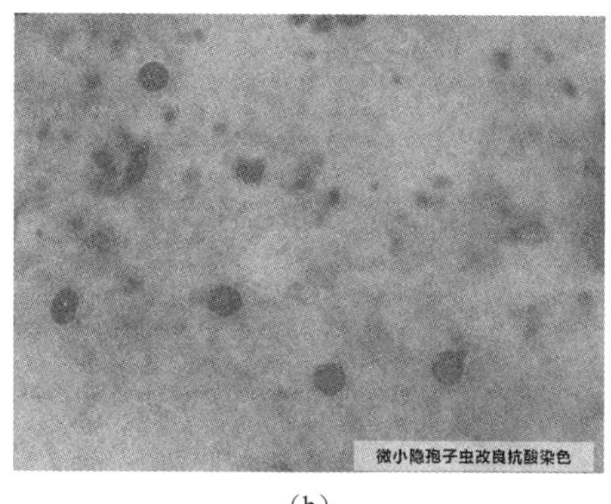


（b）

图 8-1 蓝氏贾第鞭毛虫孢囊、滋养体（a）和微小隐孢子虫（b）

迄今为止，微小隐孢子虫是唯一一种对人具有感染性的隐孢子虫。微小隐孢子虫的传播途径主要是人与人之间的接触以及被污染的饮用水。与贾第鞭毛虫和其他大多数水源性病原菌引起的肠胃道疾病不同，隐孢子虫病对于免疫系统缺陷的人来说尤其严重，WHO 于 1986 年将人隐孢子虫病定为艾滋病怀疑指标之一，隐孢子虫是重要的机会致病性原虫。我国《生活饮用水卫生标准》(GB 5749—2022)规定，贾第鞭毛虫和隐孢子虫的微生物指标要求 10 L 水少于 1 个。

一个运转良好的污水处理设施，在最优化的处理条件下，可以去除进水中超过 99%的卵囊，隐孢子虫卵囊大小为 4～6 μm，直径小于贾第鞭毛虫孢囊，因此更难去除。而且，隐孢子虫卵囊比贾第鞭毛虫孢囊更加抗氯，常规消毒方法如用氯气或氯胺未必能杀死其卵囊。然而，卵囊对臭氧和二氧化氯较为敏感，一些数据表明，组合消毒工艺(如臭氧或游离氯后续一氯胺)可有效地杀死卵囊。

### (二) 水污染事件频发，安全受关注

1. 松花江重大水污染事件

2005 年 11 月 13 日，中石油吉林石化公司双苯厂苯胺车间发生爆炸事故。爆炸发生后，约 100 t 苯类物质(苯、硝基苯等)流入松花江，造成了江水严重污染，沿岸数百万居民的生活受到影响。爆炸导致松花江江面上产生一条长达 80 km 的污染带，主要由苯和硝基苯组成。污染带通过哈尔滨市，该市经历了长达五天的停水，是一起工业灾难。

2. 水俣病事件

1956 年日本水俣湾出现了一种奇怪的病。这种“怪病”是日后轰动世界的“水俣病”，是最早出现的由于工业废水排放污染造成的公害病。此病是由于居民食用水俣湾受汞化合物污染的鱼类而引起的。大量甲基汞化合物被排入水俣湾，污染了水生微生物，小鱼吃微生物受了污染，大鱼吃小鱼进一步受污染。通过食物链聚集在鱼体内形成高浓度的汞积累，人食用了这种被污染的鱼后，就产生了汞中毒而患怪病。

3. 痛痛病事件

第二次世界大战后，日本富山县神通川流域发生了一种怪病，很多中年妇女由于全身剧烈疼痛，终日不停地叫“痛！痛！”直至死亡。当时由于病因不明，人们称为“痛痛病”。经过 20 多年的研究调查，方找出此病是因铅锌矿中的镉污染了稻田，使大米中镉含量剧增，当地人长期吃含镉大米，引起的慢性中毒。开始仅腰、背、肩、膝等关节感受到疼痛，以后逐渐发展到全身，疼如针刺，难以忍受，骨质软化，骨骼变形，稍受碰撞甚至打喷嚏都会引起骨折。

### （三）新兴污染物进入水环境

新兴污染物指的是目前确已存在、但尚无环保法律法规予以规定或规定不完善、危害生活和生态环境的所有在生产建设或者其他活动中产生的污染物。这类污染物在环境中存在或者已经大量使用多年，但一直没有相应法律法规监管，在发现其具有潜在有害效应时，它们已经以各种途径进入到全球范围内的各种环境介质如土壤、水体、大气中。虽然其浓度很低，通常为微克每升水平或者更低的浓度，但其危害不可小觑。由于新兴污染物具有很高的稳定性，在环境中往往难以降解并易于在生态系统中富集，因而在全球范围内均普遍存在（孙迎雪，田媛，2011）。据美国的相关调查，饮用水中有700多种有机物，其中卤代有机物及苯、氯酚、双醚等均属于有“三致”（致癌、致畸、致突变）作用或毒性物质；我国环保部的一项调查也发现56个城市的206个饮用水源地中共检出132种有机污染物，其中103种属于优先控制污染物。近年来又有大量新兴有机物引起高度关注，如内分泌干扰物、个人防护用品和药品。这些污染物对生态系统中包括人类在内的各类生物均具有潜在的危害，新兴污染物的环境污染和生态毒性效应已成为全球所面临的重大环境问题之一。

### （四）消毒副产物进入人们的视野

消毒是给水处理工艺的重要组成部分。氯消毒是国内外最主要的消毒技术，美国自来水厂中约有94.5%采用氯消毒，中国据估计99.5%以上自来水厂采用氯消毒。而自来水加氯消毒可以产生三卤甲烷、卤乙酸、卤乙腈、卤代酮类、氯化腈、氯酚、甲醛、氯酸盐、亚氯酸盐、溴酸盐等消毒副产物，这些消毒副产物可能会诱发肠道、心脏等器官的病变。饮用水中消毒副产物主要是三卤甲烷和卤乙酸。这两类消毒副产物分别代表了挥发性和非挥发性两类消毒副产物，其不仅浓度远远超过其余消毒副产物，而且致癌风险也不断得到毒理学和生物学的证实。

美国专门有消毒剂和消毒副产物法（D/DBPs RULE）对氯消毒剂和消毒副产物进行了规定，中国卫计委《生活饮用水卫生规范》和建设部的行业标准《城市供水水质标准》（CJ/T 206—2005）也都准备将消毒副产物增加到水质标准中。因此，为了减少饮用水氯化消毒过程中三卤甲烷和卤乙酸等副产物的生成，许多供水企业开始尝试使用多种新型消毒剂取代氯化消毒或作为附加消毒剂，如采用臭氧消毒、二氧化氯或氯胺消毒、臭氧和紫外联用消毒。

## 三、水质安全阶段的解决措施

随着人们生活水平的提高，对于饮用水水质的要求也在不断发展、不断提升。由于现代工业的高速发展，农药化肥的使用，更多种类、更多数量的化学物质排入水体，水体的污染程度日益加剧。而且，自来水厂常规处理工艺已不能彻底去除新型污染物，自来水厂出水消毒产生的消毒副产物也逐渐引起人们的重视。

将自来水厂的常规处理工艺，采用臭氧、活性炭、膜分离技术等改造成深度处理工艺，可以大幅提高自来水的水质。2016 年 12 月 28 日，青岛仙家寨水厂将原工艺升级为臭氧活性炭的深度处理工艺，对常规处理后的一期、二期滤后水进行深度处理，提高水质；2018 年 6 月 6 日，青岛白沙河水厂在常规处理工艺的基础上，引入臭氧活性炭深度处理工艺并网通水；在此基础上，以深度处理水为原水，2018 年 9 月中旬设计规模 18 万 $m^3/d$ 的超滤系统满负荷并网通水。同时，在终端（如学校、医院、家庭）安装净水器来去除溶解性有机污染物，也能有效保证饮用水质量，并能尽量保留原水中人体所需的矿物元素。

# 第二节　深度处理技术

饮用水深度处理是指在传统的混凝、沉淀、过滤和消毒四步法工艺的基础上，为了提高饮用水的质量，对饮用水中微量有机物、氮磷营养盐以及盐类物质进行去除的操作。常用的饮用水深度处理工艺有臭氧－活性炭技术、膜分离技术、活性炭技术、吹脱技术等。

## 一、臭氧－活性炭技术

臭氧具有强氧化性，可以通过破坏有机物的分子结构以达到去除的目的，且又能去除水中的色度和臭味，是最早应用于饮用水的消毒剂。活性炭是一种多孔性物质，内部具有发达的空隙结构和巨大的比表面积。微孔则是活性炭吸附有机物的主要区域，微孔构成的面积占总面积的 95%，活性炭对有机物的去除受有机物特性的影响。在水处理中使用活性炭，能有效地去除小分子有机物，但对大分子有机物的去除则很有限，如果水中大分子有机物含量较多，会使活性炭的吸附表面加速饱和而得不到充分利用，缩短使用周期。常用的臭氧－活性炭深度

处理工艺流程图如图 8-2 所示。

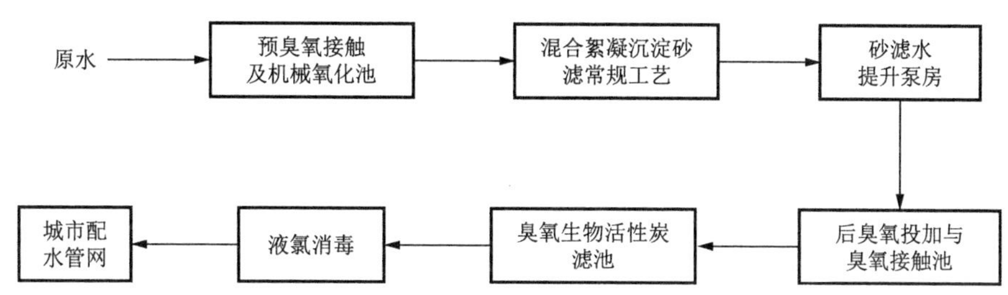


**图 8-2 臭氧-活性炭深度处理工艺流程图**

臭氧的强氧化性与活性炭吸附作用相结合，可收到良好的效果。进水先经臭氧氧化，使水中大分子有机物分解为小分子状态，从而提高有机物进入活性炭微孔内部的可能性，充分利用活性炭的吸附表面，延长其使用周期。同时，后续的活性炭又能吸附臭氧氧化过程中产生的大量中间产物，包括臭氧无法去除的三氯甲烷及其前驱物，保证出水的化学稳定性。

臭氧-活性炭技术是深度处理常用的技术；目前在深圳、广州、上海、青岛都已实施，从其发展趋势看，当水源的水质超过地表水质量标准Ⅱ类时，必须采用该技术，才能满足水质标准中 COD 的要求。

## 二、膜分离技术

膜分离是一种高效分离、浓缩、提纯、净化技术，它具有物质不发生相变、分离系数大、在常温下进行、适用范围广及装置简单、操作方便等特点。该技术能够提供稳定可靠的水质，其分离水中杂质的主要机理是机械筛滤作用，因而出水水质在很大程度上取决于滤膜孔径的大小。根据孔径的不同(图 8-3)，膜分离技术可分为微滤(MF)、超滤(UF)、纳滤(NF)和反渗透(RO)，这些技术都能有效地去除水中的臭味、色度、消毒副产物前体及其他有机物和微生物，具有去除污染物范围广、不需投加药剂、工艺适应性强、处理规模可大可小、操作及维护方便、易于实现自动化等优点。膜技术作为一种去除水中有机物和微生物的新工艺，是解决目前饮水水质问题的有效途径。

### (一) 微滤

微滤又称精密过滤，是以微滤膜进行筛分，微滤膜孔径一般在 0.05～5.00 μm 之间，厚度在 90～105 μm 之间，操作压力为 0.01～0.2 MPa。在压力驱动下，大于膜孔的粒子或分子物质不能透过，从而达到不同粒子或分子有效分离

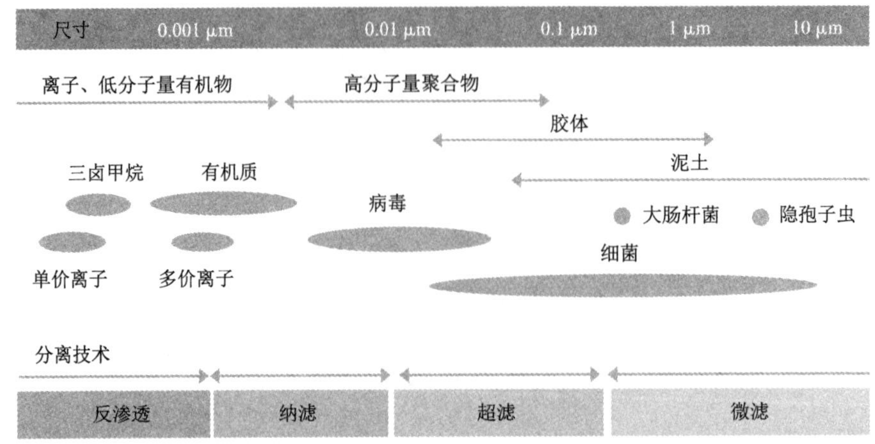


图 8-3　膜分离技术的分类及去除对象

的膜分离过程。一般可以去除微米($10^{-6}$ m)级的水中杂质，此方法多用于生产高纯水时的终端处理和作为超滤、反渗透或纳滤的预处理过程。

### (二) 超滤

超滤作为膜分离技术之一，能将溶液净化、分离或者浓缩，是介于微滤和纳滤之间的一种膜过滤，膜孔径范围为 5 nm～0.1 μm，操作压力为 0.1～1.0 MPa，可以去除分子量 300～300 000 的大分子有机物及细菌、病毒、贾第鞭毛虫和其他微生物。

### (三) 纳滤

纳滤膜有 1 nm 左右的微孔结构，可以截留粒径介于反渗透膜和超滤膜之间的颗粒。纳滤具有分离特性及操作压力低的特点，与其他几种膜分离过程相比有三方面优势。纳滤膜对离子的截留具有选择性，因而采用纳滤膜分离技术可代替传统工程中的脱盐、浓缩等多个步骤，故比较经济；操作压力低，降低了对系统动力的要求，从而降低了整套设备的投资费用；与反渗透相比，纳滤通量大，降低了成本(孙迎雪，田媛，2011)。

纳滤膜本身带氨基和羧基两种正负基团，这是它在较低压力下，仍具有较高脱盐性能和分子截留能力，也可以去除无机盐的重要原因。纳滤膜不仅可以进行水质软化和适度脱盐，而且可以去除色度、细菌、溶解性有机物和一些金属离子等。饮用水深度处理中应用较多的主要为卷式芳香族聚酰胺类复合纳滤膜。

当原水水质好，仅需要去除水中的浊度、细菌时，如清洁的水库水、泉水，微

滤、超滤都有好的净化效果；在地下水中硬度、硝酸盐超标时，采用纳滤膜能很好地去除无机盐与有机污染，如天津郊区利用纳滤去除地下水中的氟很有成效；当附近无其他水源，远距离调水成本太高，目前取水水源又遭到较为严重污染，即使增加臭氧–活性炭工艺仍不能达标时，纳滤技术往往可以发挥重要作用。

### （四）反渗透

反渗透膜孔径仅为 0.1～0.7 nm，操作压力为 1～10 MPa，能耗大，但几乎可以去除水中一切物质，包括各种悬浮物、胶体、溶解性有机物、无机盐、细菌等。其基本原理是在高于溶液渗透压的压力下，其他物质不能透过半透膜而将这些物质和水分离开来。换言之，反渗透除盐原理，就是在有盐分的水中（如原水）施以比自然渗透压力更大的压力，使渗透向相反方向进行，把原水中的水分子压到膜的另一边，变成洁净的水，从而达到除去水中盐分的目的。反渗透过程是一个与自然渗透现象相反的渗透过程，是以压力差为推动力的膜分离技术（孙迎雪，田媛，2011）。当前，反渗透技术已大量应用于饮用水的深度处理，成为制备纯水的主要技术之一。

## 三、活性炭技术

活性炭是以烟煤、褐煤、果壳或木屑为原料（图 8–4），经过碳化和活化制成。碳化是在 600 ℃以下隔绝空气条件下加热原料，使它成为孔隙状的结构。碳化后是活化，这时加入氧化剂（蒸汽或 $CO_2$）并加热到 800～900 ℃，就成为比表面积在 1 000 $m^2/g$ 以上的活性炭。

图 8–4　椰壳活性炭

活性炭的孔隙可以从肉眼可见的裂缝直到分子水平的孔隙，一般分为微孔

(<2 nm)、中孔(2～100 nm)和大孔(>100 nm)。微孔表面积占活性炭总表面积的95%以上,对吸附性能有很大影响。中孔主要吸附大分子有机物,也是小分子有机物扩散到微孔的通道。大孔所占面积很小,只为吸附质的扩散提供通道。吸附力是由活性炭最小孔隙中的分子间吸引力产生的,这种吸附力可以使水中溶解污染物(如天然有机物和合成有机物的分子)浓缩或沉淀到活性炭分子大小的孔隙中,由于活性炭有很大的黏附污染物的表面积,所以是有效的吸附剂。

活性炭分为粉末炭(PAC)和颗粒炭(GAC)。粉末炭的粒径一般为10～50 μm,但小于0.1 mm,用以去除水中的臭味,已经有数10年的使用经验,一般在需要时,可和混凝剂一起投加到水中,待吸附有机和无机杂质后,在沉淀池中下沉,作为污泥排除,而其余积在滤层中的炭末可在反冲洗时排除。颗粒活性炭和石英砂一样,放在滤池中,用以去除水中有机物,等到活性炭长期使用完全失效时加以更换,经过再生后重复使用。

粉末炭和颗粒炭的粒径虽然不同,但是吸附性质并没有多大差别,两者吸附的性能只与炭的孔隙大小、孔隙的内表面积和表面性质有关。粉末炭和颗粒炭有不同的型号,各有其适用的范围。其性能指标除了吸附容量、吸附选择性外,还有经受加热再生能力和抗磨损能力。

活性炭主要用于去除溶解有机质,如天然有机物、产生臭味的化合物、消毒副产物、农药和其他有机污染物,而这些正是有碍人体健康而普通快滤池又难以去除的污染物(严敏等, 2005)。

2005年11月13日,中石油吉林石化公司双苯厂苯胺车间发生爆炸事故。爆炸发生后,约100 t苯类物质(苯、硝基苯等)流入松花江,污染团到达松原时,硝基苯浓度最大超标100倍;到达哈尔滨时,硝基苯浓度最大超标30倍。起初哈尔滨采用常规处理,无法去除硝基苯,后在松花江取水口到各净水厂间的6 km输水明渠中投加活性炭,投加量40 mg/L,经活性炭吸附后水质成功达标。

## 四、氨氮的去除

氨氮作为我国大部分地区水源的主要污染物,如果不加以处理或处理不当,会导致自来水厂出水中的氨氮含量偏高,会造成管网中亚硝化菌和硝化菌的繁殖生长,从而使管网中的亚硝酸盐和硝酸盐的含量超标,严重危害人体健康(何潇等, 2017)。因此,近年来,许多新型工艺被自来水厂应用到氨氮的去除上。

## （一）物化法

1. 沸石吸附法

沸石是含水多孔铝硅酸盐矿物的总称，有发达的孔穴和孔道，并具有色散力和静电力，有较好的吸附性。沸石中的阳离子和水分子与晶架的联系较弱，故具有良好的离子交换能力。且沸石资源丰富、价格低廉，去除氨氮的效果稳定，还能有效去除浊度和部分有机物，具有经济和技术的可行性，因此得到广泛应用。但实际生产中需对沸石进行改性，并存在交换容量有限、再生成本偏高和受水中阳离子影响等问题，尤其是沸石吸附后的氨氮如何有效处理，还需要更深入的研究。

2. 折点加氯法

折点加氯法是将氯气、次氯酸钠或次氯酸钙通入被氨氮污染的水中，当水中游离氯的含量最低时氨氮降为零，此点为折点，机理是氨与氯气反应生成氮气而被去除，同时还可起到杀毒的效果。产生的余氯常用活性炭吸附，同时活性炭还可进一步吸附氨氮，对氨氮的去除率可提高 10%～20%。

折点加氯法去除氨氮效率高，还可以起到杀菌等效果，且氯气广泛应用于自来水消毒，工艺成熟。但该方法不易操作，产生的余氯虽然可用活性炭吸附，但成本较高。同时可能产生消毒副产物，增加了“三致”风险。

## （二）生物法

目前生物法依旧是最经济有效的方法。生物法的实质是对自然自净过程的人工强化，利用填料表面微生物的新陈代谢作用去除水源中的氨氮。在饮用水处理中，生物法一般设置在常规处理之前作为生物预处理，不仅能有效去除氨氮，而且对水中的有机污染物、亚硝酸盐、铁、锰等污染物也能初步去除。研究表明，增加生物预处理技术可以使有机物的去除率提高 20%～30%，氨氮去除率提高 80%以上。主要的技术有生物滤池、生物接触氧化工艺、生物转盘等。

1. 生物滤池

生物滤池法是常用的生物处理方法，滤池中填料表面形成的生物膜与水体接触，利用微生物的硝化和反硝化作用去除水中氨氮。其具有经济成本低、去除效率高、管理方便（仅需要反洗）且外界环境对其影响较小等优点，但同时也存在基建费较高，有一定的水头损失，水气同向流时容易发生堵塞，可能会有滤料随水流失等问题。

2. 生物接触氧化法

生物接触氧化法是生物预处理的主要方法，它以水下的填料作为生物载体，通过曝气或充氧的水流经过填料后使填料表面布满生物膜，生物膜上生物相当丰富，水中的氨氮在与生物膜的接触中，通过生物净化作用被去除。生物接触氧化工艺处理能力大，污泥产量少，对冲击负荷的适应性比较强且能保证出水水质，但生物膜自行脱落容易引起堵塞，投资成本高且受温度影响，高温季节去除率可达 90%，低温（水温 < 5 ℃）时会降低至 70%。

### （三）臭氧－生物活性炭联合处理（$O_3$-BAC）

臭氧－生物活性炭工艺将活性炭物理化学吸附、臭氧化学氧化、生物氧化降解及臭氧灭菌消毒 4 种技术结合，对氨氮的去除率达 90% 以上，氨氮和亚硝酸氮可被生物氧化为硝酸盐，不仅能减少后续氯化的投氯量，还可以降低三卤甲烷的生成量。工艺综合了臭氧和生物活性炭的优点，有效克服了二者单独使用的局限性，可以有效去除微污染水中的氨氮以及有机物、色度、浊度、臭味等。但其挂膜周期长，活性炭较贵，对污染原水的指标含量（如氨氮）有一定要求。

值得注意的是，考虑到我国大量水源水中相对分子质量 < 3 000 的有机污染物占 40% ～ 50%，有机物已成为微污染水源水中最主要的污染物，其次才是氨氮。而活性炭可有效吸附相对分子质量为 500 ～ 3 000 的有机物，臭氧可将难降解有机物氧化成易降解有机物，因而臭氧－生物活性炭可以有效去除 10% ～ 60% 的有机物，同时还能去除氨氮等污染物及臭味。不仅如此，基建费只需约 300 元 /（立方米•天），运行费也不高。基于这些优点，臭氧－生物活性炭应成为我国微污染水源净水厂的核心工艺（何潇等，2017）。

表 8-1　不同处理方法的综合对比（何潇等，2017）

| 类别 | 项目 | 进水氨氮（mg/L） | 出水氨氮（mg/L） | 氨氮去除率（%） | 经济效能 |
|---|---|---|---|---|---|
| 离子交换法 | 沸石吸附 | 3.9 | 0.1 | 37.3 ～ 98.5 | 沸石储量大、成本低，容易再生，但再生费用高 |
| 折点加氯法 | 折点加氯 | 2.5 | <0.5 | >90 | 投资少，反应速度快，运行费用高，投药成本较高 |
| 生物法 | 生物滤池 | 2.7 ～ 3.4 | 0.3 ～ 0.4 | 87.5 ～ 89.3 | 占地小易改造，维修方便，处理费用低 |

续表

| 类别 | 项目 | 进水氨氮（mg/L） | 出水氨氮（mg/L） | 氨氮去除率（%） | 经济效能 |
|---|---|---|---|---|---|
| 生物法 | 生物接触氧化 | 3.0～5.0 | 0.3～0.6 | 80～93 | 较占地，投资成本略高，能耗低，运行费用低 |
| 联合处理法 | $O_3$-BAC | ＜1.5 | ＜0.5 | 74 | 生物活性炭价格较贵且寿命仅几年，吨水处理费高 |

## 五、减少消毒副产物

常规的消毒技术在降低饮用水微生物风险的同时，由于消毒副产物的形成却增加了饮用水的化学物风险，而消毒剂本身对饮用水的安全性也有一定的影响。因此，为了进一步保障饮用水的安全，有必要对消毒技术进行改进。

### （一）优化氯消毒

氯消毒是现阶段的主体消毒技术，而且可以预计在短期内不会有根本变化，因此对氯消毒进行技术优化十分必要。

1. 对清水池设计进行改进

水力停留时间（Hydraulic Retention Time，HRT）指待处理污水在反应器内的平均停留时间，也就是污水与生物反应器内微生物作用的平均反应时间，单位小时（h）或者分钟（min），用 $T$ 表示；有效水力停留时间 $t_{10}$，指在闭合反应器中某一时刻从进口进入反应器的物质首先从反应器出口出来的、占总量10%的组分的停留时间。对于一般清水池而言，其有效水力停留时间和水力停留时间的比值（$t_{10}/T$）一般比较固定，因此以 $t_{10}/T$ 作为清水池的水力效率的指标，$t_{10}/T$ 越高表示水力特性越好；同样 $t_{10}/T$ 也可以作为衡量清水池水力效率的指标，越接近1也表示水力特性越好。因此，通过提高清水池的 $t_{10}/T$，可以达到提高消毒效率、节约消毒药剂和减少消毒副产物的生成量的目的（郭玲等，2007）。水流廊道总长宽比（$L/W$）是影响清水池 $t_{10}/T$ 值的最重要因素，此外弯道的数目和形式、池型等也对其有一定的影响。

2. 以氯和氯胺有机组合的消毒方式

组合消毒方式较单独消毒方式具有消毒更加有效，能够有效地控制消毒副产物的产生等特点。采用氯胺作为辅消毒剂，能够减少主消毒剂氯与水的接触时间，进而降低卤化消毒副产物的产生。为最大量地减少卤化副产物的产生，在采用氯和氨生成氯胺时，氯和氨应快速混合，并且使 pH 维持在 8.3。通过这种组合，可最大减少 80% 的三卤甲烷（黄旦光，2012）。但是如果氯胺浓度过大，可能会导致变性血红蛋白血症和影响肾透析病人的健康，因此应控制出厂水中的氯胺浓度。

3. 多点加氯

在配水管网内补充加氯。当出厂水的余氯量浓度较高时，余氯会在管网中继续与水中的有机物反应，使管网中消毒副产物的浓度不断增加。对于清水池停留时间较短、清水输水管线较长的情况，管网中的氯消毒副产物浓度可能会高达出厂水的 2～4 倍。这时采用重复加氯就能降低出厂水和部分管网的余氯量水平，从而有效减少消毒副产物的形成，同时又能满足管网水的消毒剂余量要求（吴一蘩等，2006）。

### （二）采用紫外线消毒

1. 紫外线消毒的原理

紫外线是指电磁波波长处于 200～380 nm 的光波，一般分为三个区，即 UVA（315～380 nm）、UVB（315～280 nm）、UVC（200～280 nm）。低于 200 nm 的远紫外线区域称为真空紫外线，极易被水吸收，因此不能用于消毒。用于消毒的紫外线是 UVC 区，即波长为 200～280 nm 的区域，特别是 254 nm 附近，此波段与微生物细胞核中的脱氧核糖核酸的紫外线吸收和光化学敏感性范围重合。通常认为紫外线能改变和破坏 DNA 和 RNA，导致核酸结构突变，改变细胞的遗传转录特性，使生物体丧失蛋白质的合成和复制繁殖能力。紫外线还能驱动水中各种物质的反应，产生大量的羟基自由基，还可以引起光致电离作用，这些物质和作用都能导致细胞的死亡，从而达到消毒杀菌的目的。

由于紫外线对隐孢子虫的高效杀灭作用且不产生副产物，紫外线消毒在给水处理中显示了很好的应用潜力。

2. 紫外线消毒的特点

通常紫外线消毒可用于氯气和次氯酸盐供应困难的地区和水处理后对氯的消毒副产物有严格限制的场合。一般认为当水温较低时用紫外线消毒比较经济（吴一蘩等，2006）。

（1）紫外线消毒的优点。

不在水中引进杂质，水的物化性质基本不变；水的化学组成（如氨含量）和温度变化一般不会影响消毒效果；不会增加水的臭、味，不产生诸如三卤甲烷等消

毒副产物；杀菌范围广而迅速，处理时间短，在一定的辐射强度下一般病原微生物仅需十几秒钟即可杀灭，能杀灭一些氯消毒法无法灭活的病菌，对隐孢子虫卵囊有特效消毒作用，还能在一定程度上控制一些较高等的水生生物如藻类和红虫等；过度处理一般不会产生水质问题；一体化的设备构造简单，容易安装、小巧轻便，水头损失很小，占地少；容易操作和管理、容易实现自动化，设计良好的系统的设备运行维护工作量很少；运行管理比较安全，基本没有使用、运输和储存其他化学品可能带来的剧毒、易燃、爆炸和腐蚀性的安全隐患；消毒系统除了必须运行的水泵以外，没有其他噪音源。

（2）紫外线消毒的缺点。

孢子、孢囊和病毒比细菌对紫外线的耐受性高，如腺病毒需要高剂量紫外才能有效灭活；水必须进行前处理，因为紫外线会被水中的许多物质吸收，如酚类、芳香化合物等有机物、某些生物、无机物和浊度；没有持续消毒能力，需与氯配合使用，并且可能存在微生物的光复活问题，最好用在处理水能立即使用的场合、管路没有二次污染和原水生物稳定性较好的情况（一般要求有机物含量低于 10 μg/L）；不易做到在整个处理空间内辐射均匀，有照射的阴影区，处理效果不易迅速确定，难以监测处理强度；石英管壁易结垢，降低消毒效果；较短波长的紫外线（低于 200 nm）照射可能会使硝酸盐转变成亚硝酸盐，为了避免该问题应采用特殊的灯管材料吸收上述范围的波长；处理水量较小，国内使用经验较少。

### （三）采用二氧化氯消毒

二氧化氯是很强的氧化剂，其氧化能力约为氯的 2.5 倍，漂白能力约为氯的 2.63 倍，为漂粉精的 3.29 倍，与水中杂质的反应速度比氯快。为了灭活“两虫”、减少氯代消毒副产物，采用二氧化氯消毒成为新的选择。

二氧化氯的杀菌效果与温度的倒数成比例。温度升高时二氧化氯在水中的溶解度有所下降，但由于杀灭速度提高较多，所以总的杀菌能力随着升温而增强。温度低时二氧化氯的消毒能力较差，大约 5 ℃要比 20 ℃时多消耗药剂 31%～35%。

1. 二氧化氯消毒的优点

杀菌能力强、消毒快而耐久。投加 0.5～1 mg/L 二氧化氯在 1 min 内能将水中 99%的细菌杀灭。在配水系统中存留时间长，剩余浓度（0.1～0.2 mg/L）就能维持长时间的杀菌作用。

消毒副产物少。二氧化氯与有机物的反应是有选择性的。因此消毒副产物少，不生成四氯化碳、卤乙酸、氯酚等致癌物（在水中溴化物浓度很低的时候，二氧化氯仅有两种消毒的卤化副产物）。二氧化氯与腐殖酸、富马酸、间苯二酚和灰黄霉素反应不会生成有机卤代物，据研究，在投加二氧化氯时，即使其中含1%～2%的自由性氯也未发现三卤甲烷形成，在含氯水中投加少量二氧化氯甚至能有效地抑制三卤甲烷的生成。通常认为采用二氧化氯消毒可减少50%～70%三卤甲烷。总之，二氧化氯消毒几乎不生成挥发性有机氟，生成的总有机氟也比氯消毒时少得多。二氧化氯也不与溴酸盐或次溴酸盐反应生成对健康有害的物质。但当水中溴化物浓度升高时，会生成一系列溴代化合物。

有效的杀灭和水质控制效果。二氧化氯可以有效控制水中铁、锰、色、味和臭，能高效率地消灭和控制原生动物、芽胞、霉菌、藻类和生物膜。

应用pH范围大。二氧化氯应用的pH范围比氯广，在较广的pH范围内（pH 3～10）杀菌性能基本保持不变。这是因为在二氧化氯的消毒形态和消毒过程中氢离子的参与作用不大。当pH变化时，二氧化氯的氧化还原电位基本恒定。

适用的水质范围广。二氧化氯不与氨发生反应，在含有氨的水中投加二氧化氯不会产生折点。故采用二氧化氯消毒氨氮含量高的水仍不影响其全部杀菌能力。消毒效率也不受水的硬度和盐分的影响。

氧化有机物能力强。二氧化氯可将许多有机化合物如腐殖质、三卤甲烷的前体物等氧化成主要以羧基为主的产物（如将酚氧化成醌或支链酸，将苯并芘氧化成醌式结构），有效去除水中的酚类、氰化物、亚硝酸等有害物质，从而降低水的毒性和致突变性。

2. 二氧化氯消毒的缺点

二氧化氯消毒成本较高。二氧化氯消毒的设备投资虽比臭氧、紫外线方法稍低，但要比液氯系统高，使用成本仍然较高，每吨水处理的成本为氯消毒的5倍左右。微污染原水的二氧化氯投加量较大，将导致出水消毒副产物超标，进一步处理这些消毒副产物又将提高消毒成本。

二氧化氯制取设备比较复杂，操作管理要求高。

二氧化氯对某些特殊水质不能适用。例如当水中含有氰化物时可能形成有毒的氯氰化物，处理有机物含量高的水有可能生成非挥发性有机卤化物；某些水中的物质会与二氧化氯反应生成有色产物（例如锰离子能被氧化成高锰酸，一些有机物如羟基化合物能被二氧化氯氧化成有色的醌式化合物），采用二氧化氯处理不当时色度会增加。

二氧化氯的测定方法仍需改进。目前的测定方法都很难同时测定水中不同

形式氯(二氧化氯、次氯酸、亚氯酸和氯酸等)的浓度。

二氧化氯本身及其消毒副产物也有毒性。对水中投加的二氧化氯及其分解产物亚氯酸和氯酸的浓度应予以控制。美国 EPA 消毒剂和消毒副产物法和我国建设部的《城市供水水质标准》(CJ/T206—2005)的水质标准对此都有规定。

### (四)采用臭氧消毒

一般认为臭氧是最强大的消毒剂。臭氧的强氧化性使之有个特殊的杀菌特点:在某个临界浓度以下时消毒效果很差或几乎没有,超过该浓度时杀灭效果显著。

1. 臭氧消毒的优点

氧化能力强,能在消毒的同时处理许多其他的水质问题。臭氧的氧化能力比氯强 50%,在消毒的同时可有效去除或降低复杂的味、臭、色和金属离子的问题。臭氧能将氯化和活性炭工艺无法去除的味和臭去除。但臭氧对源于天然有机物的臭和味的去除效果不明显。臭氧消毒的同时兼有助凝和去除浊度的作用,采用臭氧处理往往可以提高混凝和过滤效果,间接对控制微生物发挥作用。

杀菌效果显著,作用迅速。据称臭氧杀菌比氯快 300～3 000 倍,消毒效率高于常用的液氯和次氯酸钠约 15 倍,强于甲醛,与过氧乙酸相当,消毒接触时间通常只需 0.5～1 min。

臭氧消毒效果受水质影响小。臭氧的杀菌能力受水中的氨含量、温度(0～37 ℃)和 pH (5.6～9.8)影响小,理论上升温时臭氧的杀菌效果会提高,但温度又会影响臭氧的溶解度和分解率,所以温度的综合影响并不明显;臭氧对 pH 的适应范围比氯和二氧化氯都广。当氨浓度低于 5 mg/L 时,对消毒效果影响不大。

广谱高效。臭氧能迅速杀灭细菌和孢子,还能杀灭变形虫,真菌,原生动物,一些耐氯、耐紫外线和耐抗生素的致病生物,如孢囊和一些病毒(包括脊髓灰质炎病毒、烟草花叶病毒等)、贾第鞭毛虫、隐孢子虫、藻类、低级水生生物等,所需的接触时间通常很短。

消毒处理的副作用较小。臭氧在杀菌后被还原成氧,因此能附带提高水中的溶解氧。臭氧本身不会形成卤代消毒副产物,也不产生和加重臭、味;某些用途(如食品、制药和微电子工业)在使用臭氧处理过的水时,无须添加去除参与消毒剂或消毒副产物的工序;投加臭氧也不会在水中产生 pH 的变化,无须另行投加药剂调节 pH。

生产条件简单。一般臭氧的生产采用空气为原料,生产量可用电流控制,不需要运输储存原料，生产可以设备化、自动化，管理方便。

消毒处理的感官作用较舒适。臭氧对于泳池和娱乐用水的消毒不会产生对人体不适的后果。而卤素会使水变色，产生能刺激眼睛、鼻腔和喉咙的化合物，对头发和衣物产生漂白作用等。

消毒处理对健康的影响较小。臭氧能在消毒的同时氧化一部分有机杂质，去除消毒副产物的前体物质，因此能减少后续加氯所产生的消毒副产物。

2. 臭氧消毒的缺点

消毒剂不稳定。臭氧不够稳定，容易自行分解，半衰期短，应就地生产使用。臭氧没有长久杀灭能力，往往还要后续投加其他消毒剂（如氯氨），若采用臭氧作为最终消毒剂则对水源及管网的设计参数要求较高。

消毒系统设备比较复杂。臭氧的生产系统构成设备较多，工艺复杂，运行控制和维护要求高，特别是当气温和湿度较高的时候。因此对操作管理人员的技术水平要求较高。

能耗、投资、成本较高。现场生产的臭氧在水中的溶解度很低，接触设备的臭氧利用率不高，水温较高时臭氧的损失很大；整个臭氧系统往往要消耗很多贵重的材料和金属；臭氧发生设备的能量利用率较低，与传统加氯系统相比较，臭氧的设备投资约增加 5 倍以上，电耗和运行费用比氯高 10～15 倍。

消毒系统应变能力较差。由于臭氧难以储存，所以与加氯比较，水量和水质变化时较难调节臭氧设备的投加量，因此有人认为臭氧比较适用于水量水质稳定的小规模系统，如地下水源水厂。此外含高浓度有机物和藻类的水要消耗较多的臭氧，常需充分预处理以满足臭氧需求。各种不同的有机物对消毒效果的影响有很大的差异。

监测较困难。臭氧不能留下易检测的物质，臭氧分析测定技术没有足够的特异性或灵敏性，因此对工艺进行方便和有效的控制比较难以实施。

空气环境污染的可能性。尾气处理不当有可能形成空气污染。

消毒副产物危害健康的可能性。关于臭氧的各种消毒副产物对健康的危害程度还要进一步深入地研究，在臭氧消毒方法的安全性方面还存在着一些争议。一般臭氧氧化处理的水平并不能使水中的有机物完全无机化，只能将其变成物理化学性质不同的较低分子量的有机物，它们有可能在后续的化学处理过程中生成有害的副产物。例如当原水采用低剂量臭氧处理后生成的消毒副产物可以在后续的氯化（氯氨）处理过程中生成氯代乙酸、水合氯醛、三氯硝基甲烷等；水中的溴离子在被臭氧氧化成溴酸盐后，可能在氯化反应中生成致癌和有致突变

活性的溴氯化合物。另外，低剂量臭氧处理时，一部分反应的中间产物也可能具有致突变活性。

处理水的生物不稳定性。许多实践证明臭氧能将微生物难以降解的大分子有机物分解成容易被微生物利用的小分子，将总有机碳的一部分转换为生物可同化有机碳，如臭氧的氧化产物中各种有机酸和醛类占有重要组成。由于臭氧很容易被消耗掉并转化成有利于生物生长的氧，所以用臭氧消毒的水厂如果没有考虑后续输配水系统中的生物控制措施，管道中就容易滋长微生物，生物不稳定性加强，管网系统中的微生物更多，导致水质恶化（吴一蘩等，2006）。

因此从发展的角度看，在氯、紫外线、二氧化氯和臭氧等主流消毒技术中，紫外线及其组合消毒技术由于其消毒效率高、不产生消毒副产物或产生的消毒副产物少，在给水处理中将有很好的前途。

## 第三节　青岛仙家寨水厂深度净化工艺

2000 年，青岛仙家寨水厂设计规模为 18.3 万 / d。2006 年经二期扩建后，日处理规模达到 36.6 万 t，出水水质满足《生活饮用水卫生标准》。2016 年的三期工程配套建设了相同规模的深度处理工艺。深度处理工艺（图 8-5）采用臭氧 - 活性炭工艺，大大改善了供水水质，对原水中氨氮、亚硝酸盐、微量有机物、消毒副产物等进行了进一步的深度处理，对原水水质恶化、水源出现突发污染事故等情况提供了水质保障，提高了城市供水安全性。

仙家寨水厂的原水取自棘洪滩水库、白沙河以及崂山水库，不同的原水经过两条主干管分别进入厂区的一期和二期一级提升泵房。一期工程中，一级提升泵房将原水提升至南预臭氧接触池，通过与臭氧接触反应，氧化去除水中的微量有机物并降低水的色、臭、味，臭氧接触池出水在进入折板反应池之前，加入聚合氯化铝混凝剂，经静态混合器进行充分混合，然后进入两组折板反应池。在折板反应池内发生絮凝反应，使水中的悬浮胶体微粒相互凝聚，并长大形成絮凝体，俗称矾花。絮凝后的水经穿孔花墙流入平流式沉淀池，依靠絮凝体的自身重力作用与水进行沉降分离。出水通过平流沉淀池末端的指型集水槽收集，流入后续 V 型滤池，沉淀池底部的污泥，通过桁车式刮吸泥机抽出，排入排泥沟中。

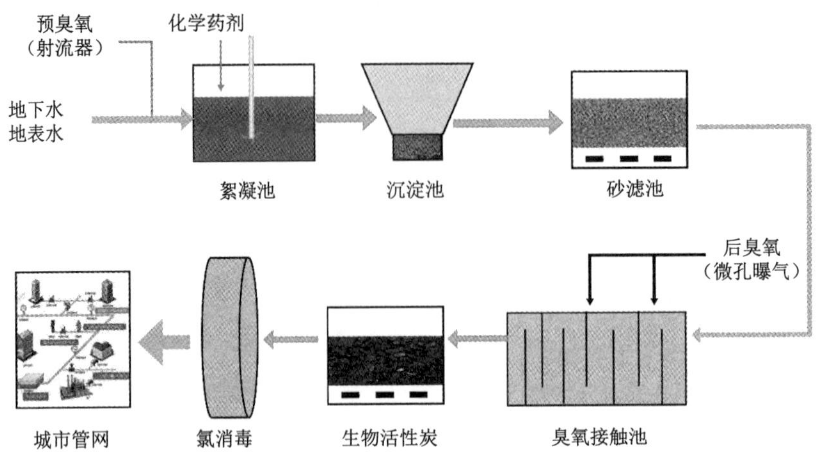


**图 8-5　仙家寨水厂深度处理工艺流程**

二期工程与一期工程不同之处在于，经一级泵房提升进入北臭氧接触池，出水不设静态混合器，直接进入高密度澄清池和后续的斜管沉淀池，在高密度澄清池的混合反应区内发生絮凝反应，利用接触絮凝原理，吸附截留水中的悬浮胶体杂质。水从高密度澄清池混合反应区的底部进入，同时助凝剂亦由此投加，在此区域内水流由絮凝区向沉淀区，再从浓缩区至絮凝区产生一个内循环。絮体在这个循环过程中絮凝、沉淀并分离澄清，在此区域底部设有带栅条的刮泥机，下部污泥一部分被定期排放，泥水在斜管澄清区通过重力沉降作用得以分离，使出水澄清。一期平流沉淀池和二期高密度澄清池的出水分别进入各自后续的 V 型滤池，V 型滤池的均质滤层由底部的承托层及上层的石英砂组成。水自上而下进行过滤，水中的悬浮物、杂质经石英砂滤层截留，降低水的浊度。滤后的出水均自流进入三期工程的中间水池，经水泵提升至后臭氧接触池，在后臭氧接触池中，臭氧与水充分接触混合，一方面杀死水中的细菌和病毒，同时氧化水中的微量有机物。出水自流进入活性炭滤池，活性炭滤层表面会形成一层生物膜，利用活性炭吸附作用和生物膜的生物降解作用可以有效去除水中的有机物，使水质得到深度净化。活性炭滤池出水在进入清水池前的管道中投加液氯消毒剂，以满足管网余氯的要求。清水池的水经二级泵房送至城市给水管网，供给千家万户用于生活和生产使用。

## 思考题

1. 现场观察学校(或家庭)净水直饮机,了解其结构,分析净水的原理,并探讨安装该机器的必要性。

2. 针对原水中的氨氮的去除有哪些方法?

3. 了解青岛市净水厂的深度净水工艺,说明各处理单元的作用以及选择的必要性。

# 第九章
# 城市供水的动脉

## 第一节　输水管渠的布局

城市输水和配水系统是保证输水到给水区内，并且配水到所有用户的所有设施，包括输水管渠、配水管网、泵站、水塔和水池等。从水源到水厂或从水厂输水到相距较远的管网的管道或渠道称为输水管渠。输水管渠在整个给水系统中是很重要的，它的一般特点是距离长，因此与河流、高地、交通路线等的交叉较多。当水源、水厂和给水区的位置相距较近时，输水管渠的定线布置较为简单，但对于几十千米甚至几百千米的远距离输水管渠，定线就比较复杂。

### 一、输水管渠的定线

根据城市总体规划，结合当地地形条件，进行多方案技术经济比较，确定输水管位置；定线时力求缩短线路长度，尽量沿现有或规划道路定线，少占农田，减少拆迁，减少与河流、铁路、公路、山岳的交叉，便于施工和维持；选择最佳的地形和地质条件，努力避开滑坡、岩层、沼泽、侵蚀性土壤和洪水泛滥区，以降低造价、便于管理；规划时考虑近、远期的结合和分期施工。

### 二、输水管渠的规划布置

输水管条数主要根据输水量、事故时须保证的用水量、输水管长度、当地有无其他水源和用水量增长情况而定；水源低于给水区时，须采用泵站加压输水，有的还在输水途中设置加压泵站；水源位置高于给水区时，可采用重力输水；根据水源和给水区的地形高差及地形变化，输水管有重力管和压力管之分。远距离输水，地形起伏变化较大时，采用压力管的较多。重力输水比较经济，管理方便，

应优先考虑；重力管又分为明管和暗管两种。其中暗管主要输送生活饮用水，明渠一般输送浑水。为避免输水管局部损毁时，输水量降低过多，可在平行的2条或3条输水管之间设置通管，并装置必要的阀门，以缩小事故检修时的断水范围。

# 第二节　给水管网的布置

## 一、给水管网的布置形式

给水管网的作用是将输水管线送来的水配送到用户。根据管网中管线的作用和管径的大小，将管线分为干管、分配管（配水管）和接户管（进户管）3种。

干管的作用是输水和为沿线用户供水，管径一般在200 mm以上。给水管网的计算一般只限于干管和干管之间的连接管。

配水管主要把干管送来的水配给接户管和消火栓，管径一般至少100 mm，大城市为150～200 mm，同时供给消防用水的配水管，管径应大于150 mm。

要注意的是，干管和配水管的管径并无明确的界限，需视管网规模而定，大管网中的分配管，在小型管网中可能是干管。大城市可略去不计的分配管，在小城市可能不允许略去。

接户管就是从分配管接到用户的管线，其管径视用户用水的多少而定，但不宜小于20 mm。当较大的工厂或居民小区有内部给水管网时，此接户管则称为接户总管，其管径应根据该厂或小区的用水量来定。一般的民用建筑均用一条接户管；对于供水可靠性要求较高的建筑物，则可采用两条，而且由不同的配水管接入，以增加供水的安全可靠性。

给水管网的布置形式，根据城市规划、用户分布以及用户对用水的安全可靠性的要求程度等，分成为树状管网和环状管网两种形式。

1. 树状管网

树状管网（图9-1）从水厂泵站或水塔到用户的管线布置成树枝状，管径随所供给用水户的减少而逐渐变小。这种管网管线的总长度较短，构造简单，投资较省。但是，当管线某处发生漏水事故需停水检修时，其后续各管线均要断水，所以供水的安全可靠性差；另外，树状管网的末端管线，由于用水量的减少，管内水流速度减缓，用户不用水时，甚至滞流，致使水质容易变坏，而当管网用水量超设计负荷时，末端管网又极易产生负压，为水质污染带来隐患；再者，树状管网易发生水锤破坏管道的事故。所以，它一般适用于用水安全可靠性要求不高的小城镇和小型工业企业中，或者在城市的规划建设初期先采用树状管网，以减少一次投资费用，加快工程投产（汪朔，何成达，2005）。

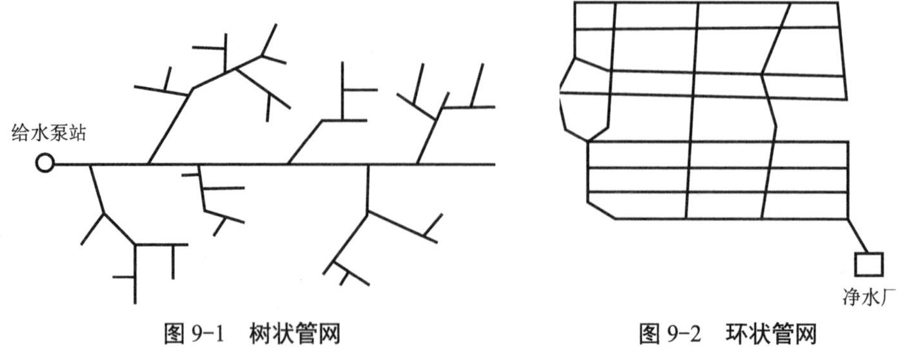


图 9-1　树状管网　　图 9-2　环状管网

2. 环状管网

给水管线纵横相互连接，形成闭合的环状管网（图 9-2）。其特点是任意一条水道都可由其余管道供水，从而提高了可靠性。当任意一段管线损坏时，闸阀可以将它与其余管线隔开进行检修，不影响其余管线的供水，使断水的地区大为缩小；另外，环状管网还可大大减轻因水锤现象所产生的危害。所以，环状管网是具有供水安全高保证率的管网形式。但对于同一供水区，由于采用环状管网管线总长度远较采用树状管网长，故造价明显比树状管网高。

给水管网的布置既要求供水安全，又要求经济，因此，在布置管网时，应考虑分期建设的可能，即先按近期规划采用树状管网，随着用水量的增长，再逐步增设管线构成环状管网。所以，现有城市的配水管网多数是环状管网和树状管网的结合，即在城市中心地区布置成环状管网，而在市郊或城市的次要地区，则以树状管网的形式向四周延伸。在规划时，应以环状管网为主，考虑分期建设时，对主要管线以环状管网搭起供水管线骨架。对于供水可靠性要求较高的工业企业，必须采用环状管网，并用树状管网或双管输水到个别较远的车间（汪朔，何成达，2005）。

## 二、城市给水管网布置的原则

给水的管网布置要求供水安全可靠，节约投资，一般应满足如下要求。

（1）按照城市规划平面图布置管网时，应考虑给水系统分期建设的可能，并留有充分的发展余地。

（2）管网布置必须保证供水安全可靠，宜布置成环状，当部分管网发生事故

时，断水范围应减到最小。

（3）管线遍布在整个给水区内，保证用户有足够的水量和水压。

（4）干管应尽可能布置在高地，保证输水到末端时的压力。输水管和管网延伸较长时，为保证末端水压，可在管网中间布置加压泵房。

（5）生活饮用水的管网严禁与非生活饮用水管网连接。

（6）干管布置的主要方向应按供水主要流向延伸，而供水的流向则取决于最大用水户或水塔等调节构筑物的位置。

（7）为了保证供水可靠，通常按照主要流向布置几条平行的干管，其间用连接管连接。这些管线在道路下以最短的距离到达用水量大的主要用户，以降低管网造价和供水能量费用。干管间距因供水区的大小、供水情况而不同，一般500～800 m要设置控制流量的闸阀，其间不应隔开5个以上的消火栓。

（8）干管一般按规划道路布置，尽量避免在高级路面或重要道路下敷设。管线在道路下的平面位置和高程应符合城市地下管线综合设计的要求。

（9）干管的高处应布置排气阀，低处应设泄水阀，为保证消防安全，干管上应为安装消火栓预留支管，消火栓的间距不应大于120 m。

（10）给水管网按用水量最高时设计，如昼夜用水量差较大、用水高峰期较短，可设置调节水池和泵房夜间蓄水，日间供水。

## 三、城市给水管网敷设

城市给水管线基本上埋在道路、绿地底下，特殊情况时才会考虑敷设在地面。给水管网敷设可以从以下几个方面考虑。

① 水管管顶以上的覆土深度。② 冰冻地区，还要考虑土壤冰冻深度。③ 在土壤耐压力较高和地下水位较低时，可以直接埋在管沟中未扰动的天然地基上。④ 注意城镇给水管道与建筑物、铁路和其他管道水平净距以及相关规定。⑤ 给水管道相互交叉时，其净距不小于0.15 m。⑥ 给水管道穿越铁路和公路时，一般在路基下垂直方向穿越，也可以架空穿越。⑦ 给水管道穿越河川山谷时，可利用现有桥梁架设水管，或者敷设倒虹管，或者建造水管桥。

## 四、管网附件

城市自来水供水管网除了输水管、配水管、专用水管以外，还应设置各种附件，以保证管网的正常工作。

管网的附件主要有调节流量用的阀门、供应消防用水的消火栓，还有控制水流方向的单向阀、安装在管线高处的排气阀和安全阀等（严熙世，范瑾初，1999）。

1. 阀门

阀门用来调节管线中的流量或水压。阀门的布置要数量少而调度灵活。主要管线和次要管线交接处的阀门常设在次要管线上。承接消火栓的水管上要安装阀门。

阀门的口径一般和水管的直径相同，但当管径较大以致阀门价格较高时，为了降低造价，可安装口径为0.8倍水管直径的阀门。

2. 止回阀

止回阀是限制压力管道中的水流朝一个方向流动的阀门。阀门的闸板可绕轴旋转。水流方向相反时，闸板因自重和水压作用而自动关闭。止回阀一般安装在水压大于196 kPa的泵站出水管上，防止因突然断电或其他事故发生时水流倒流而损坏水泵设备。

在直径较大的管线上，例如工业企业的冷却水系统中，常用多瓣阀门的单向阀，由于几个阀瓣并不同时闭合，所以能有效地减轻水锤所产生的危害。

3. 排气阀和泄水阀

排气阀安装在管线的隆起部分，使管线投产时或检修后通水时，管内空气可经此阀排出。平时排除从水中释出的气体，以免空气积在管中减小过水断面积和增加管线的水头损失，长距离输水管一般随地形起伏敷设，在高处设排气阀。

一般采用的单口排气阀，垂直安装在管线上。排气阀的口径与管线的直径之比一般采用1∶12～1∶8。排气阀放在单独的阀门井内，也可和其他配件合用一个阀门井。

在管线的最低点需安装泄水阀，它和排水管连接，以排除水管中的沉淀物以及检修时放掉水管内的存水。泄水阀和排水管的直径，由所需放空时间决定。放空时间可按一定工作水头下孔口出流公式计算。为加速排水，可根据需要同时安装进气管或进气阀。

4. 消火栓

消火栓分为地上式和地下式，一般后者适用于气温较低的地区。每个消火栓的流量为10～15 L/s。

地上式消火栓一般布置在交叉路口消防车可以驶近的地方。地下式消火栓安装在阀门井内。

# 第三节 青岛的给水管网

## 一、供水管网

### (一)青岛市供水管网现状

青岛市自来水供水管网主要由输水管、配水管、专用水管以及截止阀、排气阀、泄水阀和消火栓等管网附件构成。

输水管是指从净水厂至贮配水池的水管,配水管是指净水厂或贮配水池直接向用户供水的水管,专用水管是指从输、配水管分支引入用户表池的管道。青岛市市区供水管网总长度 1 722 km,其中输水管 396 km,配水管 955 km,专用管 371 km。

青岛市地势东高西低,城市布局南北狭长;市区内丘陵连绵,建筑物高低差悬殊;水源地主要集中在城市北部,且距离市区较远。为此,采取分区分压供水方式,将整个给水系统分成区位,每区有泵站和管网,各区之间互相联系,以保证供水安全可靠和灵活调度。

青岛市市内供水区大致划分为 3 个:海泊河以南为第一供水区,海泊河至李村河之间的区域为第二供水区,李村河以北为第三供水区。青岛市市区采取分区分压的供水方式,每个供水区设有泵站,共 16 座加压泵站,调节管网压力,确保安全供水。为保证高地供水有足够的压力,又不使低处压力过大,配水管网的压力标准为在高压区 50 m 高程,低压区 30 m 高程,供水压力不低于 0.15 MPa。

青岛市内共有输水干管 8 条,分别是仙家寨水厂至河西加压站 2 条(直径分别为 1 200 mm、1 000 mm),仙家寨水厂至李村加压站 1 条(直径 1 200 mm),白沙河水厂至闫家山加压站 2 条(直径均为 1 000 mm),白沙河水厂至四流路加压站 1 条(直径 1 000 mm),崂山水库至青岛山加压站 1 条(直径 800 mm,亦称“A 管”),崂山水库至哈尔滨路 1 条(直径 800 mm,亦称“B 管”)。

以上 8 条主输水干管与已经成环状闭合的配水管道,构成青岛市区供水网络。1 000 mm 管道为铸铁管和“一阶段预应力”水泥管,1 200 mm 管道均为“一阶段预应力”水泥管。

青岛市城市供水已有百余年历史,截至 2014 年底,在市财政的支持下,已改造完成约 300 km 供水管道。但是,据统计仍有 200 km 管道存在严重老化、供水安全可靠性低、枝状管道、系统不完善等问题。这些管道敷设年代早,而且主要集中在人口密集的老市区，大部分为灰口铸铁管、预应力钢筋混凝土管和UPVC管，耐冲击力差，爆管现象时有发生，影响用户的水质水压。按照《国务院办公厅关于加强城市地下管线建设管理的指导意见》（国办发〔2014〕27号）关于改造使用年限超过50年、材质落后和漏损严重的供排水管网的要求，仍需继续改造老旧供水管网。

### （二）青岛市供水管网的改造

2015年，青岛市海润自来水集团有限公司对市内供水管道情况进行了梳理调查，发现下列几处供水管道需进行改造更换。改造前各管道状况如下：

（1）少山路（古镇路—君峰路）位于李沧区，改造前为DN200、DN100灰口铸铁管道，总长约840 m，建于1986年，位于北侧车行道。该管道为原李沧自来水时期建设管道，管材质量较差，且因使用年久、锈蚀严重且管径偏小，已不能满足周边用户用水需求，需要进行扩径更换。

（2）东山商城路（中崂路—东山五路）位于李沧区，改造前为DN200灰口铸铁管道，长约510 m，建于1995年，位于东山商城东侧步行街。该管道为原李沧自来水时期建设管道，管材质量较差，因使用年久、锈蚀严重且管径偏小，高峰期高点用户供水压力不足，需要进行扩径更换。

（3）济南路（中山路—泰安路）位于市南、市北区，改造前为DN300灰口铸铁管道，总长约730 m，建于1986年，位于南侧车行道。该管道使用年久、管道锈蚀严重，影响周边用户供水压力及水质，需要进行改造更换。

（4）港连路（北海分局—潜二支表池）位于市北区港务局范围内，改造前为DN250灰口铸铁管道，总长约1 160 m，建于1985年，位于道路中间。该管道使用年久、管道质量差，经常漏水维修且为淘汰管径，无备件，维修时需定制管件，延长维修时间，需进行改造更换。

（5）南宁路（山东路西侧路口）位于市北区，该路口处现状无给水管道，南宁路管道在该处为枝状、单向。南宁路改造前为DN300球墨铸铁管道，于2009年改造新建，但在山东路口处约70 m管道一直未实施。为确保南宁路供水管网系统完善，形成环路供水，提高南宁路山东路口周边用户水质水压，建议将该管道建设完善。

城区管网存在管径小、材质差、安装质量不好等问题，致使部分城区供水水压不正常，而且漏损、爆管事故频发，给社会和人民财产造成巨大的损失。更换部分老化和漏损严重的管道是必须的也是最有效的方法。这样可进一步完善城

市供水管网系统，扩大供水区域，提高人民的生活质量，改善投资环境，减少漏失水量，对促进青岛市经济社会进一步发展是非常必要的。

## 二、贮配水池

青岛市区丘陵连绵，地形高低悬殊。建造高地贮配水池送水，是青岛城市供水的一个特点。青岛市市区贮配水池分高位水池、低位水池。高程 30～50 m 为低位水池，高程 50 m 以上为高位水池。贮配水池在供水过程中起到既贮又配的作用，水厂送水沿途使用后余下的水，暂贮到水池中，当用水到高峰时，水池内的水自行流入配水管中。青岛全市共有贮配水池 15 座，总贮水量达 15 万 $m^3$。如表 9-1 所列。

**表 9-1　青岛市市区贮配水池概况**

| 水池名称 | 位置 | 总容量（$m^3$） | 池深（m） | 水位（m） | 池底高程（m） | 水池形状 | 占地面积（$m^2$） |
|---|---|---|---|---|---|---|---|
| 观象山水池 | 观象山顶 | 400 | 4.5 | 4 | 74.36 | 正方形 | 1 300 |
| 贮水山水池（东池） | 贮水山路 10 号 | 2 000 | 4.5 | 3.5 | 68.236 | 长方形 | — |
| 贮水山水池（西池） | 贮水山西 | 4 000 | 3.68 | 3.5 | 68.236 | 扇形 | — |
| 四方山水池 | 北岭山顶 | 30 000 | 6.5 | 6 | 82.74 | 圆形 | 10 000 |
| 楼山水池 | 四流北路 | 20 000 | 7.1 | 6 | 72.73 | 圆形 | — |
| 青岛山（京山）水池 | 广饶路 129 号 | 24 000 | 13 | 12 | 46 | 圆形 | 11 519.09 |
| 佛涛山水池 | 郧阳路 | 10 000 | 4 | 3.8 | 56 | 扇形 | — |
| 太平山水池 | 九水路 | 15 000 | 5 | 4.7 | 77 | 长方形 | 15 502.7 |
| 孤山水池 | 湖清路 21 号 | 10 000 | 5 | 4.7 | 59 | 长方形 | 8 724.36 |
| 大学高位水池 | 宁德路 | 5 000 | 5.5 | 5 | 100 | 长方形 | 7 390.36 |
| 大学低位水池 | 宁夏路 290 号 | 5 000 | 5.5 | 5 | 52 | 长方形 | — |
| 北山水池 | 福州北路 87 号 | 5 000 | 5 | 4.7 | 100 | 长方形 | 4 488.91 |
| 牛毛山水池 | 重庆中路 306 号 | 15 000 | 5 | 4.7 | 40.7 | 长方形 | 24 198.76 |
| 伏龙山水池（高位） | 伏龙山路 1 号 | 1 178 | 12.5 | 12 | 87.5 | 圆形 | — |
| 伏龙山水池（低位） | 伏龙山路 1 号 | 205.75 | — | — | 52.3 | 长方形 | — |

## 三、给水中存在的主要问题

### （一）本地水源不足，供水缺口较大

2020年，青岛市城市需水量8.89亿 $m^3$（243.5万 $m^3/d$），现状城市供水水源能力5.60亿 $m^3$（153.4万 $m^3/d$），缺水3.29亿 $m^3$（90.1万 $m^3/d$）；现状城市供水水源无法满足2020年的用水需求。展望2030年，预测城市需水量11.86亿 $m^3$（325万 $m^3/d$），缺水6.26亿 $m^3$（171.6万 $m/d^3$）（李文强等，2021）。这仅仅是正常年份供水缺口，干旱年份缺水更为严重。

### （二）供水骨干水源薄弱

青岛市客水调蓄过度依赖棘洪滩水库，城市供水骨干水源单一。棘洪滩水库是目前唯一的客水调蓄水库，安全风险较高。随着青岛市客水需求量的不断加大，渠道供水能力不足和水库调蓄能力弱的问题已经越来越突出。引黄济青改扩建工程完成后，设计日供水量也仅达到71万 $m^3$，远小于青岛市目前的日客水需求量。而且仅靠棘洪滩水库调蓄，一旦水库出现问题，将严重影响青岛市的城市供水安全，原水和水源配置工程的分散式管理给工程建成后的运营管理带来困难。各工程权属分散，运营主体不一，势必也给原水分配带来较大的不利影响，不利于工程效益的有效发挥。

### （三）村镇污水收集及供水能力不足

青岛市大中型水库主要向城镇供水，农村灌溉用水指标被严重挤占，大多水库灌区名存实亡。农村地区生活污物的随意排放，使污染物沿河道下渗，或直接渗入地下，造成地下水源中含氮量增加。根据青岛市农村供水实际情况，对照饮水安全标准，结合卫生部门和供水管理单位近年来的情况分析，青岛市4 000余个村庄基本保障饮水安全；1 500余个村庄水质、水量不稳定，丰水期相对较好，枯水期水质水量影响较大。

## 四、措施及建议

### （一）构建多渠道城乡供水水源大格局

应树立“客水为主、当地水为辅”的用水原则，加强客水调引，尽快构建“南北贯通、蓄引结合、库库相连、主客联调、海淡互补”的水源调配体系。坚持恢复

自然连通与人工连通相结合，加强库库、库河、河河连通工程建设，构建布局合理、生态良好，循环通畅、蓄泄兼筹、丰枯调剂、余缺互补、优化配置、高效利用的现代水网，保护河湖湿地水源涵养空间，增强水资源调配能力，恢复河湖生态系统及功能。

要实施大中型水库清淤和库库连通工程，提高水库调蓄能力，新建拦蓄工程并对现有水库进行增容，加大雨洪资源利用；加快海水淡化利用，争取开展海水淡化试点示范，推进海水淡化水进入市政供水管网，加大城市再生水利用，推进再生水厂项目建设及配套设施管网化、扩大再生水利用范围，推进水资源循环利用，建议科研部门开发新技术、新工艺，继续扩大污水回用率；今后一个时期，随着产业布局与经济结构调整、基础设施完善、科技进步、体制机制创新等，节水能力、水资源有效供给能力将大幅提升，应建议政府实施节水优先政策，推广应用节水技术，推进海绵城市建设，建设节水型社会。

### （二）建设供水骨干水源

加快完善南水北调配套工程建设及实施青岛市黄水东调承接工程，官路水库等调、蓄、引工程建设，尽快实现客水“双路供水、双库调蓄”格局，确保引黄引江等外调水供水安全，用足用好黄河水、长江水，事关全青岛市经济社会持续健康发展大局。规划规模为大型的官路水库建成，不仅将改变青岛市客水调蓄过度依赖棘洪滩水库的不利形势，还将从根本上扭转青岛市城市供水骨干水源单一的严峻局面。同时争取解决目前长江水与黄河水共用引黄济青渠道的“卡脖子”问题，提高黄河水、长江水的输送能力。

### （三）完善农田灌溉和农村供水设施建设

因地制宜选择分散、连片或集中等污水处理模式，保证村镇污水处理技术合理、经济可行。应结合特色农业、设施农业建设，加强喷灌、滴灌、微灌等高新节水灌溉技术的推广应用。加强农田防洪、排涝设施建设，畅通防洪排涝沟渠，做到旱能浇、涝能排。进一步加大集中供水、联村供水工程建设和城市供水管网延伸、改造力度，提升农村规模化供水程度。加强农村饮用水后备水源地建设，完善水质净化处理措施，制定突发供水事件应急预案，确保农村饮水水质、水量安全。

### （四）加大水生态治理力度

青岛市污水处理厂排放标准基本采用一级 A，仅相当于地表劣Ⅴ类水，不仅影响观瞻和嗅觉，利用价值还不大，大多被直接排掉，造成水资源的极大浪费。青岛市应借鉴北京等地提高污水处理厂排放标准的做法，总结推广已建成运行的张村河水质净化厂排放水在我市率先达到Ⅴ类水标准的经验，全面提升全市水处理厂的排放标准（李文强等，2021）。要加大再生水的重复利用，可铺设再生水厂至河道上游、湖泊的管线，使整条河道、湖泊常年有清水、可亲水、能利用。

## 思考题

1. 比较给水过程中树状管网与环状管网的优缺点，分析当前你所在城市使用的是哪类管网形式？

2. 贮配水池是给水系统中的重要组成部分，请以青岛市为例，说明其作用。

# 第三篇 污水处理

污水，是指被污染了的水，强调其脏的一面，一般指污染较为严重、有机质含量高的水，宜采用生物法处理，如建筑排水中的便器排水、工业生产污水、初期雨水等。废水，指因废弃而外排的水，强调废弃的一面，一般还是较为清洁的，容易被二次利用，如建筑排水中的洗浴、盥洗、洗衣、厨房、泳池等排水，工业排水中的冷却循环水、后期的雨水，废水中有机质含量低，不宜采用生物法处理。而城镇污水一般指城镇中排放的各种污水和废水的统称，它由综合生活污水、工业废水和入渗地下水三部分组成。在合流制排水系统中，还包括被截留的雨水。

污水处理技术是指采用物理、化学或生物处理方法对污水进行净化，并使出水达到排放标准或再次利用标准的全过程。其具体包括污水收集、污水输送、污水处理厂处理、污水排放及回用等步骤。污水处理技术的发展对城市水资源安全有着不可忽视的作用，已被广泛应用到建筑、农业、交通、能源、石化、环保、城市景观、医疗、餐饮等各个领域。污水处理工艺的不断革新也是人类对高水平生活有着崇高追求的最佳诠释。

长期以来，污水的收集和输送经历了较为系统的发展和演变，特别是城市排水系统，已随着时间的推移经历了数次变革，当代城市排水系统从雨污合流制逐渐向雨污分流制过渡。其中，青岛市的排水系统是雨污分流制的典型代表。管道系统收集的污水会输送到污水处理厂进行一级、二级和三级处理，不同的污水处理级别包括不同的工艺与技术。污水处理厂的建设对青岛市的经济、社会与环境产生了积极的影响，典型的污水处理厂如海泊河污水处理厂、麦岛污水处理厂对青岛市的水环境安全、水资源保护以及污水安全回用起到重要保障作用。污水处理完成后会根据不同的用途进行排放或者回用，当然，排放和回用都要满足相关的标准，才不至于对环境造成危害。本篇共分为四章，主要以青岛市为例，分别介绍了污水处理概述、污水的收集与输送过程、青岛市污水处理厂以及三级污水处理技术。

# 第十章 污水处理概述

## 第一节 污水处理的重要意义

水是维系生命的基本物质，人类的生存及人类文明的出现和进步总是和水联系在一起的。水也是工业生产的血液，在制造、加工、冷却、净化、空调、洗涤、环保等方面发挥着重要的作用，几乎参与了工业生产的所有环节。

纯净的水是由氢、氧两种元素组成的，在常温常压下为无色无味的透明液体。然而，在水的循环过程中，特别是在其社会循环过程中，水质会发生变化影响其使用功能，造成水污染，同时对水环境及生态系统产生危害。因此，需要进行处理使其达到水的生活饮用、工业利用、循环回用及水体排放等标准要求。污水处理即采用物理、化学和生物手段，将水中的各种污染物和病原微生物去除，恢复水质基本功能的过程。污水处理达标后，可以极大降低对环境的不利影响，促进人与自然的和谐、可持续发展。未处理污水进行排放会造成大量环境问题，比如对地表水与地下水的影响、对土壤作物的影响、对海洋环境的影响，同时也会造成水资源的浪费，不利于水资源的循环。

### 一、降低对环境的影响

2017 年修订的《中华人民共和国水污染防治法》中说明：水污染即指“水体因某种物质的介入而导致其物理、化学、生物或者放射性等方面特性的改变，从而影响水的有效利用，危害人体健康或破坏生态环境，造成水质恶化的现象”。工农业的飞速发展，带来了巨大的环境问题，产生了一系列的严重后果，甚至是灾难性事件。

早在 18 世纪，英国由于只注重工业发展，而忽视了水资源保护，大量的工业

废水废渣倾入泰晤士河，使其当时基本丧失了利用价值。19 世纪初，德国莱茵河也发生严重污染，德国政府为此采用严格的法律和投入大量资金致力于水资源保护，经过数十年不懈努力，才使莱茵河碧水长流，达到饮用水标准。

我国水污染也与工业的发展密切相关，而工业废水具有污染物种类多、危害大等特点，对水环境影响较大。人类活动所排放的各类污水是水体主要污染源，有些污水、废水由管道收集后集中排放，称为点源污染；而大面积的农田地面径流或雨水径流也会对水体产生污染，由于其进入水体的方式是无组织的，通常被称为面源污染（张文启等，2017）。污水处理作为解决水环境问题的重要方式，在降低污水对环境的影响方面发挥了重要作用。

在水污染治理的同时，必须要严格控制污水的排放，从污染源头做起。然而，目前污染排放控制仍面临许多难题，有些地区甚至引发环境事件。一些污染问题，比如地表水和地下水污染、土壤污染、海洋环境污染依旧深刻影响着人们的生产与生活。

1. 降低对地表水、地下水环境的影响

水是生命之源，是地球上所有生物赖以生存和发展不可缺少的物质。其中，地表水是河流、湖泊、水库、沼泽、冰川等水体的总称，是人类生活、生产的主要水源，其水质直接影响人们的生活、工业的发展和人类社会的进步。地下水是地球水资源一种存在形式，指储存地表以下岩石孔隙中的水，也是水循环中极为重要的一个环节。地下水具有水量稳定、水质好的特点，多用于农田灌溉、工厂、生活用水等，可以说地下水是人们重要水资源之一。

近年来，随着我国城市化、工业化进程的加快，城市生活污水和工业废水的排放量逐年增加，造成全国大部分城市河段均不同程度地受到了污染。在地表水受到污染以后，人们的目光逐渐转向地下水，然而生产生活需要大量的水资源，有限的地下水资源已经无法满足需要。而且，大部分地区的地下水也受到了人类活动的影响，如硝酸盐或铁锰含量严重超标（李琳莉，2021）。而污水处理可以大幅度降低污水对地表水和地下水水质的影响，保证人们的健康。

污水河流处理是人类最早采用的污水处理方法，即通过足够长的河流自净过程（>30 km）完成污水的处理。河流自净（图 10-1）是指水体能够在其环境容量范围内，通过水体的物理、化学和生物等方面的作用，使排入的污染物浓度和毒性随时间的推移，在向下游流动的过程中逐渐降低，经过一段时间后，水体将恢复到受污染前的状态。也就是说，水体的自净能力是有限度的。影响水体自净能力的因素很多，主要有水体的地形和水文条件、水中微生物的种类和数量、水温和水中溶解氧恢复(复氧)状况、污染物的性质和浓度(朱蓓丽，2016)。随着地表水污染的加剧和许多新型污染物的加入,河流自净显然无法满足当今人们对水质的要求,同时也导致一些水污染事件。

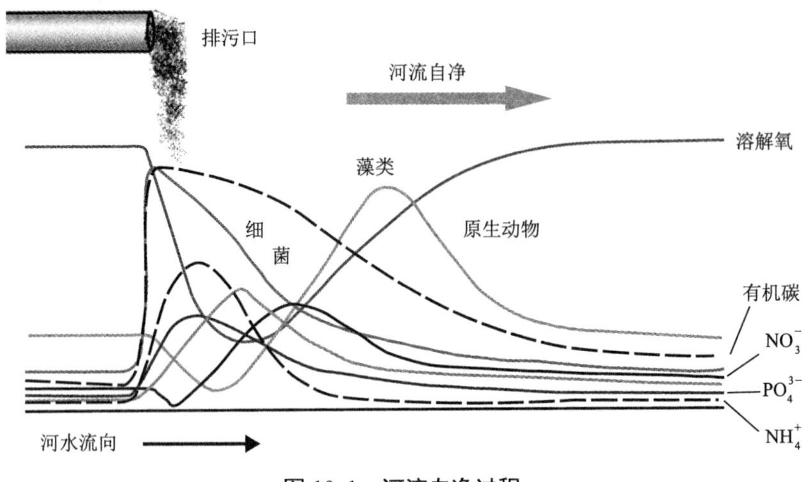


**图 10-1　河流自净过程**

(1) 水媒疾病的暴发。

水是微生物广泛分布的天然环境,也是传播各种水源性疾病的媒介。水媒疾病就是以水为媒介的传染病,是由于饮用或者接触病原体污染的水而引起的一类传染病,包括霍乱、伤寒等。霍乱是由霍乱弧菌引起、经口感染的急性肠道传染病,常经水、食物、生活接触或苍蝇等而传播。经水传播是最主要的传播途径,历次较广泛的流行或暴发多与水体被污染有关。19 世纪,霍乱 6 次大流行。第一次始于 1817 年,当时霍乱起于印度,传到阿拉伯地区,然后到了非洲和地中海沿岸;在 1826 年的第二次大流行中,它抵达阿富汗和俄罗斯,然后扩散到整个欧洲;第三次大流行,它漂洋过海,1832 年抵达北美。20 年不到,霍乱就成了“最令人害怕、最引人注目的 19 世纪世界病”。到 1923 年的百余年间,霍乱 6 次大流行,造成损失难以计算,仅印度死亡者就超过 3 800 万。

(2) 河流湖泊污染。

根据《2020 中国生态环境状况公报》,我国长江、黄河、珠江、松花江、淮河、海河、辽河七大流域和浙闽片河流、西北诸河、西南诸河主要江河监测的 1 614 个水质断面中Ⅰ～Ⅲ类水质断面占 87.4%,比 2019 年上升 8.3 个百分点;劣Ⅴ类为 0.2%,比 2019 年下降 2.8 个百分点,表明我国河流水质状况(表 10-1)较上一年度有所改善,但仍存在劣Ⅴ类水。同时,虽然大江大河水资源保护启动,但是

主要流域支流河才是重灾区，且面源污染难以遏制。

**表 10-1　2020 年我国七大流域与部分区域水质状况（2020 年中国生态环境公报）**

| 流域 | 水质状况 | Ⅰ～Ⅲ类水质断面占比（%） | 劣Ⅴ类水质断面占比（%） |
| --- | --- | --- | --- |
| 长江流域 | 优 | 96.70 | 0 |
| 黄河流域 | 良好 | 84.70 | 0 |
| 珠江流域 | 优 | 92.70 | 0 |
| 松花江流域 | 良好 | 82.40 | 0 |
| 淮河流域 | 良好 | 78.90 | 0 |
| 海河流域 | 轻度污染 | 64.00 | 0.60 |
| 辽河流域 | 轻度污染 | 70.90 | 0 |
| 浙闽片河流 | 优 | 96.80 | 0 |
| 西北诸河 | 优 | 98.40 | 0 |
| 西南诸河 | 优 | 95.20 | 3.20 |

注：地表水水域分为Ⅰ～Ⅴ类水域，其功能和类别详见表 12-2。

对于湖泊来说，伴随流域经济的快速发展，过量氮（N）、磷（P）等污染物持续入湖，因湖水为相对静止的水体，更容易造成富营养化，导致我国湖泊水污染及富营养化较为严重（表 10-2）。根据《2020 年中国生态环境状况公报》，在我国监测的 112 个主要湖（库）中，水质达到Ⅰ～Ⅲ类的湖（库）占比为 76.8%，同比上升 7.7 个百分点。劣Ⅴ类的湖（库）占比为 5.4%，同比下降 1.9 个百分点。在开展营养状态监测的 110 个主要湖（库）中，贫营养占 9.1%，中营养占 61.8%，轻度富营养占 23.6%，中度富营养占 4.5%，重度富营养占 0.9%。

**表 10-2　2020 年我国重要湖泊（水库）水质（2020 年中国生态环境公报）**

| 湖（库） | 水质状况 | 富营养状态 | 主要污染指标 |
| --- | --- | --- | --- |
| 太湖 | 轻度污染 | 轻度富营养 | TP |
| 巢湖 | 轻度污染 | 轻度富营养 | TP |
| 滇池 | 轻度污染 | 中度富营养 | $COD_{Mn}$、TP |
| 丹江口水库 | 水质优 | 中营养 | $COD_{Mn}$、TP |
| 漳河水库 | 水质优 | 贫营养 | $COD_{Mn}$、TP |
| 三门峡水库 | 水质良好 | 中营养 | $COD_{Mn}$、TP |

续表

| 湖(库) | 水质状况 | 富营养状态 | 主要污染指标 |
| --- | --- | --- | --- |
| 莲花水库 | 轻度污染 | 轻度营养 | $COD_{Mn}$、TP |
| 洱海 | 水质优 | 中营养 | — |
| 丹江口 | 水质优 | 中营养 | — |
| 白洋淀 | 轻度污染 | 轻度富营养 | $COD_{Mn}$、TP、$COD_{Cr}$ |

注:TP 指总磷含量,是水体是否营养化的指标。$COD_{Cr}$ 或者 $COD_{Mn}$ 指化学需氧量,表示水体中污染物含量。

正确认识我国地表水污染现状并采取及时有效的防治措施,对于提高人民生活水平、发展国民经济和保护生态环境均具有重要意义。针对目前我国地表水体污染现状,有必要对其进行源头控制,并采取合适的技术方法对其进行处理与修复。此外,为更好地开展地表水污染防治工作,还应辅以行政、经济、法律和宣传等相关手段。

源头控制。主要通过采取一些措施从源头上减少污染物排入水体,比如减少污染排放、污水截排处理、提高污水处理水平、完善垃圾管理制度、加强农村水环境污染控制。

物理修复。若将常用的水体污染物理修复法用于地表水体污染防治,需根据当地的水文地质、水质水量、环境气候、经济技术等实际情况进行适当调整,或对处理设施、构筑物和处理工艺进行改进、改良,以期能够强化地表水体的生态修复效果。常用的地表水体污染物理修复方法有人工增氧、调水稀释、底泥疏浚、机械除藻等。

化学修复。化学修复技术在河道污泥处理应用方面已经较为成熟,但在地表水污染治理中,因化学药剂的投放剂量难以控制,若化学药剂投放量不当,可能会造成水体的二次污染,故该技术一般只作为应急措施使用。常用的两种化学修复技术是营养盐固定技术和化学除藻技术。

生物/生态修复。生物/生态修复技术集污水处理、城市景观、休闲游憩等功能于一体,不仅可以保障良好稳定的地表水体生态,还能有效减少土地(尤其是优质耕地)占用率,提高水资源利用率,缓解水资源危机。常用的生物/生态修复技术有人工湿地、生物除藻等(刘玉灿等,2021)。

(3)地下水污染。

在人为影响条件下,如果地下水环境的物理、化学或生物特征等发生了不利

于人们生活及生产的改变，即地下水水质向着恶化的方向发展，则称之为地下水污染。因此，判断地下水环境是否被污染需要同时符合以下三个前提条件：第一，水质是向着恶化的方向进一步发展的；第二，这些变化都是由人类活动所造成的；第三，地下水是否被污染的判断标准为地区背景值，高于这个背景值的，就可以称为污染。

地下水污染具有三个重要的特点。① 延缓性。在污水渗入过程中受到土壤的各种物理作用、化学作用及生物作用，将会在时间上和空间上延缓潜水含水层的污染。同时，由于地下水流动缓慢，加上地下水在含水层中所形成的不同效应，因此地下水污染的扩散过程也是非常缓慢的。② 隐蔽性。地下水因为本身存在的地方不同，产生环境污染的现象相对不容易被人类察觉到，所以它具有一定的隐蔽性。在一般的情况下，地表水环境被污染后人们能够通过对地表水的臭、味、色泽等进行观测，从而发现水质污染的情况。但是地下水环境被污染后却难以发现。正因为这一特点，人们很容易饮用被污染的地下水，从而对健康产生巨大的负面影响。③ 不可逆性。不可逆性主要由于地下水存在的地方都是在地底下，所以它的流动性以及本身的净化能力都比较微弱，如果出现地下水被污染必然是已经过了十多年或者是数十年的时间了，这给地下水的管理增加了很大的难度。所以政府在对地下水资源实施监督管理的过程中，就必须对地下水污染的防治管理工作实施重点监督管理，也只有如此才可以降低地下水被污染的概率，进而降低地下水排污管理的难度（李琳莉，2021）。

结合地下水污染的特点，不难看出地下水污染问题的严重性，我们需要重视地下水污染问题，找到地下水污染的源头，正确处理地下水污染源，并采取相应的防治对策积极应对。

（4）水污染事件。

水污染事件是环境事件中发生数量最多的事件类型，2002—2017 年发生的重特大环境事件类型中水污染高达 76%（图 10-2）。水污染事件一般是污染物进入河流、湖泊等饮用水源地，对居民饮水和周边生态环境造成影响，且影响范围较广。水污染事件造成的具体影响有河流污染、城镇停水、农田污染、鱼类死亡、生态环境污染、乡村居民中毒、造成跨界污染等（王世汶等，2019）。

松花江重大水污染事件。2005 年 11 月 13 日中石油吉林石化公司双苯厂苯胺车间发生爆炸事故。在爆炸发生以后，大约 100 t 苯类物质（苯、硝基苯等）流入松花江，造成了江水严重污染，使沿岸数百万居民的生产生活受到影响。这次爆炸导致松花江江面上产生一条长达 80 km 的污染带，污染带主要由苯和硝基苯组成，当通过哈尔滨市时使该市经历长达五天的停水，这次水污染事件无疑是一起重大工业灾难。

水俣病事件和骨痛病（痛痛病）事件。作为八大公害事件之中的两个，水俣病是由于大量摄入高浓度甲基汞污染的鱼从而导致神经系统中毒。痛痛病是人们长期饮用含重金属“镉”的河水或食用浇灌含镉河水的水稻以及河里含镉的鱼虾，使镉通过食物链在人体中富集，出现骨骼严重畸形、剧痛，身长缩短，骨脆易折等病症。

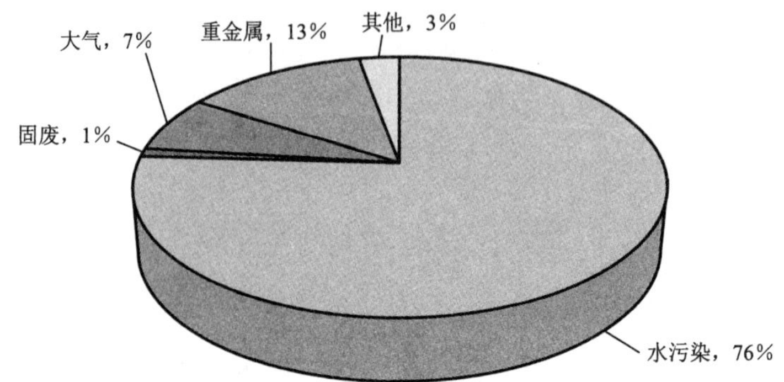


**图 10-2　2002—2017 年中国重大环境事件类型（王世汶等，2019）**

以上水污染事件只是众多水污染事件的冰山一角，针对各种频发的水污染事件，我们需要进行环保宣传、讲道理，改变人们的环境伦理观，当环保与经济效益冲突时，必须立法保护水资源，强制执行。对于日常排放的污水，有效的污水处理措施可以降低地表水和地下水中污染物的含量，减少对水环境的影响，尽可能减少各种水污染事件和水污染现象的发生。

2. 降低对土壤环境的影响

城市污水所含重金属超标，采用污水对农田进行浇灌，将导致土壤被重金属污染，与此同时，我国部分地区大气中所含金属也超标，通过降雨的方式也在一定程度上加剧了土壤的重金属污染问题。因此，土壤污染中最典型的问题就是土壤重金属超标问题。

2014 年，环保部与国土资源部联合发布的《全国土壤污染状况调查公报》显示，全国土壤调查点位中，耕地部分的污染比例达 19.4%，接近 1/5 的比例。也有调查表明，近 20 年来，我国粮食主产区耕地土壤重金属污染呈上升趋势，点位超标率从 7.16% 增加至 21.49%，提高了 14 个百分点（尚二萍等，2018）。污染物以镉（Cd）、镍（Ni）、铜（Cu）、锌（Zn）和汞（Hg）为主，导致粮食作物中的重金

属含量超标，南方粮食主产区土壤重金属污染重于北方。对此，土壤污染的修复治理工作亟须进行，为现代城市绿色可持续发展战略和农业健康发展提供有力保证。

土壤重金属污染，顾名思义，就是土壤中重金属的含量过高且长时间未得到有效处理所产生的污染情况。如前所述，土壤重金属污染，往往是由于采用含重金属的污水浇灌农田土壤造成的。使用污水浇灌土壤是人们早期发展起来的利用土壤处理有机污水的技术，即污水土地处理技术。该技术是在人工调控下，在农田灌溉的基础上利用土壤—微生物—植物组成的生态系统使污水中的污染物得到净化的处理方法。其发展可追溯到雅典时期的污水灌溉习惯，直到 16 世纪德国出现了污水灌溉农业，19 世纪 70 年代这种方法传到了美国。随着时间的推移，污水土地处理技术逐渐发展为五种类型：慢速渗滤、快速渗滤、地表漫流、湿地和地下渗滤系统。土地渗滤污水处理是一种利用土壤的过滤作用与微生物的分解作用处理污水的技术。其中，慢速渗滤（图 10-3）是指让污水慢慢经过土地，通过自然渗透过滤的作用而使污水得以净化的水处理工艺。

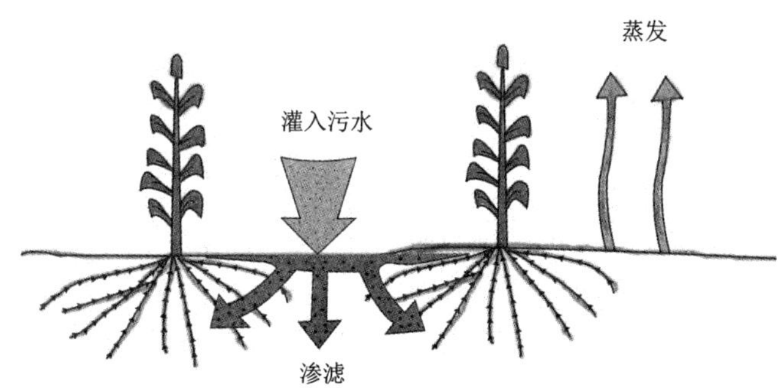


图 10-3 慢速渗滤

快速渗滤（图 10-4）是在重力的作用下，在污水向下渗滤的过程中，在过滤、沉淀、氧化、还原、硝化、反硝化等一系列物理、化学及生物作用下，使污水得到净化处理。这个技术在应用时对土壤本身的性质具有一定的要求，需要土壤具有较强的通透性与活性，如砂土、壤土砂或砂壤土（方蓉，2018）。地表漫流（图 10-5）是使污水以薄层状沿地表缓坡流动，利用“土壤—微生物—植物”系统，通过土壤的沉淀、吸附、过滤作用及土壤表层微生物的降解和植物的吸收等作用使污染物得以去除。

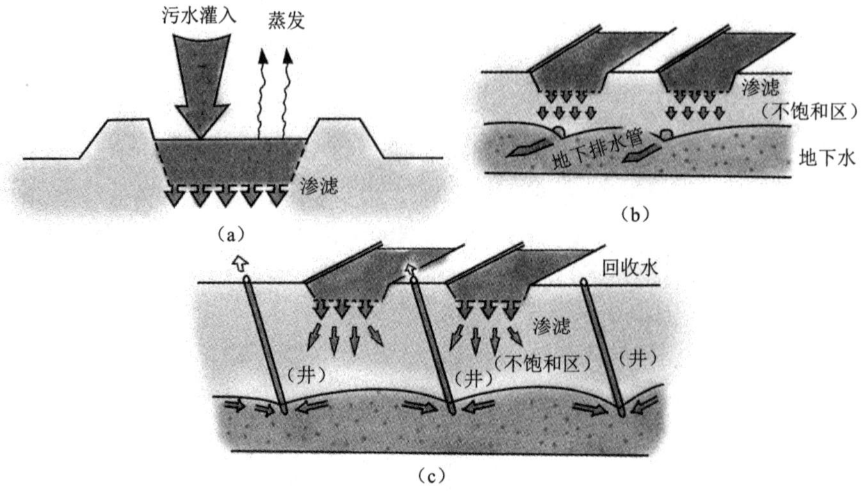


图 10-4　快速渗滤

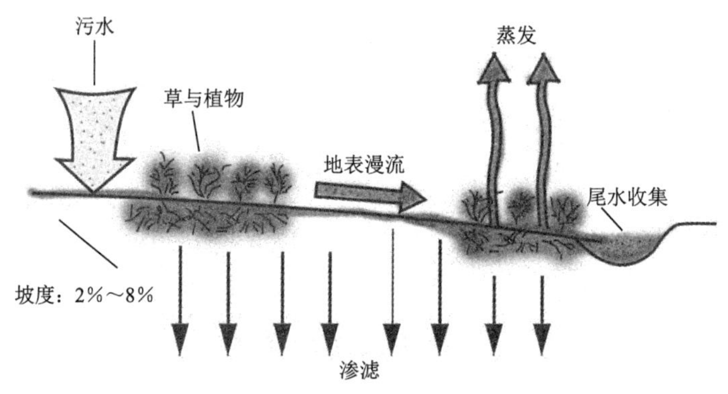


图 10-5　地表漫流

污水土地处理系统的净化机理十分复杂，它包含了物理过滤、吸附、沉积，化学氧化还原降解，生物对有机物的降解及作物的吸收等过程，是一个综合净化过程。在污水土地处理系统中，BOD 大部分是在土壤表层土中去除的。土壤中含有种类繁多的异养型微生物，它们能对截留在土壤颗粒空隙间的悬浮有机物和溶解有机物进行生物降解，并合成微生物新细胞。当污水处理的 BOD 负荷超过土壤微生物的生物氧化能力时会引起厌氧状态或土壤堵塞。近年来，随着污水产量逐年增加、成分复杂，在利用土地处理系统处理污水时更加容易超过土地处理容量，造成永久性污染。

磷(P)在土地处理中主要是通过植物吸收、化学沉淀(与土壤中的钙、铝、铁等离子形成难溶的磷酸盐)、物理化学吸附(离子交换、络合吸附)等方式去除。

其去除效果受土壤结构、离子交换容量、铁铝氧化物和植物对磷的吸收等因素的影响。氮(N)主要是通过植物吸收、微生物脱氮(氨化、硝化、反硝化)、挥发等方式去除。其去除率受作物的类型、生长期、对氨的吸收能力以及土地处理系统工艺等因素的影响。污水中的悬浮物质是依靠作物和土壤颗粒间的孔隙截留、过滤去除的。土壤颗粒的大小、颗粒间孔隙的形状、大小、分布和水流通道,以及悬浮物的性质、大小和浓度等都影响悬浮物的截留过滤效果。若悬浮物的浓度太高、颗粒太大,会引起土壤堵塞。污水经土壤处理后,水中大部分的病菌和病毒可被去除,去除率可达 92% ~ 97%。其去除率与选用的土地处理系统工艺有关,其中地表漫流的去除率较低,但若有较长的漫流距离和停留时间,也可以达到较高的去除效率。

重金属主要是通过物理化学吸附、化学沉淀等途径去除。重金属离子在土壤胶体表面进行阳离子交换而被置换吸附,并生成难溶性化合物被固定于矿物晶格中;重金属与某些有机物生成螯合物被固定于矿物质中;重金属离子与土壤的某些组分进行化学反应,生成金属磷酸盐和有机重金属等沉积于土壤中。

在污水土地处理系统中一个重要的技术就是湿地。天然湿地具有调节气候、涵养水源、蓄洪防旱、净化环境和维持生物多样性的功能,有“自然之肾”之称。基于天然湿地净化机理,人工湿地在 20 世纪 50 年代诞生于德国,目前欧洲已有数以百计的人工湿地在运行,规模大小不一。我国在 20 世纪 80 年代后期开始研究、建造人工湿地,与传统工艺相比,人工湿地有“一高、三低、一不”的特点,即高效率、低投资、低运行费用、低维护技术、基本不耗电。人工湿地的污染物去除主要是填料、植物和微生物的作用。填料包括土壤、砂等基质,在为植物和微生物提供生长介质的同时,也具有沉淀、过滤和吸附等作用。植物一般要求具有处理性能好、成活率高、抗水力强等特点,且有一定的美学和经济价值。微生物生态系统稳定,降解污染物贡献较大。

人工湿地包括表面流湿地、水平潜流湿地和垂直流湿地等类型。表面流湿地操作简单、水力负荷低、受气候条件影响大,易滋生蚊蝇;水平潜流湿地水力负荷较大,少恶臭和蚊蝇,但控制相对复杂;垂直流湿地是水平潜流湿地和渗滤型土地处理系统相结合的一种湿地工艺,氧气通过大气扩散输入湿地,硝化能力较强但控制复杂。

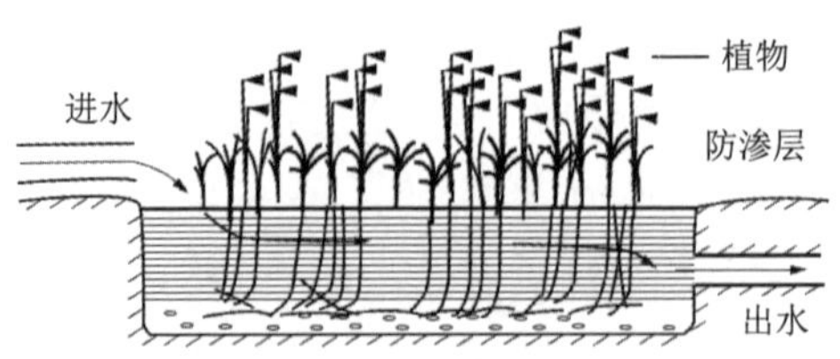


（a）表面流人工湿地

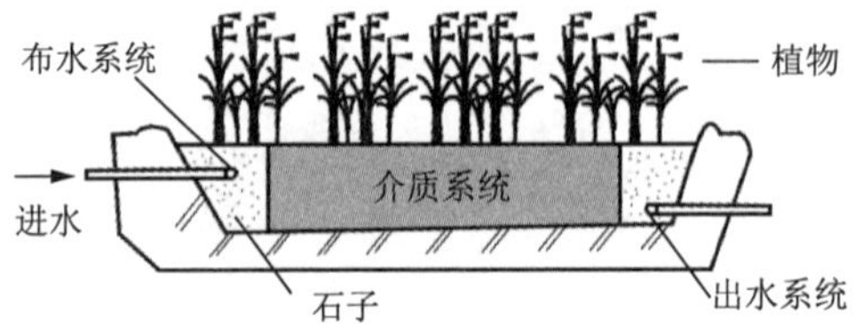


（b）水平潜流人工湿地

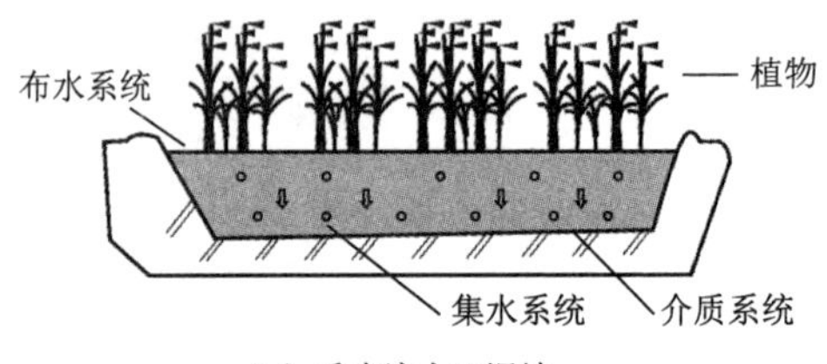


（c）垂直流人工湿地

**图 10-6 人工湿地净化污水流程（周群英，王士芬，2008）**

3. 降低对海洋水环境的影响

我国东部沿海地区氮、磷及有机污染物的过度排放，造成海水的富营养化，也造成赤潮频发。据统计，我国水域富营养化严重，赤潮发生率和污染面积一直呈上升趋势，仅 2008 年我国海域共发生赤潮 82 次。赤潮发生的海域给海洋生物带来的是灭顶之灾，被称为“海上赤魔”。2008 年夏季青岛近海涌入大量叫作浒苔的藻类植物，影响面积 2 万 $km^2$，实际覆盖面积一度达 400 $km^2$（王美娟，2009）。

富营养化指水体中含有的氮、磷等植物生长所需要的营养盐类过量，造成藻类植物和其他浮游生物的暴发性繁殖，致使水的溶解氧含量大幅度下降，水质恶化，鱼类和其他生物大量死亡的现象。水体中含有的总磷超过 0.02 mg/L 或者无机氮超过 0.3 mg/L，就可以认为水体已处于富营养化的状态。引起水体富营养化的微生物主要有蓝藻门的微囊藻、鱼腥藻以及甲藻门的夜光藻等。富营养化在海洋中表现为赤潮，在淡水中表现为水华。赤潮是在特定的环境条件下，海水中某些浮游植物、原生动物或细菌暴发性增殖或高度聚集而引起水体变色的一

种有害生态现象。水华是指含有大量氮、磷的废污水进入淡水水体后，蓝藻、绿藻、硅藻等大量繁殖后使水体呈现蓝色或绿色的一种现象。

农药残留、印染等有机污染物中间体也会污染海水水域环境。这些污染物化学性质稳定，难于生化分解。人若是食用了被污染的鱼和贝类等，将严重危害健康。为防止近海污染，排海污水的处理技术是重要的环节。

污水排海处理技术是利用深海排污的初级处理方法，在檀香山、圣地亚哥、悉尼等沿海城市，采用长达 8 km 的排污管道，并在末端用一系列排污出口将污水最大限度地与深海海水混合，这种方法直到现在才逐渐被淘汰。对于污水排海来说，主要有岸边排污和深海排污两种方式。岸边排污时，由于水深较浅和流速较慢等，入海污染物很难得到较快的混合和输运，而被大量聚集在近岸海域，所以岸边排污对近岸海域的污染最为严重，并对养殖、旅游、浴场及景观等海洋功能产生不良后果。深海排污尽管对海洋环境影响小，但造价较高，对财力不足的部门有一定困难，所以当进行排污口选址时，应本着既不破坏原有的生态环境和海洋功能，又能尽量减少工程投资的目的，以科学的方法，确定最佳排污口位置。使污水经过处理后排放入海，可以最大限度地降低工业废水和生活污水排放对海洋水环境的影响（杨丙峰，2018）。

## 二、缓解水资源短缺的问题

20 世纪 50 年代以后，全球人口急剧增加，工业迅速发展。一方面，人类对水资源的需求量迅速增长；另一方面，人类活动造成的日益严重的水污染正蚕食着大量可供消费的水资源。我国虽然江河湖泊众多，水资源总量位居世界第 6 位，但由于人口众多，人均占有水资源仅列世界第 121 位，约为世界人均占有水量的 1/4，是全球 13 个人均水资源最贫乏的国家之一。我国目前年缺水量约为 400 亿 $m^3$，全国 660 多个城市中有 400 多个供水不足，其中严重缺水的有 110 个，城市缺水总量为 60 亿 $m^3$，在 32 个百万人口以上的特大城市中，有 30 个长期受到缺水困扰。有些城市因地下水过度开采，造成地下水位下降严重，海水倒灌。农业方面，平均每年因旱灾减产粮食 280 多亿千克。水利部预计我国将在 2030 年左右达到用水高峰，全国合理利用水量将接近实际可利用水资源量上限、水资源开发难度极大。

水污染使水资源紧张状况更为严峻。但是随着污水处理技术的发展，污水处理标准的提高，水循环利用的加强，水资源污染速度有所减缓，一定程度上缓解了水资源紧张的问题。特别对于城市来说，实施城市污水资源化，把处理后的污水作为第二水源加以利用，是合理利用水资源的重要途径，可以减少城市新鲜水的取用量，减轻城市供水不足的压力和负担，缓解水资源的供需矛盾。

我国城市污水年排放量已经达到400亿$m^3$，城市供水量的80%变为污水排入城市管网中，收集起来再生处理后70%可以安全回用，即城市供水量的一半以上可以变成再生水，返回给城市水质要求较低的用户，替换出等量自来水，相应增加了城市一半的供水量。并且再生水的用途也多种多样。比如处理程度较深的水可以作为生活用水回用；核电站冷却用水的补水；工业生产和工艺冷却用水；地下回灌（防止地面沉降）用水；再生水回用冲厕。

水资源短缺是21世纪人类面临的最为严峻的问题之一。跨流域调水、海水淡化、污水回用和雨水蓄用是目前普遍受到重视的开源措施，它们在一定程度上都能缓解水资源供需矛盾。然而污水回用经常被作为首选方案，很重要的原因在于污水就近可得，水量稳定，不会发生与邻相争，不受气候的影响。开展再生水回用工作，已显现出开源和减轻水污染的双重功能，是维系良好水环境的必由之路。

总之，污水处理可以将污水中的污染物质减少或去除，在改善水质的同时，也很大程度上减少了污水向河流中的排放，改善了生态环境，减少了污水对人们生活用水质量的不利影响；同时污水处理与再生水回用相结合，对于水资源较为短缺的区域，无疑是缓解水资源短缺问题的最佳选择之一。

## 第二节　污水处理标准

### 一、污水处理厂污染物排放标准

污水排入水体是污水处理的传统出路。污水排入水体应以不破坏该水体的原有功能为前提。由于污水排入水体后需要有一个逐步稀释、降解的净化过程，所以一般污水排放口均建在取水口的下游，以免污染取水口的水质。同时，水体接纳污水受到其使用功能的约束。《中华人民共和国水污染防治法》规定禁止向生活饮用水地表水源、一级保护区的水体排放污水，已设置的排污口，应限期拆除或者限期治理。在生活饮用水源地、风景名胜区水体、重要渔业水体和其他有特殊经济文化价值的水体保护区内，不得新建排污口。在保护区附近新建排

污口，必须保证保护区水体不受污染。《污水综合排放标准》（GB 8978—1996）规定在《地表水环境质量标准》（GB 3838—2002）中Ⅰ、Ⅱ类水域和Ⅲ类水域中划定的保护区（表 10-3）和《海水水质标准》（GB 3097—1997）中规定的一类水域（表 10-4），禁止新建排污口。《污水综合排放标准》（GB 8978—1996）适用于一切排放污水的企、事业单位，并且将排放的污染物按其性质和控制方式分为两类：第一类污染物和第二类污染物。第一类污染物不分行业和污水排放方式，也不分受纳水体的功能类别，一律在车间或车间处理设施排放口采样，多指在环境或动、植物体内积累，对人体健康产生长远不良影响的污染物（表 10-5）；第二类污染物指长远影响小于第一类的污染物，在排放单位的排放口采样。

表 10-3　地表水标准分类和水域功能

| 地表水水域分类 | 水域功能 |
|---|---|
| Ⅰ类 | 主要适用于源头水、国家自然保护区 |
| Ⅱ类 | 主要适用于集中式生活饮用水地表水源地一级保护区、珍稀水生生物栖息地、鱼虾类产卵场、仔稚幼鱼的索饵场等 |
| Ⅲ类 | 主要适用于集中式生活饮用水地表水源地二级保护区、鱼虾类越冬场、洄游通道、水产养殖区等渔业水域及游泳区 |
| Ⅳ类 | 主要适用于一般工业用水区及人体非直接接触的娱乐用水区 |
| Ⅴ类 | 主要适用于农业用水区及一般景观要求水域 |

表 10-4　海水水质标准分类和海域功能

| 海水水质分类 | 海域功能 |
|---|---|
| 第一类 | 主要适用于海洋渔业水域、海上自然保护区和珍稀濒危海洋生物保护区 |
| 第二类 | 主要适用于水产养殖区、海水浴场、人体直接接触海水的海上运动或娱乐区以及与人类食用直接有关的工业用水区 |
| 第三类 | 主要适用于一般工业用水区、滨海风景旅游区 |
| 第四类 | 主要适用于海洋港口水域、海洋开发作业区 |

表 10-5　第一类污染物最高允许排放浓度（单位：mg/L）

| 序号 | 污染物 | 最高允许排放浓度 |
|---|---|---|
| 1 | 总汞 | 0.05 |
| 2 | 烷基汞 | 不得检出 |
| 3 | 总镉 | 0.1 |
| 4 | 总铬 | 1.5 |

续表

| 序号 | 污染物 | 最高允许排放浓度 |
| --- | --- | --- |
| 5 | 六价铬 | 0.5 |
| 6 | 总砷 | 0.5 |
| 7 | 总铅 | 1.0 |
| 8 | 总镍 | 1.0 |
| 9 | 苯并(*a*)芘 | 0.000 03 |
| 10 | 总铍 | 0.005 |
| 11 | 总银 | 0.5 |
| 12 | 总 α 放射性 | 1 Bq/L |
| 13 | 总 β 放射性 | 10 Bq/L |

注：Bq/L，即贝克 / 升，标志单位体积某种物质的放射性活度。

污水综合排放标准属于强制性标准，其法律效力相当于技术法规。我国污水排放标准的制定始20世纪70年代。1973年8月首先发布实施了《工业"三废"排放试行标准》(GB J4—1973)，内容包含了废水排放的若干规定，主要体现了当时我国环境保护的主要目标是对工业污染源的控制。主要控制污染物是重金属、酚、氰等19项水污染物。1984年5月，国家颁布了《中华人民共和国水污染防治法》明确规定了水污染排放标准的制(修)定、审批和实施权限，使水污染物排放标准工作有了法律依据和保证。19世纪80年代中期，我国开始制定钢铁、化工、轻工等20多个行业的水污染物排放标准。80年代末，原国家环保局制定颁布了《污水综合排放标准》(GB 8978—1988)，替代了《工业"三废"排放试行标准》中的废水部分。20世纪90年代，结合标准的清理整顿，我国提出综合排放标准与行业排放标准不交叉执行的原则，对《污水综合排放标准》再次进行修订。新标准结合我国对优先控制水污染物的研究成果，增加了25项难降解有机物和放射性的控制指标，强调对难降解有机物和"三致"物质等优先控制污染物的控制，标准控制项目总数增加至69个。

到目前为止，共有18项国家污水排放标准(其中综合类1项，行业类17项)涉及造纸、钢铁、纺织印染、合成氨、海洋石油、肉类加工、磷肥、烧碱、聚氯乙烯、船舶、兵器、航天推进剂、畜禽养殖、污水处理厂等10多个行业。此外，北京、上海、广东、山东、辽宁、四川、厦门等省市还制定了地方水污染物排放标准，已逐步形成了包括综合与行业两类、国家和地方两级的水污染物排放标准体系。

《城镇污水处理厂污染物排放标准》（GB 18918—2002）是在《污水综合排放标准》（GB 8978—1996）、《地表水环境质量标准》（GB 3838—2002）以及《海水水质标准》（GB 3097—1997）等相关环境标准的基础上制定的有关城镇污水处理厂出水污染物浓度限值的标准。在此标准存在的情况下，我国城镇污水处理厂直接排放标准普遍提高，执行GB 18918—2002标准的一级B甚至一级A标准。标准中基本控制项目最高允许排放浓度如表10-6所列。

**表10-6　基本控制项目最高允许排放浓度（日均值）（mg/L）**

| 基本控制项目 | | 一级标准 | | 二级标准 | 三级标准 |
|---|---|---|---|---|---|
| | | A标准 | B标准 | | |
| 化学需氧量（COD） | | 50 | 60 | 100 | 120② |
| 生化需氧量（$BOD_5$） | | 10 | 20 | 30 | 60② |
| 悬浮物（SS） | | 10 | 20 | 30 | 50 |
| 动植物油 | | 1 | 3 | 5 | 20 |
| 石油类 | | 1 | 3 | 5 | 15 |
| 阴离子表面活性剂 | | 0.5 | 1 | 2 | 5 |
| 总氮（以N计） | | 15 | 20 | — | — |
| 氨氮（以N计）① | | 5（8） | 8（15） | 25（30） | — |
| 总磷（以P计） | 2006年前建设 | 1 | 1.5 | 3 | 5 |
| | 2006年后建设 | 0.5 | 1 | 3 | 5 |
| 色度（稀释倍数） | | 30 | 30 | 40 | 50 |
| pH | | 6～9 | | | |
| 粪大肠菌群数（个/L） | | $10^3$ | $10^4$ | $10^4$ | — |

注：① 括号外数值为水温＞12 ℃时的控制指标，括号内数值为水温＜12 ℃时的控制指标。
② 下列情况下按去除率指标执行：当进水COD大于350 mg/L时，去除率应大于60%；当进水BOD大于160 mg/L时，去除率应大于50%。

## 二、污水的处理现状及发展趋势

1. 污水排放量持续增长

随着人口的增加和工业生产的发展，生活用水和工业用水不断增加，我国污水年排放量也随之增加。如图10-7所示，2015年污水年排放量仅466.62亿$m^3$，2018年突破500亿$m^3$，2020年增至571.36亿$m^3$。与此同时，随着我国水资源的短缺、水污染的加剧及我国环保力度的加强，我国已建成的特别是早期建成的污水处理厂面临着很多难题。保证出水水质达到国家更为严格的标准的同时，找到适合自身发展的模式，是我国城市污水处理厂得以持续发展的关键（郭会平，2016）。

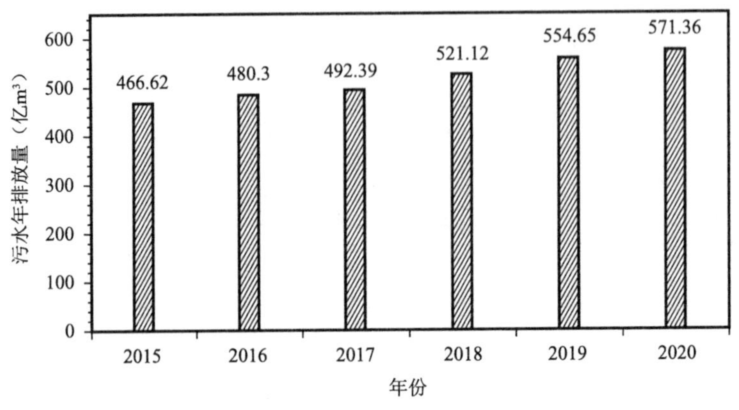


图 10-7　中国污水排放情况

2. 城镇污水处理系统逐渐完善

随着我国城镇化率的提高、环保事业的发展、人们对水环境要求的提高，我国城镇污水处理厂的建设节奏逐渐加快。据《中国城市建设统计年鉴》显示，自2000年以后，我国城市污水处理厂的数目不断增加，污水处理总量增多，处理能力和污水效率不断提升。2000年，我国污水处理厂有427座，日处理量为2 158万 $m^3$，污水年处理总量114亿 $m^3$，全国仅有34.25%的污水得到处理。2005年，全国城市污水处理厂共计792座、总设计处理能力为5 725万 $m^3$/d，污水年处理总量187亿 $m^3$，污水处理率为51.95%。2010年全国有1 444座污水处理厂，每天可处理废水10 436万 $m^3$，每年可处理废水312亿 $m^3$。2015年，全国投运的城市污水处理厂共1 944座，每天可处理废水量高达1.4亿 $m^3$，年处理废水达429亿 $m^3$，污水处理率为91.90%。2020年全国污水处理厂数量达到2 618座，处理能力达到了1.7亿 $m^3$ /d，每年可处理废水557亿 $m^3$，污水处理率达到97.53%。2000至2020年间，我国的城市污水处理厂共增加2 191座，设计处理能力增加了近1.7亿 $m^3$/d，污水年处理能力增加了443亿 $m^3$，污水处理率由原来的34.25%增加到97.53%。我国污水处理厂数目的增加以及处理能力的增强，从一定程度上来说，减少了水体污染物的排放，减轻了我国水污染状况，为实现我国的“节能减排”目标做出了一定的贡献。

未来我国城镇污水处理系统将逐渐得到完善。根据国家发展改革委、住房城乡建设部《"十四五"城镇污水处理及资源化利用发展规划》，到2025年，要基本消除城市建成区生活污水直排口和收集处理设施空白区，全国城市生活污水集中收集率力争达到70%以上；城市和县城污水处理能力要基本满足经济社会发展需要，同时县城污水处理率要达到95%以上；水环境敏感地区污水处理要基本达到一级A排放标准；全国地级及以上缺水城市再生水利用率达到25%以上，京津冀地区达到35%以上，黄河流域中下游地级及以上缺水城市力争达到30%；城市污泥无害化处置率达到90%以上。

3. 污水处理厂污染物排放标准提升

虽然污水处理厂不断增加，污水处理系统也不断得到完善，但是按照以往的标准进行废水排放是无法保证环境健康发展的。城镇污水厂在水污染预防和水环境保护方面承担着重要角色，也是城镇可持续发展中重要的组成部分，污水处理厂污染物排放标准的提升以及相应的体系完善是保障人们生活水平的重要措施。在2015年《水污染防治行动计划》和2019年《城镇污水处理提质增效三年行动方案(2019—2021年)》等一系列水环境政策实施的大背景下，全国重点区域及流域均对污水处理提出了更高要求，这就导致了部分城市污水、工业废水处理达不到排放要求，高排放标准下许多城镇污水处理厂都面临着提标改造的现实需求(韦政等，2021)。

自2007年太湖蓝藻暴发，尤其是"水十条"的发布，北京、天津、浙江、太湖流域、巢湖流域、岷沱江流域、滇池、雄安等陆续发布基于准Ⅲ类、准Ⅳ类标准的地方标准和流域标准，对总氮、总磷提出了更高的去除要求(表10-7)。《水污染防治行动计划》简称"水十条"，是为切实加大水污染防治力度，保障国家水安全而制定的法规，2015年4月16日发布并实施，包括全面控制污染物排放、着力节约保护水资源等十条我国水环境保护的重大举措。

对于青岛市来说，污水处理厂的提标改建次数还是较多的，以李村河污水处理厂为例。2019年12月30日，李村河污水处理厂四期扩建工程建成通水，服务区域涵盖青岛市市北区、李沧区、崂山区，总服务面积147 $km^2$，服务百万人口。其改造包括：一是将李村河污水处理厂原排水口由排入胶州湾调整至李村河河道的改造工程；二是将污水处理厂原城镇污水处理厂的出水标准提标至地表Ⅳ类水标准的提标工程；三是增加5万t/d污水处理规模的扩容工程，达到30万t/d。

表 10-7　部分省、流域污水排放地标与国标Ⅳ类标准对比　　单位：mg/L

| 标准名称 | | 标准等级 | COD | $NH_3$-N | TN | TP |
|---|---|---|---|---|---|---|
| 地表水环境质量标准 | GB 3838—2002 | Ⅳ | 30 | 1.5 | 1.5 | 0.3 |
| 北京市 | DB 11/890—2012 | 新建 A | 20 | 1.0（1.5） | 10 | 0.2 |
| 天津市 | DB 12/599—2015 | A | 30 | 1.5（3.0） | 10 | 0.3 |
| 浙江省 | DB 33/2169—2018 | 新建 | 30 | 1.5（3.0） | 10（12） | 0.3 |
| 云南昆明 | 昆明市城镇污水处理厂主要水污染物排放限值 | A | 20 | 1.0（1.5） | 5（8） | 0.05 |
| 广东省 | DB 44/2130—2018 | — | 30 | 1.5 | — | 0.3 |
| 河北省 | DB 13/2795—2018 | 重点控制区 | 30 | 1.5（2.5） | 15 | 0.3 |
| 安徽省（巢湖） | DB 34/2710—2016 | 新建 | 40 | 2.0（3.0） | 10（12） | 0.3 |
| 太湖 | DB 32/1072—2018 | 一、二级保护区 | 40 | 3.0（5.0） | 10（15） | 0.3 |
| 四川 | DB 51/2311—2016 | 岷江、沱江流域 | 30 | 1.5（3.0） | 10 | 0.3 |

注：1.0（1.5）中，1.5 指冬季城镇污水处理厂污水排放标准；山东省（青岛市）采用国家标准，即地表水环境质量标准。

除了污水排放标准的提升，其标准体系的完善也是必要的，主要是因为污水排放标准不够科学。中国的现行城镇污水处理厂综合排放标准没能充分考虑中国东西、南北各地区的气候、环境、生活习惯、经济社会发展水平以及受纳水体等差异性特点，实行平均化、“一刀切”的考核方式，也是造成一些地区污水处理厂短期内污水排放不能达标的原因，尤其是总氮、总磷等指标的设定没有充分考虑南北气候、冬季受纳水体非富营养化因素。

再者是短期内频繁提高考核排放标准，也使一些污水处理厂刚提标改造后尚未发挥环境治理效应，又被要求再次提标，也因改造期间污水未经处理排放，污水超标排放，并没有起到改善环境的作用。面对这种问题，完善污水排放标准体系，建立差异化的城镇污水处理排放考核标准就显得十分重要。

我们要深入结合中国各地区特点，并考虑气候、地理环境、生活习惯等因素，科学、合理制定分级、分类污水排放标准。对于年平均气温较高、水体富营养化出现较多的秦岭淮河以南地区，应制定比现今国家一级A排放标准更严格的标准，以遏制富营养化的蔓延；而对于年平均气温较低的东北、西北等很少发生富营养化的内陆水体，以及干旱、半干旱等河流经常断流地区，应在个别指标（尤其氮、磷）上降低排放数值。同时，对于北方地区的冬夏季排放标准数值要拉大差距。

## 第三节 污水处理基本流程

污水处理的基本方法就是采用各种技术与手段，将污水中的污染物质分离去除、回收利用，或将其转化为无害物质，使水得到净化，这是污水处理过程中的核心部分。现代污水处理技术按原理可分为物理处理法、化学处理法和生物处理法三类。

物理处理法利用物理作用分离污水中呈悬浮状态的固体污染物质。方法有筛滤法、沉淀法、上浮法、气浮法、过滤法和反渗透法等。

化学处理法利用化学反应的作用，分离回收污水中处于各种形态的污染物质（包括悬浮的、溶解的、胶体的等）。主要方法有中和、混凝、电解、氧化还原、汽提、萃取、吸附、离子交换和电渗析等。化学处理法多用于处理生产污水。

生物处理法是利用微生物的代谢作用，使污水中呈溶解、胶体状态的有机污染物转化为稳定的无害物质。主要方法可分为两大类，即利用好氧微生物作用的好氧法和利用厌氧微生物作用的厌氧法。前者广泛用于处理城市污水及有机性生产污水，有活性污泥法和生物膜法两种；后者多用于处理高浓度有机污水与污水处理过程中产生的污泥，现在也开始用于处理城市污水与低浓度有机污水。好氧生物法是目前应用较为广泛的污水处理方法。

污水中的污染物复杂多样，在实际工程中，常将物理、化学和生物处理方法组合使用，通过几个处理单元组合去除污水中的各类污染物，使污水达到排放标准。本书着重介绍目前应用较为广泛的生物处理法。

## 一、污水生物处理技术

污水的生物处理是利用微生物的新陈代谢作用对水进行净化的处理方法。根据微生物代谢过程中的生化环境，生物处理工艺可以分为好氧、厌氧（缺氧）生物处理；根据生物反应器构型，又可分为悬浮型和附着型两类。污水的生物处理工艺类型主要是按照反应器构型和生化环境的区别而划分的。好氧悬浮型生物处理工艺（活性污泥法）和好氧附着型生物处理工艺（生物膜法）是污水处理厂使用最多的污水处理工艺，也是污水生物处理的主体工艺形式。

1. *活性污泥法*

1912 年英国的克拉克（Clark）和善奇（Gage）发现，对污水长时间曝气会产生污泥，同时水质会得到明显的改善。继而阿尔敦（Arden）和洛开脱（Lockgtt）对这一现象进行了研究。曝气试验是在瓶中进行的，每天试验结束时把瓶子倒空，第二天重新开始，他们偶然发现，由于瓶子清洗不干净，瓶壁附着污泥时，处理效果反而好。由此，污泥的重要性显现出来，由于其以微生物成分为主，被称为活性污泥。1916 年建成了第一个活性污泥法污水处理厂，此后活性污泥成为污水处理应用最广的生物处理工艺。

（1）活性污泥法基本流程。

活性污泥法是由曝气池、沉淀池、污泥回流和剩余污泥排除系统所组成（图 10-8）。活性污泥系统的主要操作过程是：污水（与回流污泥一起）进入曝气池；通过曝气设备充氧、搅拌进行好氧生物代谢；反应完成后，混合液进入沉淀池进行固液分离；部分污泥回流保持污泥浓度，剩余污泥排放处理。

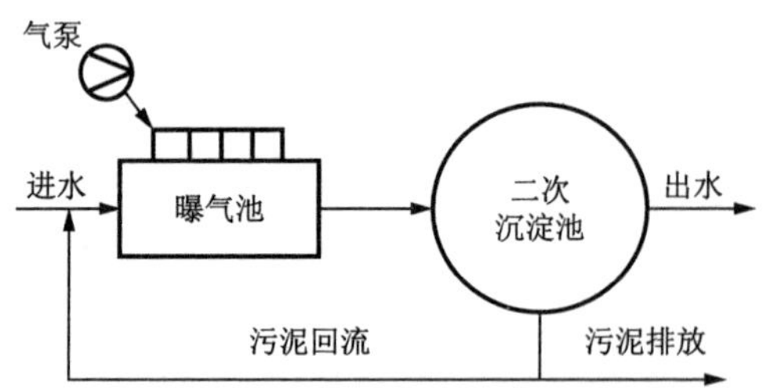


**图 10-8　活性污泥法工艺流程图**

（2）活性污泥法基本原理。

有试验研究发现，活性污泥污水处理系统运行开始时，生化需氧量（BOD）迅速下降，在 40 min 内就去除 69%；2 h 后，总去除率也只有 76%，由此发现了活性污泥法降解有机物的过程规律，包含两个重要阶段，即吸附和稳定两个阶段。

在吸附阶段，由于活性污泥具有巨大的表面积，而表面上含有多糖类的黏性物质，对废水中污染物有较强的吸附作用，在短时间内使污水的BOD大幅度下降，但并没有对BOD实质降解。在稳定阶段，主要是吸附转移到活性污泥上的有机物被微生物所代谢利用，一方面氧化为$CO_2$、$H_2O$、亚硝酸盐、硝酸盐以及硫酸盐等，另一方面合成新的活性污泥，即维持微生物自身生长繁殖，在这个过程中会形成絮凝体并沉淀(图10-9)。当污水中的有机物处于悬浮状态和胶态时，吸附阶段很短，一般在15～45 min，而稳定阶段较长。该降解规律的发现为活性污泥工艺的变型与改进提供了理论依据。

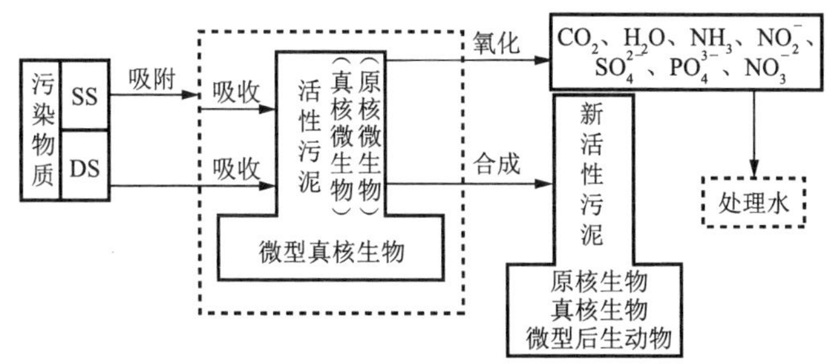


图10-9　好氧活性污泥净化污染物的机理示意图

2. 生物膜法

当废水长期流过固体滤料表面时，微生物在介质“滤料”表面上生长繁育，形成黏液性的膜状生物性污泥，称为“生物膜”。生物膜法是利用载体表面附着的微生物群落形成的薄膜进行污染物降解的生物处理法，是附着型生物处理法的统称，包括生物滤池、生物转盘、生物接触氧化、生物流化床等工艺形式；其共同特点是微生物附着生长在滤料或填料表面，形成生物膜来降解流过的污水。生物滤池和生物转盘不需要曝气装置，前者采用自然通风，而后者通过机械转动与空气的接触吸收氧，这些工艺虽然总体负荷较低，但相对节能。另外，对于一些曝气产生强烈泡沫的废水可能会收到良好的效果。生物膜法主要用于处理溶解性和胶体状有机物含量较大的工业废水，而且多在中小型处理规模的污水处理厂应用。

(1) 生物膜法基本流程。

生物膜法基本流程如图10-10所示，可以看出，其大致流程与活性污泥法类似，只是把曝气池换成了生物滤池，便于生物膜附着。此外，在生物滤池中常采用出水回流，而基本不会采用污泥回流，因此从二沉池排出的污泥全部作为剩余污泥进入污泥处理流程进行进一步的处理。

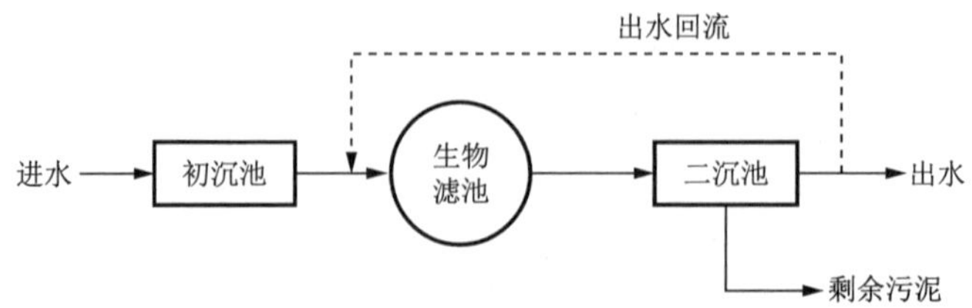


**图 10-10　生物膜法基本流程**

（2）生物膜法废水净化过程及其影响因素。

在生物滤池中，微生物附着在介质“滤料”表面上形成生物膜；污水同生物膜接触后，溶解的有机污染物被微生物吸附转化为 $H_2O$、$CO_2$、$NH_3$ 和微生物细胞物质，污水得到净化；所需氧气可以来自大气，一般负荷较低，也可以采用人工曝气，提高工艺的负荷。在生物滤池中，随着深度的下移，微生物分层明显，由低级趋向高级，种类逐渐增多，个体数量减少，厚度变薄，这时污水成分和浓度由于生物降解而改变，又进而影响微生物的生长。生物膜结构如图 10-11 所示。

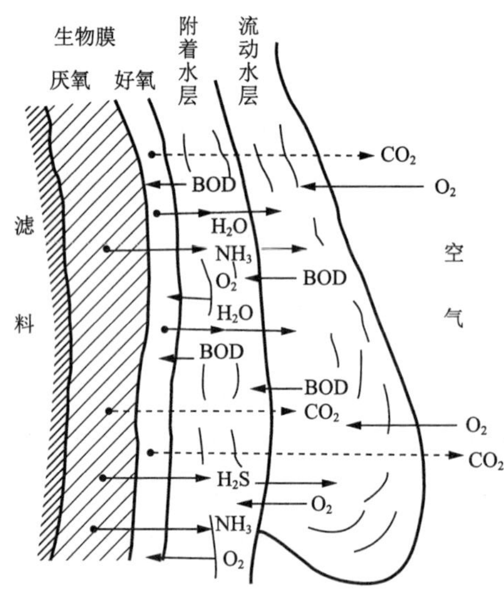


**图 10-11　生物滤池滤料上生物膜结构（高廷耀等，2015）**

生物膜是生物处理的基础，必须保持足够的数量。但生物膜太厚，会影响通风，甚至造成堵塞，产生厌氧层，使处理水质下降，而且厌氧代谢产物会恶化环境卫生。由于膜增厚造成重量的增大、原生动物的松动、厌氧层和介质的黏结力较弱等，生物膜会发生脱落、更新。

影响生物膜法污水处理的主要因素包括底物组分和浓度、有机负荷、溶解氧、生物膜量、pH、温度及有毒物质等。① 对底物组分的要求首先是对C、N、P的需求，其比例为100∶5∶1；另外还需要一些常量和微量元素。生活污水一般可以满足微生物对营养的需求，而工业废水则存在较多的问题，一般需要补加成分。与其他生物处理工艺一样，底物浓度会导致系统微生物的特性和剩余污泥量的变化，影响出水水质。相比之下，生物膜法具有较强的抗冲击负荷能力，系统对底物组分和浓度的变化有一定的缓冲能力，但会造成出水水质的变化。② 负荷是影响生物膜法处理功效的首要因素，是集中反映其工作性能和设计的参数。生物膜法负荷分为有机负荷和表面水力负荷。负荷的选取与生物膜载体、供氧条件及运行方式（水力冲刷）等有关。③ 与活性污泥法相比，该工艺的一个显著特征就是溶解氧传质受到限制，因此一般2～3 mg/L的溶解氧浓度可满足悬浮型生物反应器，但对于生物膜法，由于微生物成膜，相同的溶解氧浓度可能会限制微生物的生长。④ 生物膜量指标主要有厚度和密度，生物膜的密度指单位体积微生物烘干的质量，该值与进水污染物浓度和水流搅动强度关系密切。生物膜法废水处理效果与其活性关系密切，不一定需要很多的生物膜量，所以需要不断地更新，才能提高有机负荷。⑤ pH、温度及有毒物质冲击方面的影响与活性污泥法类似，相对而言，生物膜法抗冲击能力较强。

## 二、污水处理的工艺流程

按处理原水的类型和处理的目的，可以将水处理分为给水处理和污水处理两个方面。而给水处理又包括生活用水处理和工业用水处理；污水处理主要包括城镇污水处理和工业废水处理。

传统的城镇污水处理是格栅—沉砂—生物处理工艺。随着排放要求的提高，需要改进工艺或增加后续深度处理工艺，如采用膜生物反应器（MBR）工艺替代传统生物处理工艺，在生物处理后续增加混凝—沉淀工艺。污水按其来源和特点一般分为生活污水、工业废水、城镇污水及初期雨水。其中城镇污水属于混合型污水，一般包括生活污水、工业废水及雨雪水等。但不同地区的城镇污水混合比例不同，处理难度有差异，生活污水比例较大的相对容易处理。总体看来，一个城镇污水处理厂分污水处理和污泥处理两大部分，污水处理一般都包括物理处理（一级处理）、生物处理（二级处理）。对于出水要求较高的污水厂，还有深度及回用处理，总体流程如图10-12所示。

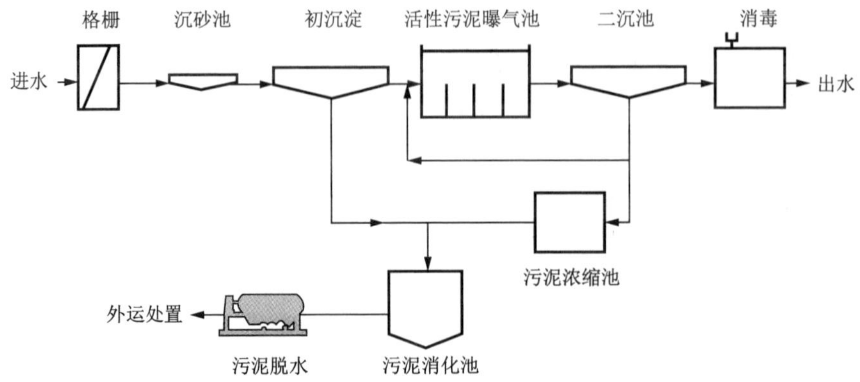


**图 10-12　典型城镇污水处理厂工艺流程（张文启等，2017）**

工业废水涉及领域很广，废水水质成分及质量浓度变化大，是废水处理的难点。较典型的工业废水包括酚氰废水、印染废水、电镀重金属废水、食品加工废水、高盐有机废水等等。目前该类废水由于对环境污染严重，常发生水质安全事件，排放要求不断地提高，废水回用势在必行，涉及多种深度处理（三级处理）技术。

虽然水处理工艺变化很多，但应用到的基本技术可以归纳为物理法、化学法、物理化学法和生物法。各领域采用的水处理工艺都是这些基本技术的组合，有些技术既可以应用于给水处理中也可以应用于污水处理中，只是工艺的操作条件有所区别，如混凝—沉淀是给水处理的重要工艺环节，但也常用于印染废水处理，但混凝剂的投加量可能差别较大。在污水处理厂的工艺选择上，应根据原水水质、出水要求、污水厂规模、污泥处置方法及当地温度、工程地质、征地费用、电价等因素作慎重考虑。污水处理的每项工艺技术都有其优点、特点、适用条件和不足之处，不可能以一种工艺代替其他一切工艺，也不宜离开当地的具体条件和我国国情。

## 思考题

1. 污水处理具有重要现实意义，请分别从对环境的影响、缓解水资源短缺方面详细分析其意义。

2. 无规矩不成方圆，结合给水处理部分章节中相关标准，分析污水处理标准的时代变化及原因。

3. 比较活性污泥法和生物膜法，分析其工艺流程与原理。

# 第十一章
# 污水的收集与输送

## 第一节　城市排水系统

城市排水系统是指将城市污水、雨水有组织地排除与处理的工程设施系统。在城市规划与建设中，对排水系统进行全面统一安排，称为城市排水工程规划。作为城市总体规划的一部分，其任务就是将生活污水、工业废水和降水汇集起来，输送到污水处理厂，经过处理后再排入水体或者回收利用；降水与工业生产废水由排水管道收集后，一般可直接排入附近水体。《城市排水工程规划规范》(GB 50318—2017)是当前城市排水设计的主要依据。

### 一、城市排水的种类

城市排水系统中所排水的种类按照来源主要包括生活污水、工业废水以及降水。

1. 生活污水

生活污水是指人们在日常生活中使用过的，并被生活废弃物所污染的水，来自住宅、机关、学校、医院、商店、公共场所及工厂的厕所、浴室、厨房、洗衣房等处。这类污水中含有较多的有机杂质，并带有病原微生物和寄生虫卵等。

2. 工业废水

工业废水是指工矿企业生产过程中所产生的废水，来自工厂车间或矿场等地。根据污染程度不同，工业废水又分为生产废水和生产污水两种。生产废水是指生产过程中，水质只受到轻微污染或仅是水温升高，可不经处理直接排放的废水，如机械设备的冷却水。生产污水是指在生产过程中，水质受到较严重的污染，需经处理后方可排放的废水。工业废水中的污染物质，有的主要是无机物，如发电厂的水力冲灰水；有的主要是有机物，如食品工厂废水；有的含有机物、无机物，并有毒性，如石油工业废水、化学工业废水。废水性质随工厂类型及生产工艺过程不同而异。

3. 降水

降水是指地面上径流的雨水和冰雪融化水。降水径流的水质与流经表面情况有关。一般是较清洁的，但初期雨水径流却比较脏，这是由于初期雨水冲刷了地表的各种污物，污染程度很高，故宜做净化处理。雨水径流的特点是时间集中、量大，以暴雨径流危害最大。

## 二、城市排水系统的体制

对生活污水、工业废水和降水径流采取的汇集方式，称为排水体制，也称排水制度。按汇集方式可分为分流制和合流制两种基本类型。

1. 分流制排水系统

分流制排水系统是指将生活污水、工业废水、降水径流用两个或两个以上的排水管渠系统来汇集和输送的排水系统。分流制排水系统分为污水排水系统、雨水排水系统以及工业废水排水系统。汇集输送生活污水和工业废水的排水系统称为污水排水系统；排除雨水的排水系统称为雨水排水系统；只排除工业废水的排水系统称为工业废水排水系统。

根据雨水排除方式的不同，又分为完全分流制、截流式分流制和不完全分流制（王淑梅等，2007）。完全分流制（图 11-1）仅对收集的污水进行处理，雨水收集后直接排入水体。近年来对雨水径流水质的调查发现，雨水径流特别是初期雨水径流对水体的污染相当严重，因此提出对雨水径流也需严格控制。截流式分流制（图 11-2）可以克服完全分流制的缺点，能够较好地保护水体不受污染，由于仅接纳污水和初期雨水，截流管的断面小于截流式合流制，进入截流管内的流量和水质相对稳定，可降低污水泵站和污水处理厂的运行管理费用。不完全分流制（图 11-3）排水系统是指暂时不设置雨水管渠系统。雨水沿着地面、道路边沟和明渠等方式泄入天然水体。因而该排水体制投资比较少，适用于有合适的地形条件，雨水能顺利排放的地区。新建的城市或地区，在建设初期，往往也采用这种排水体制，待配合道路工程的不断完善，再增设雨水管渠系统。对于常年少雨、气候干燥的城市可采用这种体制，而对于地势平坦、多雨、易造成积水的地区，则不宜采用。

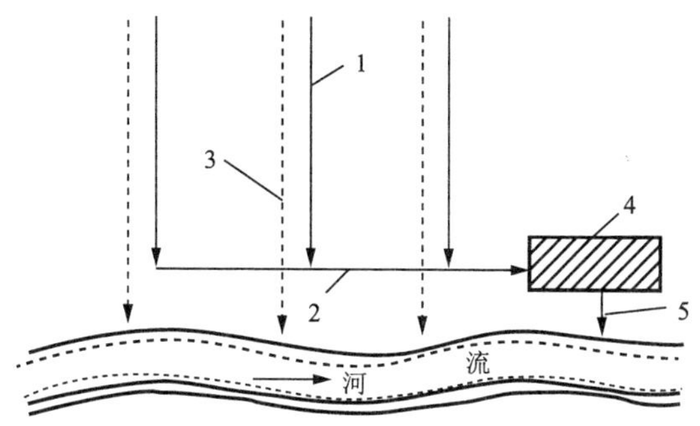

1—污水干管 2—污水主干管 3—雨水干管 4—污水处理厂 5—出水口

**图 11-1 完全分流制排水系统（王淑梅等，2007）**

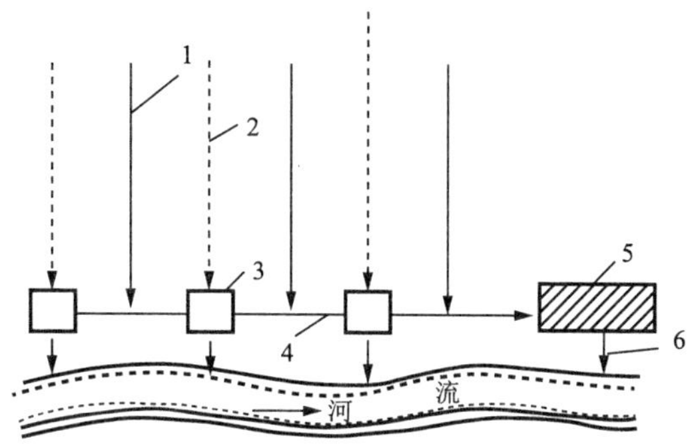

1—污水干管 2—雨水干管 3—截流井 4—截流干管 5—污水处理厂 6—出水口

**图 11-2 截流式分流制排水系统（王淑梅等，2007）**

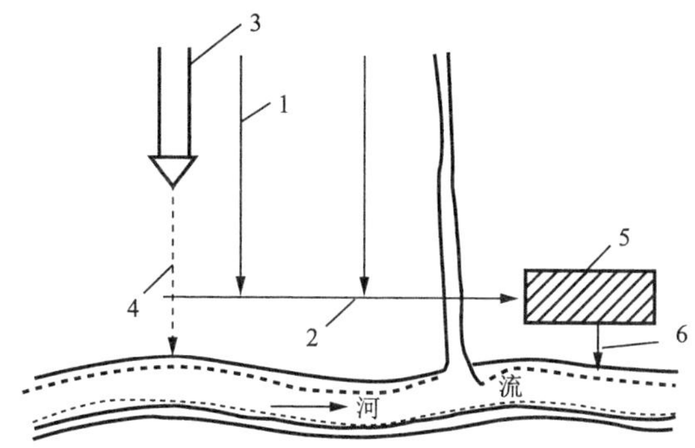

1—污水干管 2—污水主干管 3—原有管渠 4—雨水管渠 5—污水处理厂 6—出水口

**图 11-3 不完全分流制排水系统（王淑梅等，2007）**

2. 合流制排水系统

合流制排水系统指将生活污水、工业废水和降水径流用一个管渠系统汇集输送的排水系统。根据污水、废水、降水径流汇集后的处置方式不同，可分为直泄式合流制和截流式合流制。直泄式合流制(图 11-4)的管渠系统的布置就近坡向水体,分若干排出口,混合的污水未经处理直接泄入水体。我国许多城市旧城区的排水方式大多是这种系统。污水未经处理就排入水体,使受纳水体遭受严重污染。随着现代城市与工业的发展,污水量不断增加,水质日趋复杂,造成的污染危害很大,因此,这种直泄式合流制排水系统目前一般不宜采用。原有的直泄式合流制排水系统也在逐步进行改造。截流式合流制(图 11-5)是在早期的直泄式合流制排水系统的基础上,临河岸边建造一条截流干管,同时在合流干管与截流干管相交前或相交处设置溢流井,并在截流干管下游设置污水处理厂,对带有较多悬浮物的初期雨水和污水进行处理,有利于保护水体。但雨量过大时,混合污水量超过了截流管的设计流量,超出部分将溢流到城市河道,会对水体造成局部和短期污染;而且进入处理厂的污水,由于混有大量雨水,原水水质、水量波动较大,势必对污水厂各处理单元产生冲击,这就对污水处理厂的处理工艺提出了更高的要求。截流式合流制排水系统一般常用于老城区的排水系统改造。

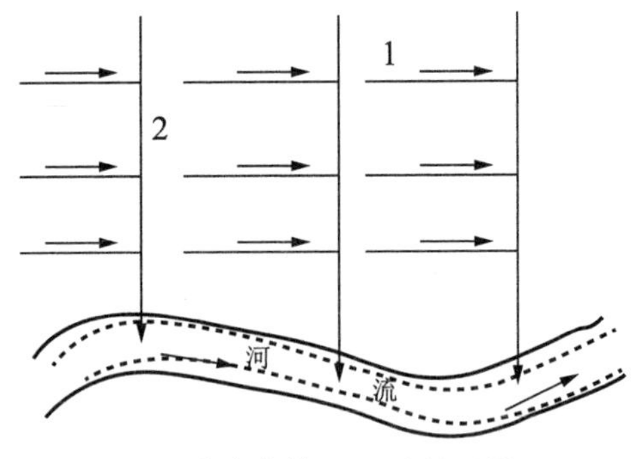


1—合流支管　2—合流干管

图 11-4　直泄式合流制排水系统（王淑梅等，2007）

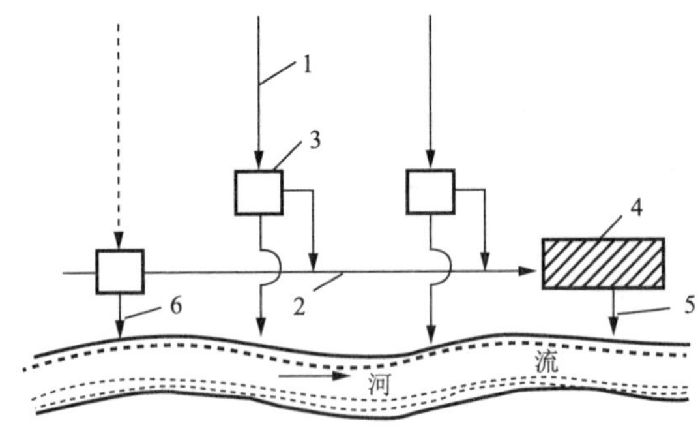


1—合流干管　2—截流干管　3—截流井　4—污水处理厂　5—出水口　6—溢流出水口

图 11-5　截流式合流制排水系统（王淑梅等，2007）

3. 排水体制的选择

合理选择排水体制，是城市和工业企业排水系统规划和设计的重要问题，关系到整个排水系统是否实用，能否满足环境保护的要求，同时也影响排水工程的总投资、初期投资和经营费用。对于常用的分流制和截流式合流制的分析比较，可从下列几方面说明。① 环境保护方面的要求。截流式合流制排水系统同时汇集了部分雨水输送到污水厂处理，特别是较脏的初期雨水，带有较多的悬浮物，其污染程度有时接近于生活污水，这对保护水体是有利的。但另一方面，暴雨时通过溢流井将部分生活污水、工业废水泄入水体，周期性地给水体带来一定程度的污染，是不利的。对于分流制排水系统，将城市污水全部送到污水厂处理，但初期雨水径流未经处理直接排入水体是其不足之处。② 基建投资方面的要求。分流制的总造价一般比合流制高。从节省初期投资考虑，初期只建污水排水系统而缓建雨水排水系统，节省初期投资费用，同时施工期限短，发挥效益快，随着城市的发展，再逐步建造雨水管渠。分流制排水系统利于分期建设。③ 维护管理方面的要求。合流制排水管渠可利用雨天剧增的流量来冲刷管渠中的沉积物，维护管理较简单，可降低管渠的维护管理费用。但对于泵站与污水处理厂，由于设备容量大，晴天和雨天流入污水厂的水量、水质变化大，从而使泵站与污水厂的运行管理复杂，运行费用增加(图 11-6)。分流制流入污水厂的水量、水质变化比合流制小，利于污水处理、利用和运行管理。④ 施工方面的要求。合流制管线单一，减少与其他地下管线、构筑物的交叉，管渠施工较简单，对于人口稠密、街道狭窄、地下设施较多的市区优势更为突出。一般新建城市或地区的排水系统，较多采用分流制；旧城区的排水系统改造，采用截流式合流制较多。

**图 11-6　在晴天和雨天时合流制排污系统运作机制（徐向荣等，2018）**

近年来，我国的排水工作者对排水体制的规定和选择提出了一些有益的看法。最主要的观点归纳起来有两点。一是两种排水体制的污染效应问题，有的认为合流制的污染效应与分流制持平或低下，因此认为采用合流制较合理，同时国外有先例。二是已有的合流制排水系统，是否要逐步改造为分流制排水系统问题。有的认为将合流制改造为分流制，其费用高昂而且效果有限，并举出国外排水体制的构成中带有污水处理厂的合流制仍占相当高的比例等。这些问题的解决只有通过大量研究和调查以及不断的工程实践，才能逐步得出科学的论断。

分流制虽然有很多优点，但对于无法拓宽道路、改造原有小区排水系统的老城区以及像深圳等城市的住房阳台改成厨房或装上洗衣机的情况，生活污水会直接进入雨水管道系统，无法实施雨、污分流，导致投资浪费和水体污染加剧。发达国家的实践表明，为了进一步改善受纳水体的水质，将合流制改造为分流制的费用高且控制效果有限，若在合流制系统中建造补充设施则较为经济有效。因此，在排水体制的选择上应改变观念，不能一味地选择分流制，应允许部分地区在相当长的时间内采用合流制截流体系，并将提高污水的处理率作为工作的重点。对于已有污水处理厂的合流制排水管网，应在适当的地点建造新型的调节、处理设施（滞留池、沉淀渗滤池、塘和湿地等），这是进一步减轻城市水体污染的关键性补充措施。

## 三、城市排水系统的组成

排水系统是指污（雨）水的收集设施、排水管网、水量调节池、提升泵站、输送管渠和排放口等以一定方式组合成的总体。城市排水系统可分为城市污水排水系统、工业废水排水系统和城市雨水排水系统三大类。

1. 城市污水排水系统

城市污水排水系统通常是指以收集和排除生活污水为主的排水系统，分为室内排水系统和室外排水系统。

（1）室内排水系统及设备。

室内排水系统又称建筑排水系统，一般由卫生设备、排水管系统（器具排水连接管、排水横支管、排水立管、排出管等）、通气管、清通设备、抽升设备、污水局部处理设备等组成（图 11-7）。室内污水管道系统及设备的作用是收集生活污水，并将其排送至室外居住小区污水管道中去。在住宅及公共建筑内，各种卫生设备既是人们用水的容器，也是承受污水的容器，同时是生活污水排水系统的起端

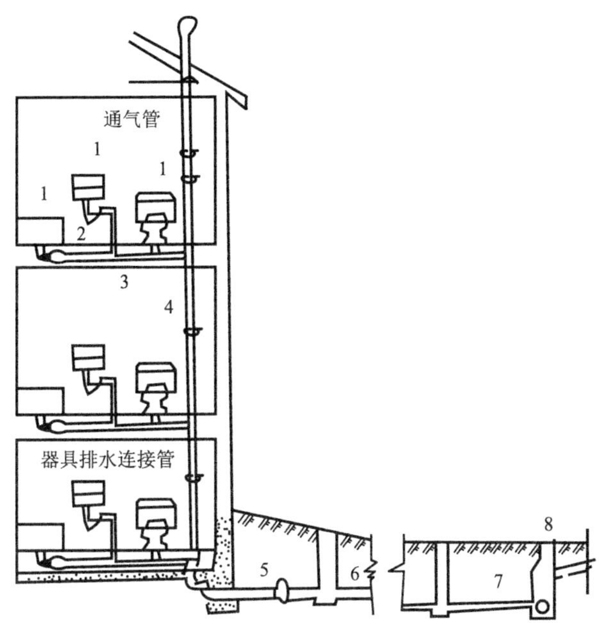


1—卫生设备 2—存水弯 3—排水横支管 4—排水立管
5—排出管 6—庭院污水管 7—连接支管 8—街道管道

**图 11-7 室内排水系统的构成**

设备。生活污水从这里经水封管、支管、竖管和出户管等室内管道系统流入室外居住小区管道系统。在每一出户管与室外居住小区管道相接的连接点设检查井，供检查和清通管道之用。室内排水系统应能够满足以下三个要求：首先，系统能迅速畅通地将污废水排到室外；其次，排水管道系统内的气压稳定，有毒有害气体不进入室内，保持室内良好的环境卫生；第三，管线布置合理，简短顺直，工程造价低（李树平，刘遂庆，2016）。

（2）室外污水管道系统。

分布在地面下的、依靠重力流输送到污水泵站、污水厂或水体的管道系统称为室外排水系统。室外排水系统一般由管道系统（支管、干管、主干管、压力管）、附属构筑物（检查井、跌水井、溢流井、雨水口、出水口等）、污水泵站、污水处理厂等组成。室外排水系统可以分为居住小区管道系统及街道管道系统。

居住小区污水管道系统指敷设在居住小区内，连接建筑物出户管的污水管道系统，分为接户管、小区支管和小区干管。接户管是指布置在建筑物周围接纳建筑物各污水出户管的污水管道。小区支管是指布置在居住小区内与接户管连接的污水管道，一般布置在小区内道路下。小区干管是指在居住小区内，接纳各支管流来的污水管道，一般布置在小区道路或市政道路下。居住小区污水排入城市排水系统时，其水质必须符合《污水排入城市下水道水质标准》(GB/T 31962—2015)。居住小区污水排出口的数量和位置，要取得城市市政部门同意。

街道污水管道系统指敷设在街道下，用以排除居住小区管道流来的污水的管道系统，在一个市区内由城市支管、主管、主干管等组成(图 11-8)。支管承受居住小区干管流来的污水或集中流量排出的污水。在排水区界内，常按分水线划分成几个排水流域。在各排水流域内，干管用于汇集输送由支管流来的污水，也常称为流域干管。主干管是汇集输送由两个或两个以上干管流来的污水的管道。市郊干管是从主干管把污水输送至总泵站、污水处理厂或通至水体出水口的管道，一般在污水管道系统设置区范围之外。管道系统上的附属构筑物有检查井、跌水井、倒虹管等。

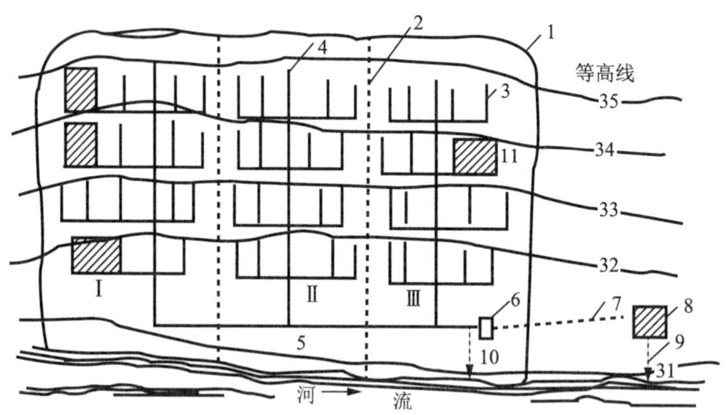


1—城市边界　2—排水流域分界线　3—支管　4—干管　5—主干管
6—总泵站　7—压力管道　8—城市污水厂　9—出水口
10—事故排水口　11—工厂　Ⅰ～Ⅲ—不同排水流域

**图 11-8　城市污水排水系统总平面示意图（汪翔，何成达，2005）**

(3) 污水泵站及压力管道。

污水一般以重力流排除，但往往由于受到地形等条件的限制不能通过重力流排除，这时就需要设置泵站、中途泵站和总泵站等。压送从泵站出来的污水至高地自流管道或至污水厂的承压管段称为压力管道。

(4) 污水处理厂。

处理和利用污水、污泥的一系列构筑物及附属建筑物组成的综合体称为污水处理厂。城市污水处理厂一般设置在城市河流的下游地段，并与居民点或公共建筑保持一定的卫生防护距离。若采用区域排水系统，区域内的每个城镇就

不需要单独设置污水厂，将全部污水送至区域污水处理厂进行统一处理即可。

（5）出水口。

出水口是整个城市污水排水系统的终点设施。事故排出口是指在污水排水系统的中途，在某些易于发生故障的组成部分前面所设置的辅助性出水渠，一旦发生故障，污水就通过事故排出口直接排入水体。污水厂一般都会设置事故排出口。排水管渠系统中，在排水泵站和倒虹管前，宜设置事故排出口。污水泵站和合流污水泵站设置事故排出口应报有关部门批准。污水经污水处理厂处理并达标后，从出水口排入自然水体（如河流、海洋）或回收利用。

2. 工业废水排水系统

在工业企业中，用管道将厂内各车间及其他排水对象所排出的不同性质的废水收集起来，送至废水处理构筑物。处理后的废水可再利用或排入水体，或排入城市排水系统。若某些工业废水不经处理允许直接排入城市排水管道时，就不需要设置废水处理构筑物，可直接排入厂外的城市污水管道，其水质必须符合《污水排入城市下水道水质标准》（GB/T 31962—2015）。工业废水排水系统主要由下列几个主要部分组成。① 车间内部管道系统和设备：主要用于收集各生产设备排出的工业废水，并将其排送至车间外部的厂区管道系统。② 厂区管道系统：敷设在工厂内，用以收集并输送各车间排出的工业废水的管道系统。厂区工业废水的管道系统可根据具体情况设置若干个独立的管道系统。③ 提升泵站及压力管道。④ 废水处理站：是回收和处理废水与污泥的场所。在管道系统上，同样也设置检查井等附属构筑物。在接入城市排水管道前宜设置水质检测设施。图 11-9 为某工业区排水系统总平面示意图。

3. 城市雨水排水系统

雨水来自两个方面，一部分来自屋面，另一部分来自地面。屋面上的雨水通过天沟和竖管流至地面，然后随地面雨水一起排除；地面上雨水通过雨水口流至街坊（或庭院）雨水道或街道下面的管道。雨水排水系统主要由下列五个部分组成。① 建筑物的雨水管道系统和设备。包括天沟、竖管及房屋周围的雨水管沟。主要是收集公共、工业或大型建筑的屋面雨水，并将其排入室外的雨水管渠系统。② 居住小区或工厂雨水管渠系统。③ 街道雨水管渠系统。包括雨水口、庭院雨水沟、支管、干管等。④ 排洪沟。⑤ 出水口。

雨水排水系统的室外管渠系统基本上和污水排水系统相同。在雨水管渠系统也设有检查井等附属构筑物。雨水一般直接排入水体。因雨水径流较大，一般应尽量不设或少设雨水泵站，但在必要时必须设置。如上海、武汉设置了雨水

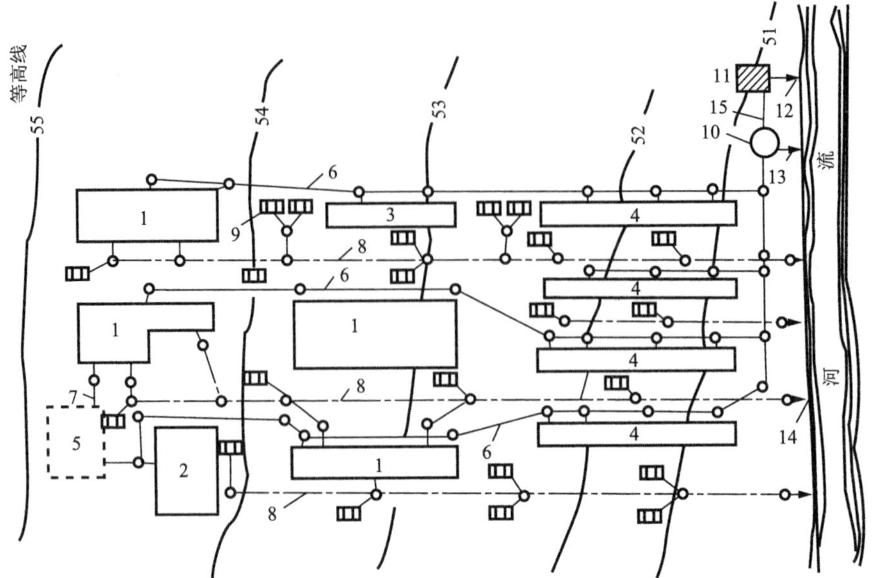


1—生产车间　2—办公楼　3—值班宿舍　4—职工宿舍　5—废水利用车间
6—生产与生活污水管道　7—特殊污染生产污水管道　8—生产废水与雨水管道
9—雨水口　10—污水泵站　11—废水处理站　12—出水口　13—事故排水口
14—雨水出水口　15—压力管道

**图 11-9　工业区排水系统总平面示意图（汪翙，何成达，2005）**

泵站用以抽升部分雨水。

上述各排水系统的组成部分，对于每一个具体的排水系统来说并不一定都完全具备，例如排洪沟，必须结合当地条件来确定排水系统内所必需的组成部分。雨水排水系统设计应充分考虑初期降雨的污染防治、内涝防治、雨水利用等设计。

## 第二节　排水系统演变

多数情况下，在我们日常用水时，并不需要知道有关水来源和去向的详细信息。延绵的水管各司其职：给水管将遥远的清洁水输送到家中，排水管使我们的家园免受污水和雨水淹没。而污水处理厂则确保产生的污水和冲洗厕所的废水集中处理过后不再污染当地的河流。无论白天黑夜，不管我们有没有注意到，这套水系统都在夜以继日、悄无声息地运行着。这样的“无名英雄”和维护的人们在默默地为城市奉献着自己的力量。

水资源形势日益严峻:气候异常造成的区域性的严重干旱或者洪水泛滥更加频繁;某些常见药物成分在饮用水中被频繁检出。这些问题无一不在提示着我们:建立于19世纪而后经过20世纪技术改进的水系统,已不能满足21世纪人们对饮用水安全、健康、回用的要求,水系统的变革势在必行。

在过去的2 500年里,城市水系统一直处于演变过程中。按照城市发展阶段,城市排水系统的演变可以分为三个阶段:古代城市水系统、近现代城市水系统、当代城市水系统。

## 一、古代城市水系统

如果说水是生命中不可缺少的一部分,那么供水就是人类文明史中必不可少的组成部分。城市排水可以追溯到公元前几千年。可以想象,当时在一些地区,人们群居在一起,他们对周围环境带来的影响很小,雨水依据自然水文过程形成地表径流、蒸发或下渗。只有在极端情况下才会出现洪水,但洪水的流量和洪峰的高度并不比现在城市内出现的洪水量大、洪峰高。人类产生的生活污水也可直接被自然过程处理。

在古代,人类为了贸易往来以及安全的需要,聚居在靠近饮用水的地方。但随着聚居地发展成小镇,小镇又发展为城市,人们被迫生活在远离水源的地方。起初,远离水源的城市生活区所面临的挑战是通过打井或付费送水到户来解决的。对于第一批城市居民来说,如何获取水是城市生活所必须克服的挑战之一。古代城市水系统阶段从城市出现一直持续到18世纪中叶。该阶段供水的目的以饮用为主,井水、泉水、河渠湖池为主水源,采用重力输送的方式,管渠系统由渠道或管道组成。排水的方式有粪桶或夜壶(分散),主要是作为肥料来使用,此外也有沟渠、壕池、天然河湖等合流制方式。其基本模式如图11-10所示。古代城市排水系统主要解决了人口聚集对水量需要迅速增长的问题。

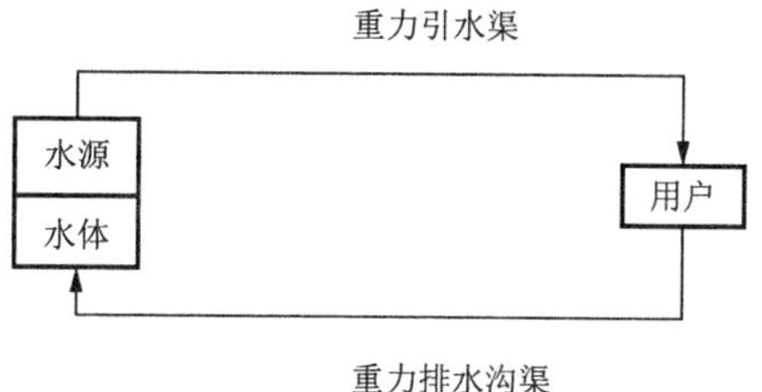


图11-10 古代城市水系统模式图

城市的出现带来密集的房屋群以及由压实的土壤组成的城市街道，无疑需要排水系统的保护才不会被淹没。早期印度河流域和美索不达米亚文明创造了别具匠心的排水沟和有盖沟渠，将街道上的积水引入最近的河道。

1. 我国古代排水系统成就

排水工程的建设在我国有着悠久的历史。新石器时代后期至夏商阶段，是城市产生并开始发展的初级阶段，城邑规模由小逐渐变大，城市排水管道也已具备。我国古代的排水系统，在长期的自给自足、以农业生产为主的封建社会中发展，粪便作为农作物的良好肥料，受到欢迎；通常排入厕所坑内，依靠周期性排空；而淘米洗菜、盥漱洗涤等日常生活污水，水量一般很小，可以直接倾倒在地面，或排入雨水沟渠。这样极少在家庭或建筑内设置污水管道系统，一般只有明渠与暗渠相结合的雨水管渠系统。其材料包括砖石砌块和陶土管道，沟渠的主要作用是防洪排涝。大多城镇水量充沛，城内有天然河道和池塘，城外有护城河，雨水就近排放，管道长度较短。

（1）在平粮台古城遗址，发现了迄今为止中国最早的城市排水系统。距今 4 300 多年河南淮阳平粮台古城铺设的陶制排水管道，是迄今我国发现最早的陶质排水设施，比四大文明古国之一古巴比伦的地沟式排水设施还要早 1 600 多年，是我国城市文明的一项创举。

发掘显示，平粮台古城的排水系统涵盖城内居址日常排水、城墙排涝和城门通道排水。陶质管道是中国新石器时代从平粮台古城开始出现的一项重要发明。这个遗址出土的陶水管，不管是城内还是城门城墙处用的，都是 35～45 cm 长的直筒形，壁厚和表面纹饰相似，是标准化产品。因此，整个城市的排水系统是统一规划、由社会群体共同完成的公共设施。

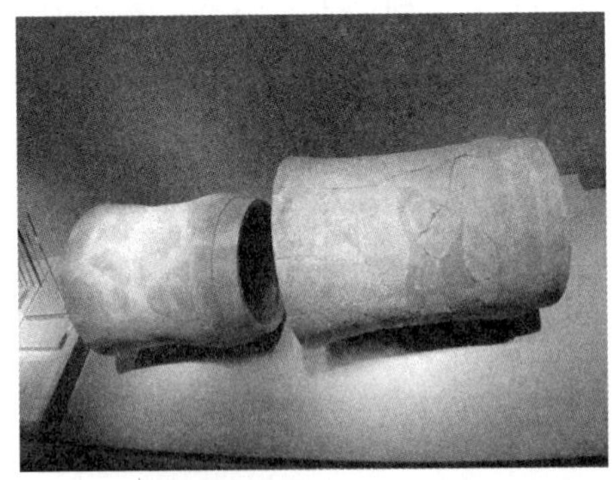

图 11-11　出土于河南淮阳的平粮台城址陶制排水管道

中国古代城市考古中，排水系统一直是研究的重点内容之一。这种陶水管道技术在平粮台古城最早出现，从商周沿用到秦汉，甚至在汉长安城还可以看到节节相扣的陶质水管。古今相通，城市排水系统的规划、水资源的管理，是几千年来人类文明始终需要面对的问题，平粮台古城遗址提供了实例。

（2）公元前 11 世纪到前 220 年的西周至春秋战国时期，下水管道得到普遍应用，排水系统逐步完善，典型的有齐国临淄城完整的排水管道网，该城人口数约为 30 万。距今 3 000 年，临淄先民创造了规模庞大、设计巧妙、布局合理、功能完善的临淄齐都排水系统。临淄齐国故城大、小城设有 3 大排水系统，4 处排水道口。大城西墙北部的排水口（图 11-12），设计巧夺天工、构筑坚固持久，显示了齐国人的非凡智慧和高超的建筑技术水平，被誉为世界同期排水建筑史上的杰作。

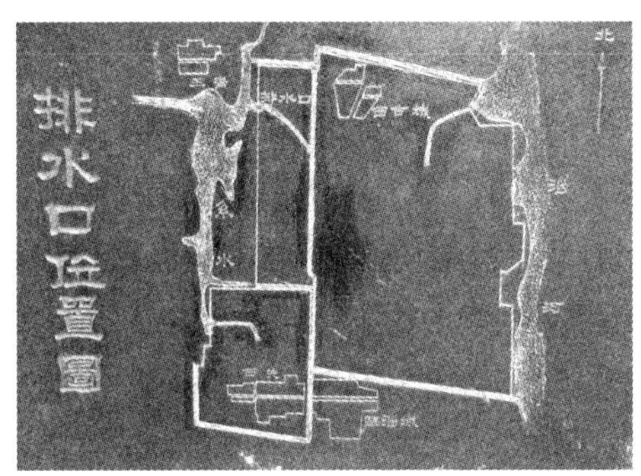


**图 11-12　临淄齐国故城大城西墙北部的排水口位置图**

（3）最早的引水工程是约公元前 700 年，东周阳城地下输水陶质管道系统，以及澄水池和阀门坑等配套设施；距今约 2 100～2 300 年，河南安阳殷墟则出现了类似今天“三通式”的陶水管“陶三通”（图 11-13）；公元前约 200 年的西汉

**图 11-13　河南安阳殷墟出土“陶三通”（聂冬晗摄）**

长安城(今西安)修建了龙首渠(引水渠)并开挖了相当规模的昆明池等用于调蓄排水;公元 13 世纪的元大都(今北京)开挖金水河引水,并建有明渠暗沟组成的排水系统。

2. 古代西方国家城市水系统

史书记载和考古证据表明,西方许多古代城市已经出现了排水系统。

(1) 公元前 3000 年欧洲克里特文明时期的排水遗址,至今仍然能在希腊的克里特岛上寻找到,其中的排水设施输送了降雨径流和沐浴用水,还可能输送了宫殿中的其他废物。公元前 2500 年古埃及也建设了排水沟渠,当时古希腊的城市出现了石砌或砖砌形式的管渠系统。在伊拉克巴格达郊区的考古发掘中,发现了约在公元前 2500 年前建造的砖砌排水管,并有支管和住房冲厕水连接,这是在古代生活污水流入排水管中的极少例子。

(2) 第一次水革命的功劳,即通过管网将给水系统、输水系统(将水输送到私人居家以及公用场所)和排水系统(将污水输送回自然环境中)形成一个完整的水系统的创举,实属古罗马人。在罗马帝国以前,世界上很少有超过 10 万人口的大城市。只要当地的气候并不是很干燥,而且地质条件也允许浅井的存在,像罗马这样大小的城市仍然可以使用当地水资源来应付城市的需水量,但罗马却不行。大约公元前 300 年,罗马的城市人口已增长到大约 50 万。这些居民不仅需要饮用水,他们还喜欢沐浴以及进行一些需要用水的娱乐活动。当地水资源逐渐无法满足这个城市对水的渴求。为此,在接下来的 500 年里,古罗马的工程师们修建了一套较为完备的供排水系统,建成了以河道、管道(铅质)或地下隧道组成的引水渠,长达 400 km,中途设有倒虹吸管、沉砂宽水槽、人工水塘等设施,实现分质供水。最终可以提供足够的水来满足城市居民的需要。古罗马当时的每日用水量和我们现代城市几乎相当。

**图 11-14　古罗马帝国时期修建的加尔引水渡槽**

当然，用过的水也必须从市内排出，以避免内涝。最初，大部分废水流入一条叫马克西姆的排水沟。早期修建时，这种排水沟的功能是把低洼处积水排到毗邻的河流中去，后来，为了方便交通，渠道上面加了顶。最终，兴建了更多的排水沟。它们相互连通，于是古罗马的下水道就这样慢慢诞生了。罗马城主排水道马克西姆下水道中最大的一条截面为 3.3 m × 4 m，从古罗马城广场通往台伯河，被称为“最大下水道”。马克西姆下水道现在依然发挥着排水作用，将罗马城市广场的污水排到台伯河里。

古罗马城市水系统所取得的成就被认为是古代文明最辉煌的奇迹之一，并随着罗马帝国的扩张而传遍欧洲。从 16 世纪开始，伦敦经历了高速的人口增长，19 世纪初的人口规模已超 100 万。当城市的用水供不应求、人口密集城市的粪便开始污染街道和供水的时候，伦敦开始建造自己的水利基础设施。1613 年，伦敦建成了 30 km 长的明渠引城外泉水和河水入城，城内输配水地下管道总长达 50 km。

## 二、近现代城市水系统

当西方文明逐渐从中世纪向现代过渡时，已有的供水和排污系统已经不能满足快速增长的人口速度。如果这些城市要维持其快速发展，必须有一套新的供水系统。为应对供水不足及水体污染所引起的诸多问题，每座城市会依据其在公共卫生、文化习俗、审美等方面的理念，发展一套适合各自特殊气候和地理特征的城市水系统。城市排水系统逐渐演变到近现代城市水系统阶段，这一阶段从第一次工业革命持续到 20 世纪末。日常饮用的供水主要来自砂滤过滤厂，并经过氯气消毒，尽管富人们更青睐私人自来水公司运送的泉水，但是他们也乐于将泰晤士河的水通过管道引到家中以作它用，其中最主要的用途就是冲刷厕所。自来水使得抽水马桶成为可能，这样，在寒冬也不需要用夜壶，更不必去户外厕所。在 1850—1856 年间，伦敦很多富有的房主将他们的抽水马桶连接到下水道系统，从而使伦敦下水道的污水流量倍增，进一步污染了泰晤士河。随着人们逐渐意识到污染河水带来的各种危害，污水生物处理成为污水净化的重要方式。为了解决霍乱、伤寒等由饮水带来的安全问题，第二次和第三次水革命主要以净水厂和污水处理厂的建立为标志，主要进行环境污染控制，其水系统模式如图 11-15 所示。

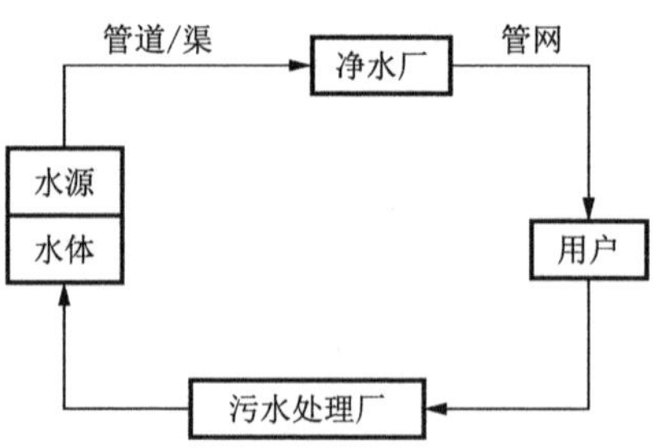


图 11-15　近现代城市水系统模式图

1. 排水系统的发展

1596 年英国发明了抽水马桶，并在 1800 年前后得以普及，也为河水污染埋下了隐患。随着产业革命后工业的发展和人口的集中，一些西方国家的城市开始建造现代排水系统。现代排水系统的建造是从大量的生活污水和工业废水泄入排水管道后开始的。这些污废水如果不处理，将会污染环境和引发各种疾病。1831 年、1848 年、1953 年伦敦发生霍乱，1890 年美国的两个沿河城市洛厄尔和劳伦斯暴发了伤寒，为此政府采取了很多措施来保证饮用水安全，包括寻找新水源或取水口上移、远距离排水、沿海城市将污水排海或将污水排入周边的农田进行处理等措施。19 世纪中期，巴黎修建了规模巨大的下水道系统将污水排入 6 km 以外的下游，主干下水道高约 3 m、宽约 5 m，可供乘船游览，巴黎下水道的这种魅力却无助于减轻城市排放的污水对塞纳河的影响。1874 年，下水道排放的污水在紧靠塞纳河的右岸产生了一段长约 1 km 的黑水。在它向下游移动的过程中，不断地释放气泡和难闻的气味，以至在城市下游 75 km 处，依然可以看到巴黎对塞纳河的影响。最终巴黎修建了一条隧道，将污水排放到 6 km 之外的下游。该下水道至今仍在使用。19 世纪下半叶，美国纽约修建了大渡槽的第一期工程，以引城市西北方 190 km 以外的水源入市，还修建了长距离的地下隧道网络来将污水排入海洋。

排水系统最初是合流制排水系统，即将生活污水、工业废水和雨水混合在同一个管渠内排除的系统，例如，英国早期的排水工艺只建造管渠工程而无处理设施，将污废水及雨水直排水体。这种排水系统一直持续到 20 世纪，在这个阶段，排水管道系统在逐步扩大，出水口的污染物浓度大量增加，固体沉积，臭气熏天。于是出现了分流制排水系统，即将生活污水、工业废水和雨水分别在两个或两个以上各自独立的管渠内排除。其中生活污水和工业废水为了达标排放，必须先进入污水处理厂（站）处理，然后排除。当然，在这一时期，污水处理技术也得到

较快的发展。

排水管渠系统是重要的卫生设施，有效阻止了污水成为传播感染性疾病的一种途径，降低了人们与可能含有传播疾病的液体废弃物之间的接触风险。排水管渠系统在保持生活环境干燥中也起到重要作用，因为潮湿的环境对公共健康（哮喘、风湿性关节炎等）具有有害影响。英国医学杂志（BMJ）在 2007 年，通过采访它的读者，投票得出 1840 年以来最显著的医学进步，其中卫生工程居首，位于抗生素、麻醉、疫苗和 DNA 结构之前。

2. 净水技术的发展

与霍乱相似，伤寒也是由于接触了污染的水或食物中的伤寒杆菌（*Salmonella typhi*）。在 19 世纪晚期，伤寒是美国最常见的传染病之一。1893 年，美国劳伦斯市建设了第一个慢砂滤给水厂，将伤寒患病率降低了 80%，劳伦斯的发病率减少到与周边那些使用清洁水源的社区同一水平。受污染的食物以及人与人接触造成疾病的传播，意味着伤寒不会完全消失，但慢砂滤器已使得人们可以安全地饮用过滤后的水。由于生物膜减缓了水流过砂滤器的速度，这种类型的过滤器被称为慢砂滤器。

为了解决含有黏土的水处理所面临的问题，肯塔基州路易斯维尔的自来水公司的工程师们开发了一种新的水处理工艺，即通过向水中添加化学物质以克服电荷排斥力。同时使得微小黏土颗粒物因相互吸附而变得更大，这样可以加速沉淀。这种新的处理工艺成为后来美国大部分新建水过滤厂的基础。起初是依靠添加硫酸铝钾，这种化学物质俗称明矾。

明矾是快速砂滤器（絮凝—沉淀—砂滤工艺）发明，并在全美城市普及的基础，将病原微生物的去除效率提高到 99%。对于像梅里马克河这种包含不太多病原微生物的河流，一个能够去除 99%微生物的处理工艺，就足以使居民放心地饮用过滤后的河水。然而在水污染更严重的城市，仅仅通过过滤的方法是不能阻止疾病暴发的。

依靠消毒或灭菌可以使大家放心饮用水。但是，没有哪种古老的处理方法可适用于整个城市的供水。毕竟，煮沸一座城市的供水需要的能量是相当昂贵的。是否有一种廉价的方法在自来水到达水龙头前，就能杀死水中的微生物呢？氯气是解决这个问题的合适候选物质。在 19 世纪 80 年代，伦敦的污水处理工艺就尝试利用氯气消除臭气，但是直到 19 世纪 90 年代，人们才开始认识到使用氯气来消毒水的潜力。后来氯气消毒开始广泛应用，进一步提高了饮水的卫生安全。过滤和消毒相结合的工艺逐渐成为给水（地表水源）处理的标准工艺。

3. 污水处理的发展

19世纪末，许多城市开始尝试采用沉降池通过重力作用去除水中的耗氧性固体，以解决排污河道的恶臭问题，但沉降池通过重力作用，仅能去除大约三分之一的耗氧性固体。20世纪初，德国人发明了英霍夫沉淀池来解决污水恶臭和固体废弃物堆积带来的问题，实现了固液分离和污染物厌氧降解。20世纪的前20年，全欧洲和北美都建了沉降池和英霍夫式沉淀池。这套系统后来被称为污水初级处理系统。尽管该系统不能解决污水排放问题，但它能减少排入地表水的耗氧有机颗粒物。

1887年，马萨诸塞州建成了美国第一套间歇生物滤池，曼彻斯特市建成了英国第一个生物滤池大型污水处理厂。随着时间的推移，工程师们不断深入研究在砂砾表面培养生物膜的技术，生物滤池污水处理厂逐渐流行起来。

1913年，英国吉尔伯特•福勒发明了活性污泥法，通过向污水输入气泡（曝气），就像溪流穿过砂砾和岸边时会形成大量气泡，可以让污水在没有生物膜的情况下也能快速氧化还原。因为不受氧气的限制，原本在被污水污染的河流里生长缓慢的好氧微生物，现在可以快速增长。剩余污泥可经脱水干化制成肥料。初级沉淀 + 二级生物处理构成了经典的污水处理工艺，随后许多城市采用上述工艺陆续建设了污水处理厂。

20世纪60年代持续增加的财政投入减缓了日趋恶劣的水污染问题。但是，许多位于大面积水域附近的城市，依然将污水废弃物仅经过初步处理就排入河流、湖泊或者河口。1962年，蕾切尔•卡森的《寂静的春天》出版发行，描述了杀虫剂DDT在动物体内富集而对环境产生的长期危害。1971年，美国国家环境保护局（EPA）在饮用水检测中发现了可能致癌的消毒副产物三卤甲烷，可见人们对于人工合成的化学物质所带来危害的认识逐渐深入。为此，污水处理也得到了进一步发展。例如，净水厂增加了臭氧-活性炭或者超滤工艺单元、使用氯胺或者臭氧替代氯消毒等，目前美国有10%～15%的大型饮用水处理厂使用活性炭或改用臭氧消毒；而污水处理厂则增加过滤、活性炭、离子交换或消毒等工艺单元。

20世纪兴建的污水处理厂，可以称为第三次城市水处理基础设施的革命。缓慢的进步就是这样开始的：人们意识到城市已经太大了，不可能仅仅依靠水体的自净能力来解决污水问题。

## 三、当代城市水系统

随着城市的持续扩大,人们意识到污水处理厂还必须去除污水中的营养物质、有毒金属和合成有机化合物。自21世纪以来,当代城市水系统逐步形成(图11-16),为了解决新出现的各种问题,人类建造了砂滤给水厂,氯气消毒更加规范化并采取了多种多样的供水方式,污水生物处理也更加普遍和成熟,再生水回用技术也得到推广,城市水系统更加复杂,也更加满足人们用水需求,当然也面临着新的挑战。

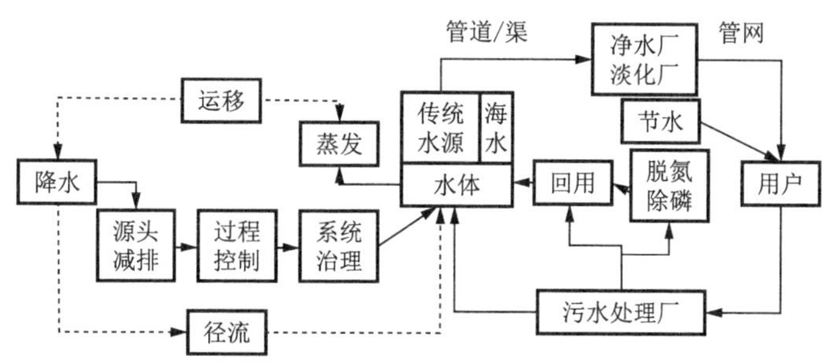


图11-16 当代城市水系统模式图

1. 水资源危机

据统计全国660多座城市中有2/3的城市供水不足,100多座城市严重缺水;澳大利亚作为地球上最干旱的大陆,年均降雨量仅为465 mm, 2003年以来经历了长达10年的干旱,城市水资源供需矛盾突出;2018年1月,南非开普敦市官方称,该市将成为近代历史上第一个水资源枯竭的大城市。水资源短缺的危机让世界各地的许多城市正在考虑在未来几十年里急剧扩大水的再利用和水的循环利用计划,因为这是获得水的最简单也最经济的选择。除此之外,节约用水和海水淡化也是水资源利用的重要方向。

2. 合流制排水系统溢流污染

将雨水和污水混合物排放到地表水,也就是我们称为合流制下水道溢流的情况,只会在污水量超出下水道系统容量的时候出现。大多数下水道系统的最初设计都能容纳最大暴雨量,因此,这种溢流现象每年只会发生几次。20世纪20年代后,美国要求在新建地区采用分流制排水系统,目前仍有部分城市区域使用合流制排水系统,纽约合流制占60%。合流制排水系统暴雨期间排水量可能为旱季水量的10~20倍,排水管道的截流倍数是一定的,因此暴雨会对污水厂产生冲击,会导致一些污水未经处理便被排放进入水体。针对合流制排水系统,首先考虑的是改造措施，在合流制溢流污染频繁的地区修建地下储水隧道调蓄雨污水；或采用源头控制方案，即进入管网之前对小到中雨产生的径流进行滞蓄和处理。

3. 水体富营养化

富营养化是指生物所需的氮、磷等营养物质大量进入湖泊、河流、海湾等缓流水体，引起藻类及其他浮游生物迅速繁殖，水体溶解氧量下降，鱼类及其他生物大量死亡的现象。全世界有 30% ～ 40% 的湖泊和水库遭受着不同程度的水体富营养化影响；我国人口稠密的“三河三湖”地区水体富营养化尤为严重，渤海北部和南海多次发生赤潮；2007 年 5 月，太湖爆发了严重的蓝藻污染，造成无锡全城自来水的污染；2015 年，我国发布了“水十条”，其中明确敏感区域（重点湖泊、重点水库、近岸海域汇水区域）城镇污水处理设施应于 2017 年底前全面达到一级 A 排放标准；人们开始系统地认识城市水系统——自然水循环与社会水循环的耦合系统，并着手通过对水循环过程各环节的控制来解决水资源水环境的问题。

## 四、城市水系统发展与水变革

（1）与古代城市水系统阶段对应的是水系统发展理论中的第一次变革，称之为“水 1.0（Water 1.0）”，发生在第一次全球工业化浪潮时期迅速崛起的欧洲城市。这些城市复制了由古罗马人首建的管道系统和排水沟。随着这些城市的持续扩增、大量废物随排水沟排出，一些水媒疾病（如霍乱和伤寒）肆虐严重威胁公众的健康。

（2）与近现代城市水系统阶段对应的是水系统发展理论中的第二次变革和第三次变革。第二次变革指饮用水的处理，或者称之为“水 2.0（Water 2.0）”。作为又一次变革，遏制了水媒疾病，为人类带来了难以想象的健康福利。但直到半个世纪前，现代技术和持续的经济进步使得城市扩张，从下水管道流出的污染对下游造成很大的影响。伴随着城市周围的河流、湖泊和海湾的污染，迎来了第三次变革，即“水 3.0（Water 3.0）”。它以污水处理厂作为城市水系统的典型特征出现。又经历了半个世纪，人口的持续增长和气候变化迫使城市水系统的功能必须不断强化，以满足居民的用水需求。

（3）所有这些迹象都表明即将出现第四次变革，即“水 4.0（Water 4.0）”，对应城市排水系统演变的第三个阶段。在那些水系统显示出巨大压力迹象的城市，

这些问题已通过不同方式显现出来：有些地方洪水肆虐泛滥；而另外一些地方，却长期干涸。第四次变革仍然在循序渐进的准备过程中。如果我们愿意投入资源、人力，加上政府有意愿把这些变革变成现实，依靠科技，多管齐下，就可以造就更好的城市水系统。

## 第三节　青岛的排水系统

1899年德占当局正式成立了主管青岛城市地下设施的管理机构“II号工部局”，并着手勘察、设计、修建排水设施。至一战结束，德占当局在青岛修建的排水系统的范围大约西到广州路，东到南海路，北到乐陵路，共修建了12个独立的排水系统，敷设雨水管道29.97 km，污水管道41.07 km，雨污合流管道9.28 km。其中，欧人居住区采用雨水污水分别排放系统，华人居住区采用雨水污水合流排放系统。

当时，德国殖民者在青岛地下铺设了80 km长的下水道，是如今青岛市下水道总长度的1/30。1898年10月起，德国殖民者当局将前海一带青岛村的居民强行迁移，然后把中山路南端以东，自德县路过观象山、信号山至太平山一线以南至海边整个区域的住房拆除划归为欧人区，并按照规划进行了大规模城市建设。同时，在欧人区地下铺设了3 200 m下水管道，均为雨水管道，这是德国人在当时第一次提出城市雨污分流的概念。此规划概念即使在今天的城市规划建设中也是非常先进的，修建单独的污水管道，进行分类处理和排放，保障雨水管道的畅通，尤其在100年前能做到这一点非常不易。同时，雨污分流的工程从论证到完工持续了5年之久，德国人显示了特有的耐心。德国人对于城市规划的设想和实施很长远，明确提出了地上与地下同步的概念，这也正考虑到了一个城市长远的综合可持续发展，也表明了对城市的人民负责的态度。德国人把设想的可能性考虑到了最大范围，让未来可能对城市发展规划产生负面影响的因素降到了最低。1905年，青岛市欧人区排水管道铺设已初具规模，采用雨污分流，在西北部的华人区采用雨污合流。雨、污水管道及雨、污混合式管道，均用陶土烧制。同时，德国殖民当局铺设的排水设施，主要有两种形式：地下是管道和暗渠，地上是明渠。第一批修建的暗渠集中在龙口路、江苏路、安徽路、中山路一带。德国人总共修了12个排水系统，相互独立又彼此连接，暗渠总长度为5 464 m。

之后，青岛的地下管网逐渐形成网络。1909年10月，青岛未接通下水管道的只有2户私人地皮和几处公用地皮，以及为华人修建的厕所。此后，无论北洋政府还是国民政府，青岛的市政设施并没有因为政权的交替进行大的改造，设计的办法都是仿照德国人一以贯之。1930到1935年国民政府主政时期，明沟暗渠总计37条，达1.5万多米，青岛的地下排水网基本成型(车潞，2013)。

图11-17　左图为德占时期青岛地下排水管道；右图为德占时期青岛地下排水管道内景（车潞，2013）

1900年，青岛在中国最早实现了“雨污分流”。上海直到1923至1927年间才实现了雨污分流。1918年，香港也同样没有污水下水道，仍使用干式马桶系统，这时的青岛欧人商业区已经开始安装冲水厕所。“雨污分流”理念使得青岛排水一直走在全国前列。

青岛排水系统的建设在一定程度上和德国殖民有很大关系。德国租借青岛17年期间，排水管网共建设约80 km，其中，雨水管道29.97 km，污水管道41.07 km，雨污合流管道9.28 km，占市南区下水管道的45%左右。随着城市空间的不断发展，城市建筑不断增高，人口密度不断增大，原德建管网已无法适应城市排水需求，陆续进行了翻建整修。目前，尚有约2.6 km仍在正常使用，其中，雨水暗渠2.3 km、污水管线0.3 km，长度不足市内三区(市南区、市北区、李沧区)排水管道总长度(2 904 km)的1/1 000，已不能在城市排水系统中起重要作用。

目前，青岛水务集团排水公司负责管理养护的雨污水管线总长已经超过了3 500 km。根据《2020年中国城市建设统计图鉴》，2020年青岛市年污水排放量为4.9亿 $m^3$，排水管道长度为9 713 km，其中，污水管道长度为4 817.6 km，雨水管道长度为4 854.9 km，雨污合流管道长度为40.4 km。

随着青岛城市的建设，其排水主干管基本贯通，支管网基本完善，构建起“截污纳管、雨污分流、厂网协调、泄洪顺畅”的大排水体系。同时青岛污水处理厂的

构建逐渐趋于完善，现有张村河水质净化厂、李村河污水处理厂、麦岛污水处理厂等多个污水处理厂，为青岛水质安全和水环境清洁提供了重要保证。

## 思考题

1. 当前国内大多数城市仍然采用合流制排水系统，对比分流制，谈谈两者的不同，如何改合流制为分流制？

2. 调研巴黎或伦敦强大的地下排水系统，了解其特征，对我们有哪些启示？

3. 分析青岛排水系统的演变过程，为了降低环境影响，谈谈你对当前青岛的排水系统有何建议？

# 第十二章

# 污水处理厂及其工艺

## 第一节 青岛污水处理厂

### 一、污水处理的历史

青岛城市建置初期，所有污水均通过天然沟河自然排放。比如青岛的大沽河干流及其支流。德国租借青岛后，先后建立的广州路、乐陵路、太平路、南海路4座排水提升泵站均设有沉淀池，对污水进行简单沉淀后排放入海，日污水处理能力为495 $m^3$。

1963年，青岛市在团岛建设了第一座污水处理厂，设计能力日处理污水1.1万$m^3$，处理方式为一级处理，1965年建成投入使用，实际日处理污水6 400 $m^3$。污水经沉淀过滤后排放入海，沉淀后的污泥作为肥料运往农场。1978年，青岛市进行了二级污水处理方法试验。

1981年和1982年，青岛相继在延安三路南端建成小型、中型污水处理试验站各一座，日处理污水3 500 $m^3$，占全市污水排放总量的0.92%。1993年，由外方援建的青岛第一座现代化二级污水处理厂——海泊河污水处理厂竣工投产，设计污水处理能力8万t/d。后续青岛市又有李村河、团岛、麦岛等采用国际先进工艺的现代化污水处理厂陆续建成投入运行。经过15年的快速发展，到2007年，青岛市市区已建成运行10座大型城市污水处理厂（表12-1），总处理规模为87.5万t/d，城市污水集中处理率达到80.25%。

表12-1 青岛10座污水处理厂情况（王凯丽，于鹏飞，2009）

| 名称 | 运行时间 | 处理量（万t/d） | 投资额（亿元） | 所属区域 |
|---|---|---|---|---|
| 团岛 | 2000.4 | 10 | 3.7 | 市南区 |

续表

| 名称 | 运行时间 | 处理量(万 t/d) | 投资额(亿元) | 所属区域 |
|---|---|---|---|---|
| 海泊河 | 1993.11 | 8 | 1.39 | 市北区 |
| 李村河一期 | 1998.7 | 8 | 2.07 | 市北区 |
| 李村河二期 | 2008.7 | 9 | 1.3 | 市北区 |
| 娄山河 | 2008.7 | 10 | 2.46 | 李沧区 |
| 麦岛 | 2007.6 | 14 | 2.44 | 崂山区 |
| 沙子口 | 2006.6 | 5 | 0.57 | 崂山区 |
| 城阳一期 | 2006.12 | 5 | 0.8 | 城阳区 |
| 城阳二期 | 2008.10 | 10 | 0.65 | 城阳区 |
| 青岛出口加工区 | 2007.1 | 2 | 0.48 | 城阳区 |
| 泥布湾 | 1998.9 | 2.5 | 0.69 | 黄岛区 |
| 镰湾河 | 2003.12 | 4 | 0.87 | 黄岛区 |

2001 年 3 月青岛市被确定为全国再生水回用五个试点城市之一。积极开展再生水厂、管网及泵站的建设，在管理方式和政策制定方面也进一步向再生水利用倾斜。在规划方面，海泊河污水厂、李村河管网、团岛管网、沿海一线麦岛污水厂再生水管并网正在统筹规划。规划完成后，形成一个基本覆盖青岛市城区的再生水给水网络。同时新建垃圾渗沥液处理厂、污泥堆肥处理厂各 1 座。

2018 年，采用膜处理工艺的市区首座全地下式污水处理厂——张村河水质净化厂投产，同时李村河下游生态补水及调蓄工程竣工，每天向李村河生态补水 20 万 $m^3$，使李村河的面貌发生了翻天覆地的变化。

## 二、污水收集、处理现状

青岛市是淡水十分匮乏的滨海城市，再生水回用是青岛市水资源利用的重要途径。青岛市在再生水利用方面主要有两种模式：一是以城市污水处理厂的二级出水为原水的集中再生水工程项目；二是以企业单位或居民小区内部自产污水为原水的单体再生水工程项目。其中，污水处理厂是青岛市水利用与水安全的重要保障。自 2009 年起，青岛市进行污水处理厂的升级改造，为污水再生水利用创造了条件，青岛市污水处理厂出水水质逐步提高，有 3 座污水处理厂还建设了以常规处理工艺为主、膜处理工艺为辅的再生水深度处理工程设施。截至 2012 年底，青岛市市区已建设集中再生水厂 4 个、铺设市政再生水主管网 36

km，铺设再生水管线 187 km，建设单体再生水工程设施 70 余个，全市再生水处理规模达到 16.3 万 $m^3$/d；到 2020 年青岛市市政再生水生产能力达到了 64.6 万 $m^3$ /d，与 2012 年相比得到了大幅度增长。

青岛是一座景色秀丽的海滨城市，也是全国 15 个经济中心城市、6 个计划单列城市和 16 个副省级城市之一。目前青岛市辖 7 个市辖区（市南、市北、李沧、崂山、黄岛、城阳、即墨），代管 3 个县级市（胶州、平度、莱西）。青岛市区的污水系统按地形及建设情况，分成 5 个污水系统，分别是团岛污水系统、海泊河污水系统、麦岛污水系统、李村河污水系统（包括原规划的李村河和张村河污水系统）及娄山河污水系统。自 20 世纪 80 年代以来，青岛市整个国民经济和各项社会事业蓬勃发展，综合经济实力明显加强。目前青岛市总体目标正朝着以港口、外贸、旅游为主要特色的开放型、多功能、现代化的国际城市发展。城市的大发展，对其基础设施提出了新的更高的要求，为了保障青岛市经济建设和社会发展，城市基础设施建设成了当务之急。

根据《2020 年中国城市建设统计图鉴》，2020 年青岛市共有污水处理厂 21 座，日处理能力达到了 206.6 万 $m^3$ /d，年处理污水量达到了 4.9 亿 $m^3$，实现辖区内的污水全收集、全处理，全部达到国家一级 A 标准排放，极大地保护了海域环境，为青岛的节能减排、胶州湾水质的持续改善发挥了重要作用。各污水处理厂主要沿着地势，分布于河流下游，主要位于河流入海口附近。目前青岛市比较典型的污水处理厂有海泊河污水处理厂、麦岛污水处理厂以及李村河污水处理厂。

## 第二节　青岛典型污水处理工艺

位于青岛市区中南部的海泊河污水处理厂和位于青岛市前海地区的麦岛污水处理厂以及青岛市最大的污水处理厂——李村河污水处理厂是目前青岛市最典型的污水处理厂，其污水处理工艺是青岛市污水处理的典型代表。

### 一、海泊河污水处理厂

海泊河污水处理厂所属海泊河污水系统，位于山东青岛市区中南部海泊河下游南岸入胶州湾口处，由围海造地建成，地势平坦，整个厂区分为南北两个分区。主导风向夏季为东南风，冬季为西北风。整个厂区分为厂前区、污水处理区、污泥处理区、生活区。厂前区设在厂区东南侧；污水处理区在北区沿海泊河由东

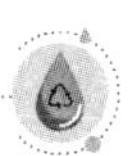

向西布置，处理后出水排入胶州湾；污泥处理区位于厂区西南侧；生活区位于快速公路南面。附属建筑物主要有综合楼、仓库、修理间、沼气锅炉房等。厂区面积达到了 12.80 $hm^2$，服务面积为 24.06 $km^2$，服务的人口数量达到了 53 万人，处理能力达到了单日 20 万 $m^3$，出水水质标准为类地表Ⅳ类。《地表水环境质量标准》（GB 3838—2002）标准分类和水域功能见表 12-2。

**表 12-2　地表水标准分类和水域功能**

| 地表水水域分类 | 水域功能 |
| --- | --- |
| Ⅰ类 | 主要适用于源头水、国家自然保护区 |
| Ⅱ类 | 主要适用于集中式生活饮用水地表水源地一级保护区、珍稀水生生物栖息地、鱼虾类产卵场、仔稚幼鱼的索饵场等 |
| Ⅲ类 | 主要适用于集中式生活饮用水地表水源地二级保护区、鱼虾类越冬场、洄游通道、水产养殖区等渔业水域及游泳区 |
| Ⅳ类 | 主要适用于一般工业用水区及人体非直接接触的娱乐用水区 |
| Ⅴ类 | 主要适用于农业用水区及一般景观要求水域 |

海泊河污水处理厂是青岛市第一座现代化二级污水处理厂。其一期工程于 1993 年竣工投产运行，处理规模 8 万 $m^3/d$。污水处理采用吸附—生物降解工艺（AB 工艺），出水水质执行《污水综合排放标准》（GB 8978—88）的二级标准，主要去除污水中的有机污染物和悬浮物，污泥采用中温厌氧消化、离心脱水后外运处置。随着城市规模和城市人口的不断增长以及工业的不断发展，居民生活污水量和工业废水量也显著增加，特别是 2007 年以来，海泊河的水质受到附近居民越来越多的关注，污水量已超出处理能力，处理设施已不能满足日益增长的污水量，甚至造成了海泊河的二次污染，造成较大的社会影响。为此，极有必要对海泊河污水处理厂进行升级改造和扩建，使处理尾水达到新的排放标准，同时对处理规模进行扩建，进一步减少排入胶州湾的污染物，有利于胶州湾环境保护规划目标的实现，将对青岛市环境保护及生态修复起到积极的作用。

2010 年，海泊河污水处理厂南区扩建，采用改良型序批反应器（MSBR）工艺，处理能力 5 万 $m^3/d$，出水水质达到《城镇污水处理厂污染物排放标准》（GB 18918—2002）一级 A 标准。2012 年北区改建 MSBR 工艺，处理水量达到 11 万 $m^3/d$，出水水质为一级 A 标准。

2020 年，环保部门对污水处理厂提出新的水质要求，海泊河污水处理厂实施提标扩建。本次扩建规模为 4 万 $m^3/d$，扩建后总规模达到 20 万 $m^3/d$，出水水质由原一级 A 标准提升至地表水Ⅳ类水质标准（$COD_{cr}$、$NH_3$-N、TP 执行地表水Ⅳ类标准）。经工艺比选，工程采用“原厂减量 + 扩建 MBR”工艺进行提标扩建。原 MSBR 由 16 万 $m^3$/d 减量至 12 万 $m^3$/d，并于深度处理增加磁混凝沉淀和臭氧氧化系统；新增 8 万 $m^3$/d 厌氧/缺氧/好氧-膜生物反应器组合工艺（$A^2O$-MBR）系统。经过改建，青岛海泊河污水处理厂污水处理工艺和污泥处理工艺流程图如图 12-1、图 12-2 所示。

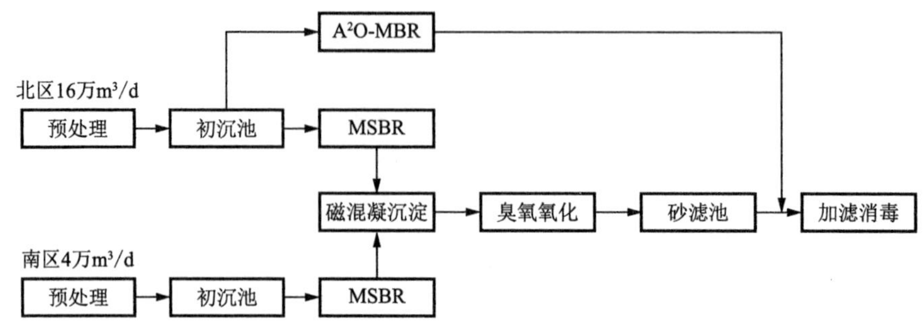


图 12-1　青岛海泊河污水处理厂污水处理工艺流程图

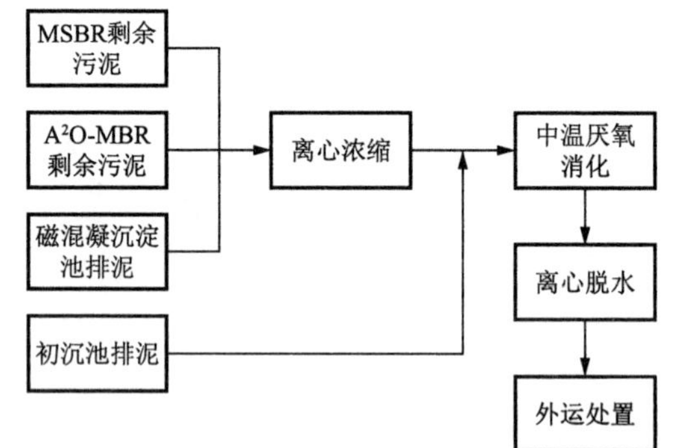


图 12-2　青岛海泊河污水处理厂污泥处理工艺流程图

1. MSBR 工艺

MSBR 工艺采用单池多格设计，可连续进水、连续出水，并且将生物反应过程和泥水分离过程在一个池子里完成，因此 MSBR 工艺是 SBR 工艺的一种变形。与传统 SBR 工艺间歇进水、间歇出水的运行模式相比，MSBR 空间构型的变化和周期设置的灵活性更适合大规模的污水处理厂。目前，该工艺已在美洲得到广泛应用，由于其集约式、一体化的设计理念特别适合我国国情，近年来，MSBR 工艺在国内得到了很好的应用和发展（王晓东，2012）。

MSBR 工艺流程如图 12-3 所示，设有曝气沉砂除油池（2 组）、平流式沉淀池

（2组），生物处理单元采用MSBR同步脱氮除磷工艺，两组MSBR池可独立运行，深度处理可采用微絮凝过滤技术和紫外线消毒。

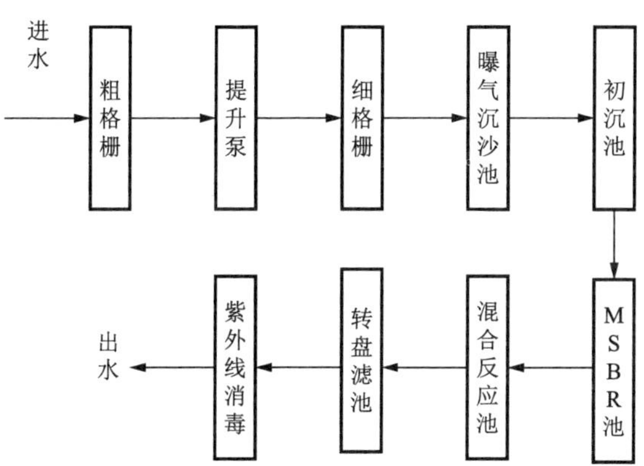


图12-3 MSBR工艺流程图（王晓东，2012）

2. $A^2O$-MBR工艺

海泊河污水处理厂扩建采用的$A^2O$-MBR工艺是厌氧/缺氧/好氧生物脱氮除磷反应器与膜生物反应器的组合工艺，它组合了膜分离和生化技术，强化了生物处理的效果。$A^2O$工艺因其工艺简单、适用范围广而被广泛应用于污水处理领域。但该工艺也存在系统稳定性较差、处理效果有待提高、工艺经济性较差等缺点。而MBR技术由于膜的分离作用，MBR生物反应器内的活性污泥浓度较传统的生物处理法要高，很好地提高了污水的处理效率与出水水质。因此，二者结合，在污水处理中具有良好的效果，且具以下工艺特点。① 可以高效地进行固液分离，抗冲击负荷能力强，悬浮物和浊度接近于零，对细菌和病毒也有很好的截留效果。② 运行过程中不受污泥膨胀的影响，大幅减少运行难度。③ 微生物浓度高，其浓度是传统方法的2～3倍，容积负荷高，占地面积可减少到传统活性污泥法的1/3到1/5。④ 剩余污泥产量低，降低了污泥处理的费用。

3. 磁混凝沉淀与臭氧氧化

磁混凝分离技术作为新型水处理技术之一，近几年来，在国内外开始发展并广泛应用于大型的污水处理工程之中。磁分离是一项很早就得到应用的物理技术，主要是运用不同物质在磁场力的作用下所受引力不同，将导磁性不同的物体区分开来，最早是苏联利用磁聚凝法处理钢厂除尘废水，磁分离技术才开始应用于水处理领域。随着技术的不断进步，该技术不仅实现了对含非导磁性污染物水体的净化处理，还大大加快了污染物分离的速度。

磁混凝技术原理是在一般的混凝沉淀池中加入磁粉，以磁粉为载体通过絮凝、吸附、相互间的架桥作用使得污染物有效地聚合在一起。磁粉的存在，增加了絮体的体积和重量，使得絮体的沉降速度加快，有效地降低了澄清池的水力停留时间，增大了其表面负荷，使得污染物能够快速从水体中分离出来，进水高浓度悬浮固体（SS）不影响出水效果，显著优于常规沉淀（刘志鹏，2021）。

最初饮用水处理时应用臭氧的目的主要在于消毒，之后则从消毒和灭活病毒扩展到不同的化学氧化过程，如氧化无机物（硫化物、亚硝酸盐、氰化物、亚铁离子和锰离子），去除不可降解可溶性 COD，氧化有机物（酚、洗涤剂、农药、产生臭味的化合物、产生色度的化合物、其他溶解性有机物）以及除藻等方面。

4. 污泥处理

污泥的处理工艺主要包括浓缩、稳定、调理、脱水、干化，最终进行处置利用。

（1）污泥浓缩。

由于污泥含水率很高，体积大，不利于后续的输送、处理与处置，特别是增加了后续消化、脱水的负荷。需要采用重力、离心等技术减少污泥体积，这个工艺过程就是污泥的浓缩。污泥浓缩主要有重力浓缩、气浮浓缩和离心浓缩三种工艺形式。国内目前以重力浓缩为主，但随着污水生物处理技术的发展，污泥性状的变化，气浮浓缩和离心浓缩将会有较大的发展。

（2）污泥稳定。

污泥中含有大量有机物，会在微生物的作用下腐化分解，影响环境，采用生物、化学等措施降低其有机物含量使其暂时不分解的过程就是污泥的稳定。污泥的稳定方法主要包括厌氧消化、好氧消化、氯氧化法、石灰稳定法及热处理等。其中厌氧消化法以其成本低、节能、产能而应用最广。

厌氧消化是使污泥实现减量化、稳定化、无害化和资源化的重要环节。污泥中的有机物厌氧消化分解，可使污泥稳定化，不易腐化；通过厌氧消化，大部分病原菌被杀灭或分解而无害化；污泥稳定化过程中将产生沼气，可以资源化；另外污泥经消化后，部分有机氮转化为氨氮，提高了污泥的肥效。

好氧污泥消化实际上就是微生物自身氧化过程，即内源呼吸期。相比之下，好氧污泥消化反应速度快、消化程度较高、对温度依赖性不强。另外该工艺产泥量少，稳定后没有臭味，上清液的污染物浓度低。其缺点是不产能且运行费用较高。

（3）污泥脱水。

污泥的脱水方法主要有自然干化、机械脱水、污泥烘干及焚烧等。其中自

然干化成本低，但需要有场地和气候的条件。机械脱水包括真空过滤、离心脱水和压滤脱水，这些方法一般都需要进行污泥调理，如真空过滤一般需要进行污泥淘洗。离心脱水工艺的优点是结构紧凑，附属设备少，不需要过滤介质，维护较方便。但这种脱水机噪音较大，脱水后污泥含水率较高，污泥中的砂砾容易磨损设备。

污泥在机械脱水前，一般需要改善污泥脱水性能而进行调理或调质。调理的方法主要包括物理法和化学法，物理法有淘洗法、冷冻法及热处理法；化学调质主要指向污泥中投加化学药剂，一般为絮凝剂。

（4）污泥最终处置。

污泥的最终处置出路较多，具有灵活性，主要包括弃置法和回收利用。弃置法主要有卫生填埋和焚烧。回收利用包括土地农业利用、建材利用（如制砖、陶粒）及化工利用（提取有用成分、水热炭化等）。

污泥干燥是用热源对污泥进行深度脱水的处理方法。污泥干燥能使污泥显著减容，产品稳定、无臭且无病原生物，干燥处理后的污泥产品用途多，可以用作肥料、土壤改良剂、替代能源等。污泥干燥或半干燥是污泥减量化、无害化和资源化利用的关键一步，目前急需解决的是污泥热干燥技术和处理成本较高的问题。

5. 再生水的利用

随着节能减排政策出台和水质净化技术的发展，城市污水再生利用的数量和领域也逐渐扩大。污水回用应满足下列要求：对人体健康不应产生不良影响；对环境质量和生态系统不应产生不良影响；对产品质量不应产生不良影响；应符合应用对象对水质的要求或标准；应为使用者和公众所接受；回用系统在技术上可行、操作简便；价格应比自来水低廉；应有安全使用的保障。

海泊河污水处理厂的再生水利用途径主要集中在以下四个方面。① 河道补水。海泊河污水处理厂每年河道生态补水量达到了 480 万 $m^3$。② 水源热泵。污水源热泵系统，是以城市污水资源作为热源，通过热泵技术对需热用户进行供暖。海泊河污水处理厂水源热泵供水量每年可达到 212 万 $m^3$，满足了厂内及周边居民的供冷、供热问题。③ 设备的冷却、冲洗。海泊河污水处理厂每年厂内设备冷却、冲洗自用水量 58.4 万 $m^3$。④ 道路绿化。城市绿地灌溉包括灌溉草地、树木等绿地，道路冲洗、绿化用水每年 5 万 $m^3$。

## 二、麦岛污水处理厂

麦岛污水处理厂位于山东省青岛市前海地区，因位置靠近小麦岛而得名。厂区面积 3.8 $hm^2$，服务面积达到了 35.7 $km^2$，服务人口数量为 85 万人，每日可处理水量 22 万 $m^3$（2022 年），出水水质已达到准地表水Ⅴ类水质标准（$COD_{cr}$、$NH_3$-N、TP 执行地表水Ⅴ类水质标准）。

麦岛污水处理厂进水为城市生活污水，一期工程于 1999 年建成，设计规模为 10 万 $m^3$/d；二期工程扩建于 2007 年完成，采用二级处理技术——物化处理 + Biostyr® 滤池处理工艺，处理能力达到 14 万 $m^3$/d，出水水质达到一级 B 排放标准；三期工程提标改造于 2016 年开工建设，2017 年完成，新增 14 组重质滤料反硝化池及 14 组硝化池，出水水质达到《城镇污水处理厂污染物排放标准》（GB 18918—2002）一级 A 排放标准（范秀磊等，2020）。根据污水厂规划建设要求、实行水量的增长情况以及环保部门对污水处理厂提出的新的水质要求，2022 年麦岛污水处理厂实施提标扩建改造，扩建规模 8 万 $m^3$/d，扩建后总规模达到 22 万 $m^3$/d，出水水质标准由一级 A 标准提升至准地表水Ⅴ类水质标准。青岛麦岛污水处理厂污水处理和污泥处理工艺流程如图 12-4、图 12-5 所示。

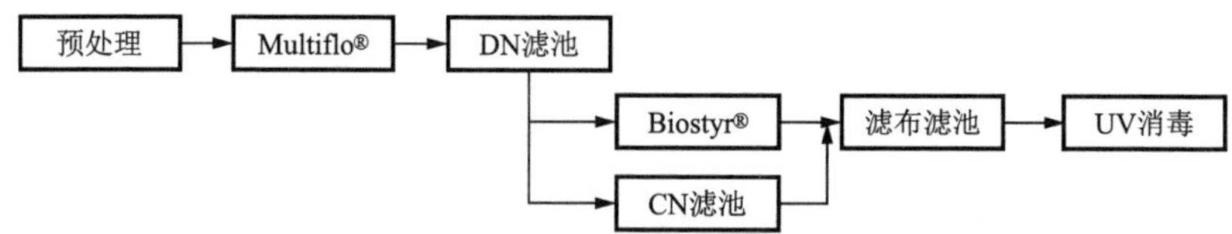


图 12-4　青岛麦岛污水处理厂污水处理工艺流程图

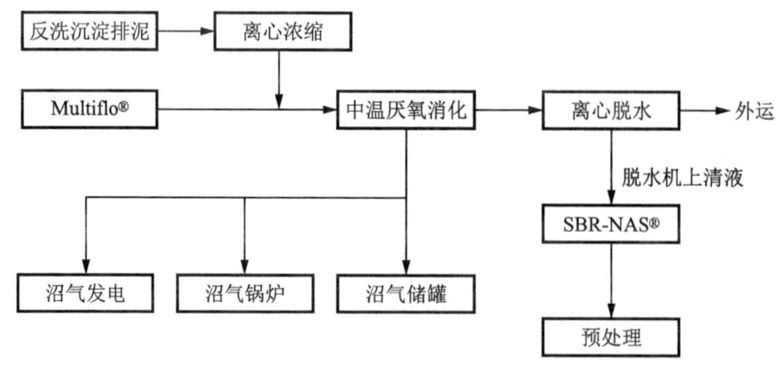


图 12-5　青岛麦岛污水处理厂污泥处理工艺流程图

1. Multiflo® + Biostyr® 滤池处理工艺

Multiflo® 沉淀池是一种强化预处理沉淀池，分为混凝池、絮凝池、沉淀池

三部分，其作用是作为初沉池去除部分悬浮物、有机污染物以及大部分的磷。Biostyr® 滤池处理工艺是一种高效生物滤池处理工艺，其滤池是上向流好氧固定床曝气滤池，具有同步硝化反硝化和过滤的功能（黄绪达等，2008）。

Multiflo® + Biostyr® 滤池处理工艺具有占地省、出水水质好、全面除臭等优点，能够充分利用沼气，既解决了沼气产生的二次污染，又降低了污水处理厂对外界能源电力的需求；全系统的除臭既提高了污水处理厂内的运行环境，又不对周边空气环境产生危害。在城市土地资源紧缺、环境要求高的现实情况下，该工艺是城市中心区域污水处理厂建设首选的处理工艺。

2. 污泥处理

麦岛污水处理厂污泥的处理与常规污泥处理过程大致相同，经过中温厌氧消化后进行离心脱水，比较独特的是对脱水机上清液也采取了一定的工艺进行处理，以去除上清液中所含的总氮。采取的工艺是 SBR-NAS® 工艺，是一种厌氧氨氧化系统。

3. 沼气发电

麦岛污水处理厂经过一次次改建后，其沼气产量逐步提高，2018 年全年沼气产量达到了 611 万 $Nm^3$（标准立方米），截止到 2020 年累计产生沼气 7 615 万 $Nm^3$。利用沼气进行发电并同时削减污泥产量已经成为麦岛污水处理厂的一大特色。在利用沼气发电的同时，热电联产系统利用发电机冷却和尾气余热及沼气锅炉提供的热源，为污泥消化系统、厌氧氨氧化系统及车间供热。

麦岛污水处理厂污泥消化系统 2007 年启动调试，发电系统 2008 年下半年启动调试，当时沼气产量和发电量偏低。2009—2018 年，污泥消化系统保持了稳定高效运行，年均产气量为 575 万 $Nm^3$，同时发电系统总体保持了稳定高效运行，年均发电 931 万 kW·h，发电量约占全厂年总用电量的 61%。2014 年，麦岛污水处理厂对热力系统进行了技术改造，改进了其运行维护管理，提高了热力系统的完好运转率，发电量逐年增高（范秀磊等，2020）。沼气发电系统运行的影响因素主要有以下几个方面。① 发电机自身效率。发电机的运行需要日常维护，发电机尾气系统中的余热以及锅炉、消音器、烟道中的灰尘都会影响发电机的运行效率。② 沼气供应量。沼气的供应与污泥厌氧消化系统有关，消化污泥泥量、消化池内泥温的控制、沼气管线是否畅通以及沼气储存系统是否完善都会影响沼气的供应量，进而影响发电系统。③ 附属热力系统运行状况。内燃机冷却的情况、发电机的运行效率、排烟系统的积灰、热力系统余热的输送情况以及消化池保温情况都会影响热电联产系统。④ 电力负荷的调配。

4. 再生水利用与污泥堆肥

麦岛污水处理厂出水水质执行准地表水Ⅴ类水质标准，尾水达到再生水回用标准。除了再生水利用外，污泥堆肥也是一个重要的资源化方式。

污泥中一般含有较多的N、P、K等营养元素和一些微量元素，是不错的植物养料和土地优化剂，污泥无害化处理之后施用于农田和城市园林，非常有利于植物生长，改善劣质土壤，达到资源化的目的。污泥经离心脱水后，含固率降低，通过添加辅料可进行堆肥。麦岛污水处理厂和海泊河污水处理厂年堆肥产量分别可达到4 300 t和3 600 t。

## 三、李村河污水处理厂

李村河是青岛市中心城区流域面积最大的河流和过城河道。李村河发源于石门山南侧卧龙沟，向西汇入胶州湾。

李村河污水处理厂是目前青岛市最大的污水处理厂，承担着市北区、李沧区、崂山区三区城市污水处理任务，处理能力30万t/d，总服务面积147 $km^2$，服务人口100余万人。出水水质达到准地表水Ⅳ类水质标准。

李村河污水处理厂一期工程于1997年2月建成投产，占地为7 $hm^2$，设计处理规模为8万 $m^3$/d。二期工程设计规模为9万 $m^3$/d，2010年建成投产，占地为8 $hm^2$。一期工程属高污泥负荷的 $A^2O$ 模式，二期工程采用改良 $A^2O$ 工艺+MBBR（移动床生物膜反应器）工艺，设厌氧区、缺氧区和好氧生化反应区，污泥采用中温厌氧消化工艺来处理（段存礼等，2011）。

2016年三期工程建成投产，扩建工程设计规模为8万 $m^3$/d，建成后总处理规模由17万 $m^3$/d提高至25万 $m^3$/d。鉴于项目是在不新增建设用地的情况下实施，建设同时要保证原有污水处理设施不停产，因此采用先新建4.5万 $m^3$/d、后改建3.5万 $m^3$/d的建设方式。青岛李村河污水处理厂汇水区域范围内，进水水质具有浓度高、变化大、可生化降解性差的特点，特别是进水总氮（TN）中有机氮含量较高，给污水处理厂的TN去除带来较大影响。对此，本次扩建工程中，采用Bardenpho五段法+MBBR工艺，有针对性地强化了TN去除效果（刘浩等，2016）。

2019年12月30日，青岛市李村河污水处理厂提标改造及四期扩建工程投入运行，项目改造工程将尾水排放口由排入胶州湾改造至李村河河道；将出水指标由一级A提标至准地表水Ⅳ类标准；并根据李村河流域水量增长情况，将原有

25 万 $m^3$/d 污水处理规模再扩容 5 万 $m^3$/d，总处理规模达到 30 万 $m^3$/d，是青岛市处理规模最大的污水处理厂。本期工程扩建采用了高速气浮、臭氧氧化、MBR 膜处理等国内先进污水处理工艺（马文新等，2022）。

## 思考题

1. 青岛市内沿海岸边、河流入海口附近分布着数十座污水处理厂。请介绍青岛的污水处理厂布局规律，详细调查其中一个污水处理厂，说明其位置、处理工艺、服务区域、处理规模、排放标准等。

2. 调查你家乡污水处理厂的情况，包括污水处理厂数量、污水处理工艺以及典型污水处理厂的历史发展过程。

# 第十三章
# 污水处理技术

## 第一节　污水分级处理概述

由于被处理原水水质指标差异较大，处理目标也不同，需采取不同的水处理工艺或不同的操作参数。城市污水处理技术，按处理程度划分，可分为一级、二级、三级处理。

一级处理是以物理处理为主体的处理工艺，指去除污水中的漂浮物和悬浮物的净化过程，主要为过滤和沉淀。污水一级处理的主要构筑物有格栅、沉砂池和沉淀池。一级处理的工艺流程如图 13-1 所示。格栅的作用是去除污水中的大块漂浮物，沉砂池的作用是去除相对密度较大的无机颗粒，沉淀池的作用主要是去除无机颗粒和部分有机物质。经过一级处理后的污水，悬浮固体（SS）一般可去除 40%～55%，BOD 一般可去除 30%左右，达不到排放标准。一级处理属于二级处理的预处理。

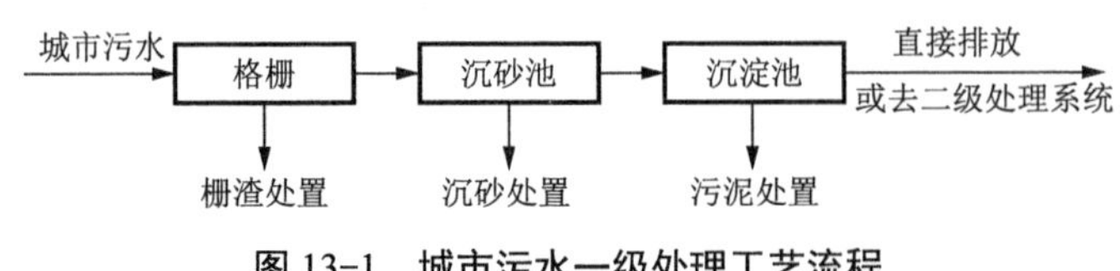


图 13-1　城市污水一级处理工艺流程

二级处理是以生物处理为主体的处理工艺，指污水经一级处理后，用生物处理方法继续去除污水中胶体和溶解性有机物的净化过程。二级处理采用的生物法主要有活性污泥法和生物膜法，其中采用较多的是活性污泥法。采用的典型构筑物有生物曝气池（或生物滤池）和二次沉淀池，产生的污泥经浓缩后进行厌氧消化或其他处理。经过二级处理，城市污水有机物的去除率可达 90%以上，出水中的 BOD、SS 等指标能够达到排放标准。但可能会残存有微生物以及不能降

解的有机物和氮、磷等无机盐类，数量不多，对水体危害不大，出水可直接排放或用于灌溉。

三级处理是进一步处理难降解的有机物、氮和磷等能够导致水体富营养化的营养盐，并采用氯、臭氧等进行杀菌消毒，也称高级处理或深度处理。污水三级处理主要方法有生物脱氮、除磷、混凝沉淀法、砂滤法、活性炭吸附法、离子交换法和电渗析法等。其中比较重要的就是生物脱氮和生物除磷。三级处理方法处理效果好，但处理费用较高。随着对环境保护工作的重视和“三废”排放标准的提高，三级处理在废水处理中所占的比例也正在逐渐增加，新技术的使用和研究也越来越多。

城市污水根据出路的不同，可选择进行一级处理、二级处理和三级处理不同的处理阶段。具体的污水出路包括以下几种。① 排放至天然水体。要考虑既能较充分地利用水体的自净能力，又要防止水体遭受污染、破坏水体的正常使用价值，以一级、二级处理为宜。② 农田灌溉。对于生活污水，如无条件进行二级处理，至少需经过沉淀处理，去除大部分悬浮物及虫卵后用于灌溉；对于工业废水或工业废水占较大比例的城市污水，用于灌溉农田时应持慎重态度，必须对污水水质进行严格控制，采用妥善的灌溉制度和方法，一般宜经过二级处理和无害化处理后才能用于灌溉。③ 回用于工业生产。应根据不同用途对水质的不同要求，对废水进行不同程度的处理。④ 再生水回用。再生水回用需经过二级处理。

## 第二节　污水的一级和二级处理

### 一、污水的一级处理技术

污水一级处理又称污水物理处理。水中杂质按颗粒尺寸从小到大分为溶解物质（$<10^{-3}$ μm）、胶体物质（$10^{-3}\sim1$ μm）和悬浮物质（$>1$ μm）。污水一级处理就是通过简单的沉淀、过滤或适当的曝气，以去除污水中的悬浮物，调整 pH 及减轻污水的腐化程度的工艺过程。主要去除对象是水中漂浮物和悬浮物，一般用于污水的预处理。采用的方法有筛滤截留法、重力分离法和离心分离法。筛滤截留法主要包括格栅与筛网工艺，广泛应用于市政污水、工业废水及给水领域，可去除颗粒较大的物质。重力分离法包括沉淀、气浮和除油等工艺，其中沉淀、气浮工艺在给水与排水中都有广泛的应用，重力沉淀可除去无机颗粒和相对密度大于 1 的有凝聚性的有机颗粒，气浮可除去相对密度小于 1 的颗粒物，而除油工艺主要应用于生活含油污水及工业含油废水处理领域。离心分离法主要应用于工业废水处理和污泥脱水等领域。此外，一些处理可由筛选、重力沉淀和浮选等方法串联组成，除去污水中大部分粒径在 100 μm 以上的颗粒物质。

1. 筛滤截留法

筛滤截留法主要用来分离污水中呈悬浮状态的污染物。常用设备是格栅和筛网。

（1）格栅。

格栅由一组（或多组）相平行的金属栅条与框架组成，倾斜安装在进水的渠道或进水泵站集水井的进口处，主要用于截留污水中大于栅条间隙的漂浮物，以防止管道、机械设备及其他装置的堵塞，保证后续处理设施能正常运行。

格栅按栅条间距可分为粗格栅（50～100 mm）、中格栅（10～40 mm）和细格栅（1.5～10 mm）。对于一个污水处理系统，可设置粗细两道格栅，有时甚至采用粗、中、细三道格栅。格栅截留污染物的数量与地区的情况、污水沟道系统的类型以及栅条的间距等因素有关。

格栅的清渣方法是其设计的重要环节，包括人工清除和机械清除两种。中小型城市的生活污水处理厂或所需截留的污染物量较少时，可采用人工清理的格栅，一般与水平面成 45°～60° 倾角安放，倾角小时，清理时较省力，但占地则较大；机械清渣的格栅，倾角一般为 60°～70°，有时为 90°。每天的栅渣量大于 0.2 $m^3$ 时，一般应采用机械清除方法。

目前市场上格栅类型较多。粉碎型格栅能将污水管网中的木片、空瓶、布片等杂物垃圾进行粉碎，以保护泵站中其他设备正常运转，可代替格栅或与格栅配合使用，无须清理废弃杂物。

（2）筛网。

筛网的网孔较小，较格栅能够去除更细小的悬浮物，相当于细格栅，用于截留布料碎片、塑料、纸张碎片等细小悬浮物，以保证后续处理单元的正常运行和处理效果。纺织印染企业采用筛网回收废水中的短小纤维，有时可以替代初次沉淀池，不但节约了占地，而且还可以保留碳源进行生物的反硝化。

污水处理中采用的筛网主要有两种型式，即振动筛网和水力筛网，主要区别是清除筛渣的动力不同。振动式筛网是利用机械振动，将呈倾斜面的振动筛网上截留的纤维等杂质卸到固定筛网上，进一步滤去附在纤维上的水滴；水力筛网是依靠进水的水流进行旋转的。

格栅和筛网截留的污染物需要处置，主要方法有填埋、焚烧以及堆肥等，也可将栅渣粉碎后再返回废水中，作为可沉淀的固体进入初次沉淀池。粉碎机应设置在沉砂池后，以免大的无机颗粒损坏粉碎机。

2. 重力分离法

（1）沉淀法。

沉淀法是水处理中最基本，也是最常用的方法。它通过重力沉降分离废水中呈悬浮状态的污染物，达到固液分离。这种方法简单易行，分离效果良好，应用非常广泛。在给水厂中，混凝—沉淀是传统的工艺；在典型的污水厂中，可以用于废水的预处理，如沉砂池、初沉池；也会用于生物处理后的固液分离，如二次沉淀池；还用于污泥处理阶段的污泥浓缩，如重力污泥浓缩池。根据水中悬浮颗粒的凝聚性能和浓度，沉淀通常可以分成自由沉淀、絮凝沉淀、区域沉淀和压缩沉淀四种不同的类型。

与沉淀相关的工艺包括沉砂池和沉淀池，也是沉淀法的主要构筑物。沉砂池主要工艺类型有平流式沉砂池、旋流沉砂池和曝气沉砂池。其中平流沉砂池结构简单、操作方便。曝气沉砂池处理效果较好，由于曝气以及水流的旋转作用，污水中悬浮颗粒相互碰撞、摩擦，并受到气泡上升时的冲刷作用，使黏附在砂粒上的有机污染物得以去除，沉于池底的砂粒较为纯净。有机物含量只有5%左右的砂粒，长期搁置也不至于腐化。旋流式沉砂池又称涡流式沉砂池，是一种利用离心分离和重力沉降实现固液分离的水处理装备。

沉淀池是分离悬浮物的一种常用处理构筑物。用于生物处理法中作预处理（一级处理）的称为初次沉淀池，其作用是去除污水中大部分可沉降的悬浮固体以及作为化学或生物化学处理的预处理。而设置在生物处理构筑物后的称为二次沉淀池，是生物处理工艺中一个重要的组成部分，担负着固液分离的任务，二次沉淀池的主要功能是活性污泥的泥水分离。对于一般的城市污水，初次沉淀池可以去除约30%的BOD与55%的悬浮物。

沉淀池按水流方向可以分为平流式、竖流式、辐流式及斜流沉淀池四种。平流式沉淀池池体平面为矩形，进口和出口分设在池长的两端，其沉淀效果好，使用较广泛，但占地面积大。竖流式沉淀池中污水自下向上做竖向流动，污泥下沉。辐流式沉淀池是一种大型圆柱形沉淀池，池径可达100 m。有中心进水周边出水、周边进水中心出水、周进周出等几种形式。污泥一般采用刮泥机刮除。斜板式沉淀池具有沉淀效率高、占地少等优点，在给水处理中得到比较广泛的应用，在废水处理中应用于隔油、絮凝等工艺。在固体物质较多的条件下容易发生黏附堵塞，如二沉池，不宜采用斜板沉淀池。

（2）气浮法。

气浮法是一种有效的固-液和液-液分离方法，常用于对那些颗粒密度接近或小于水的细小颗粒的分离。在废水处理中，气浮法用于去除污水中漂浮的污染物，或通过投加药剂、加压溶气等措施使一些污染物上浮而被去除。原理是将空气以微小气泡形式通入水中，使微小气泡与在水中悬浮颗粒相黏附，上浮水面，从水中分离出去，形成浮渣层排出。在一级处理工艺中，气浮法主要是用于去除污水中的油类杂质。隔油池就是用来分离污水中颗粒较大的油品的构筑物（图 13-2）。

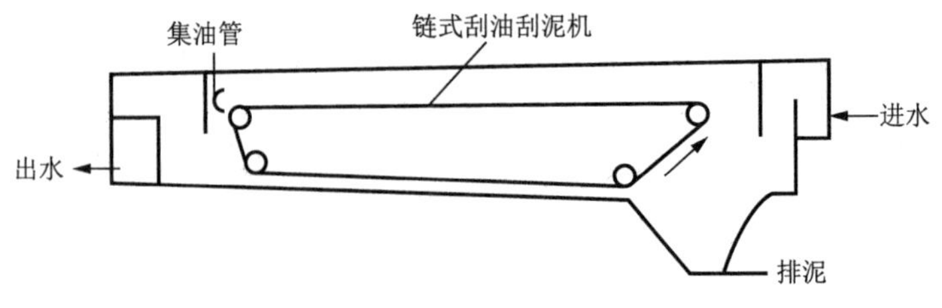


图 13-2　隔油池示意图

相对于沉淀工艺，气浮对颗粒的重量及大小要求不高，能减少絮凝时间及节约混凝剂用量，且工艺占地面积小，工艺排泥方便，泥渣含水率较低。然而，气浮工艺需要一套供气、溶气和释气装置，日常运行的电耗有所增加。

气浮法处理工艺必须满足下述基本条件：第一是必须向水中提供足够量的细微气泡；第二是必须使污水中的污染物质能形成悬浮状态；第三是必须使气泡与悬浮的物质产生黏附作用。有了上述这三个基本条件，才能完成气浮处理过程，达到污染物质从水中去除的目的。

气浮工艺是依靠气泡来托起絮体的，絮体越多、越重，所需要气泡量就越多，故气浮法一般不宜用于高浊度原水的处理，这一点在大水量的给水处理领域尤为重要。

## 二、污水的二级处理技术

污水二级处理是污水经一级处理后，再经过具有活性污泥的曝气池及沉淀池的处理，使污水进一步净化的工艺过程，多采用较为经济的生物化学处理法，它往往是废水处理的主体部分。二级处理常用的方法有絮凝法和生物法。

1. 生物处理的基本概念

污水生物处理法是建立在水环境自净作用基础上的人工强化技术，有百余年发展历史，具有高效、低耗、产能高等优点，运行费用低，广泛应用于大规模生活污水和工业废水处理工程中。

1881 年，法国发明的 Moris 池是最早的废水处理生物反应器，属于封闭厌氧型；1893 年，在英国首先应用了生物滤池；1914 年英国又首先采用活性污泥法处理废水。此后的半个多世纪，好氧生物处理成为稳定废水中有机物的核心工艺；而厌氧处理长期以来用于污泥稳定。然而，由于工业和城市的飞速发展，在世界范围内，特别是发展中国家，水污染至今还没有得到有效控制，污水生物处理技术离尽善尽美还相差很远。主要缺点是生化环境不够理想、微生物数量不够多、反应速率尚低、处理设施的基建投资和运行费用较高、运行不够稳定、难降解有机物处理效果差等。另外，从可持续发展的战略观点来衡量，废水生物处理还存在需消耗大量有机碳、剩余污泥量大、释放较多二氧化碳等缺点。

（1）微生物特性及污水处理特点。

污水生物处理的优势是由微生物的特性及其生长规律所决定的。微生物的特性是理解与应用污水生物处理工艺特点和优势的关键，预示着微生物对污染物降解的巨大潜力。微生物特点如下：① 微生物个体微小、比表面积大、代谢速率快。较大的酵母菌，一般为椭圆形，宽 1～5 μm，长 5～30 μm；比表面积大，大肠杆菌与人相比，其比表面积约为人的 30 万倍，为营养物的吸收与代谢产物的排泄奠定了基础；代谢速度快，发酵乳糖的细菌在 1 h 内可分解其自重的 1 000～10 000 倍。一种产朊假丝酵母（*Candida utilis*）合成蛋白质能力比大豆强 100 倍。② 种类繁多、分布广泛、代谢类型多样。据估计，地球上存在约 $5 \times 10^{30}$ 个细菌，活跃在海、陆、空等环境中，在极端环境中也存在极端微生物。微生物代谢能力强，有的细菌能降解几十种有机物。甲基汞、有毒氰、酚类化合物等都能被微生物作为营养物质分解利用。③ 繁殖快、易变异、适应性强。大肠杆菌在条件适宜时 17 min 就分裂一次；有一种假单胞细菌在不到 10 min 就分裂一次；低温、高温、高压、酸、碱、盐、辐射等条件下可以快速适应；对于进入环境中的“陌生”污染物，甚至是抗生素类污染物，微生物可通过突变而改变原来的代谢类型而降解之，而微生物本身会成为抗药性细菌。

利用微生物的无穷潜力、反应设备的发展及材料等相关学科技术的进步，发挥微生物污水处理廉价的优势，与其他工艺相交叉，利用协同作用，污水生物处理工艺必将取得更大的发展，发挥更大的作用。

(2) 污水生物处理的基本原理。

污水生物处理是微生物不断从外界环境中摄取营养物质，通过生物酶催化的复杂生化反应，在体内不断进行物质转化和交换，总体分两类。① 分解代谢：分解复杂营养物质，降解高能化合物，获得能量。② 合成代谢：通过一系列的生化反应将营养物质转化为复杂的细胞成分。根据氧化还原反应中最终电子受体的不同，分解代谢可分为发酵和呼吸，呼吸又分为好氧呼吸、缺氧呼吸和厌氧呼吸。

发酵是微生物将有机物氧化释放的电子传递给未完全氧化的某种中间产物，同时释放能量并产生不同代谢产物的过程。这种生物氧化作用不彻底，最终形成的还原性产物是比原来底物简单的有机物，在反应过程中，释放的自由能较少，故厌氧微生物在进行生命活动的过程中，为了满足能量的需要，消耗的底物要比好氧微生物多。

呼吸是微生物在降解底物的过程中，将释放的电子交给电子载体，再经过电子传递系统传给外源电子受体，从而生成水或其他还原型产物并释放能量的过程。以分子氧作为最终电子受体的称为好氧呼吸，以氧化型化合物作为最终电子受体的称为缺氧呼吸，如反硝化过程。

污水的生化环境是生物处理工艺分类的重要依据，对生化处理效果具有重要影响。根据是否需要氧气，可分为好氧生物处理和厌氧生物处理。

污水的好氧生物处理是在有游离氧（分子氧）存在的条件下，好氧微生物降解有机物，使其稳定、无害化的处理方法。微生物利用废水中存在的有机污染物，作为营养源（碳源）进行好氧代谢。有机物通过代谢活动，约有 1/3 被分解、稳定，并提供其生理活动所需的能量；约有 2/3 被转化，合成为新的细胞物质，即进行微生物自身生长繁殖。其主要优点是：反应速度较快，所需的反应时间较短，处理构筑物容积较小；处理效果好，一般在厌氧生物处理后要加好氧生物处理进一步降低污染物浓度；处理过程中散发的臭气较少，对有毒废水的适应能力强。

污水的厌氧生物处理是在没有游离氧存在的条件下，兼性细菌与厌氧细菌降解和稳定有机物的生物处理方法。在厌氧生物处理过程中，复杂的有机化合物被降解，转化为简单的化合物，同时释放能量。在这个过程中，有机物的转化分步进行，部分转化为 $CH_4$，可回收利用；还有部分被分解为 $CO_2$、$H_2O$、$NH_3$、$H_2S$ 等无机物，并为细胞合成提供能量；少量有机物被转化、合成为新的细胞组成部分，其污泥增长率较小。该工艺主要的特点是由于废水厌氧生物处理过程不需另加氧气源，故运行费用低；另外突出的优点是剩余污泥量少和产生可回收沼气

($CH_4$)等能源。其主要缺点是启动和反应速度较慢，反应时间较长，处理构筑物容积大；为维持较高的反应速度，需维持较高的温度，就要消耗能源；产臭气、处理效果较差。

(3) 微生物的生长规律。

按微生物生长速率可分为四个生长期。

延迟期(适应期)：如果活性污泥被接种到与原来生长条件不同的废水中，或污水处理厂因故中断运行后再运行，则可能出现适应期。废水生物处理实验初期的污泥培养驯化阶段也会出现适应期。延迟期是否存在或停滞时间的长短，与接种活性污泥的数量、废水性质、生长条件等因素有关。

对数增长期：当废水中有机物浓度高且培养条件适宜，活性污泥很快就会进入对数生长期。处于对数生长期的污泥絮凝性较差，呈分散状态，镜检能看到较多的游离细菌，混合液沉淀后其上层液混浊，含有机物浓度较高，活性强沉淀不易，用滤纸过滤时，滤速很慢。

稳定期：当污水中有机物浓度较低，污泥浓度较高时，污泥则有可能处于稳定期。此时，活性污泥絮凝性好，混合液沉淀后上清液清澈，以滤纸过滤时滤速快，污水的处理效果好。

衰亡期：当污水中有机物浓度较低，营养物明显不足时，则可能出现衰老期。处于衰老期的污泥松散、沉降性能好，混合液沉淀后上清液清澈，但有细小泥花，以滤纸过滤时，滤速快。

微生物生长规律可以指导污水生化实验，并应用到实际污水生物处理系统的操作与调试中。

(4) 微生物生长的影响因素。

在污水生物处理过程中，如果条件适宜，活性污泥的增长过程与纯种微生物的增殖过程大体相仿，其生长受废水性质、浓度、水温、pH、溶解氧等多种环境因素的影响。这些因素影响微生物的生长过程和污水处理效果，是污水处理实际操作的重要控制指标。

微生物要求的营养物质必须包括组成细胞的各种原料和产生能量的物质，主要有水、碳素营养源、氮素营养源、无机盐。在实际污水处理中，特别是工业废水处理中，好氧生物处理一般估算营养比例为 BOD∶N∶P = 100∶5∶1。

各类微生物所生长的温度范围不同，为 5～80 ℃。根据微生物适应的温度范围，微生物可以分为中温性(20～45 ℃)、高温性(45 ℃以上)和低温性(20 ℃以下)三类。当温度超过最高生长温度时，微生物会因蛋白质迅速变性及酶系统遭到破坏而失活；低温会使微生物代谢活力降低，进而处于生长繁殖停止状态，但仍保存其生命力。厌氧微生物对温度的依赖性相对较高，一般需要在中温条件下进行。

不同的微生物有不同的pH适应范围。大多数细菌适宜中性和偏碱性（pH = 6.5～7.5）的环境。废水生物处理过程中应保持最适pH范围，当废水的pH变得较低时，丝状菌、真菌繁殖生长迅速，会发生污泥膨胀，应设置调节池，使进入反应器的废水保持在合适的pH范围。

溶解氧是影响好氧生物处理效果的重要因素，好氧微生物处理的溶解氧一般以2～4 mg/L为宜，溶解氧偏高，一般不会影响处理效果，但能耗较高，总体需氧量与污水处理系统有机物负荷及溶解氧的传质有关。

在工业废水中，有时存在着对微生物具有抑制和杀害作用的化学物质，这类物质称之为有毒物质。其毒害作用主要表现为细胞的正常结构遭到破坏以及菌体内的酶变质，并失去活性，因此对有毒物质应严加控制，使毒物浓度控制在允许范围内。有毒物质的浓度要求与其毒性及微生物种类有关。如有研究表明，当苯酚浓度为100 mg/L时，生物比增长速率达到最大，之后受到抑制。

2. 絮凝法

絮凝法是化学法的一种，是通过加絮凝剂破坏胶体的稳定性，使胶体粒子发生凝絮，产生絮凝物而发生吸附作用，主要是去除一级处理后污水中无机的悬浮物和胶体颗粒物或低浓度的有机物。絮凝处理是利用絮凝剂使水中悬浮颗粒发生凝聚沉淀的水处理过程。

絮凝过程是水中细小胶体与分散颗粒由于分子吸引力的作用互相黏结凝聚的过程，分自由絮凝与接触絮凝两种类型，生成的矾花在沉淀、过滤等水处理过程中起着强化和提高处理效率的作用。也就是说，当水中投加絮凝剂后形成的矾花吸附生活污水中的有机性悬浮物、活性污泥等在沉淀池中进行沉降处理时，絮体之间互相碰撞凝聚，颗粒尺寸变大，沉速随深度加深而变快，从而加速沉降过程。

3. 生物法

生物法是利用微生物处理污水，主要除去一级处理后污水中的有机物，并将其转化为稳定无害的无机物的一种废水处理方法。它具有投资少、效果好、运行费用低等优点，在城市污水和工业废水的处理中得到广泛的应用。

现代的生物处理法根据微生物在生化反应中是否需要氧气分为好氧生物处理和厌氧生物处理两类。好氧法包括活性污泥法和生物膜法。

(1) 活性污泥法。

活性污泥是活性污泥法处理系统中的主体作用物质。正常处理城市污水的活性污泥外观为黄褐色的絮绒颗粒状,粒径为 0.02 ~ 0.2 mm,单位表面积可达 2 ~ 10 $m^2$/L,相对密度为 1.002 ~ 1.006,含水率在 99% 以上。活性污泥的固体物质含量仅占 1% 以下,由四部分组成:① 具有活性的生物群体;② 微生物自身氧化残留物,这部分物质难以生物降解;③ 原污水挟入的不能为微生物降解的惰性有机物质;④ 原污水挟入并附着在活性污泥上的无机物质。

在活性污泥上栖息着具有强大生命力的微生物群体。这些微生物群体主要由细菌和原生动物组成,也有真菌和以轮虫为主的后生动物。

细菌是活性污泥净化功能最活跃的成分,污水中可溶性有机污染物直接为细菌所摄取,并被代谢分解为无机物,如 $H_2O$ 和 $CO_2$。活性污泥处理系统中的真菌是微小腐生或寄生的丝状菌,这种真菌具有分解碳水化合物、脂肪、蛋白质及其他含氮化合物的功能,但若大量异常增殖会引发污泥膨胀现象。

在活性污泥中存活的原生动物有肉足虫、鞭毛虫和纤毛虫三类。原生动物的主要摄食对象是细菌,因此,活性污泥中的原生动物能够不断地摄食水中的游离细菌,起到进一步净化水质的作用。原生动物是活性污泥系统中的指示性生物,当活性污泥出现原生动物,如钟虫、等枝虫、独缩虫、聚缩虫和盖纤虫,说明处理水水质良好。后生动物(主要指轮虫)捕食原生动物,在活性污泥系统中是不经常出现的,仅在处理水质优异的完全氧化型的活性污泥系统,如延时曝气活性污泥系统中才出现,因此,轮虫出现是水质非常稳定的标志。

在活性污泥处理系统中,净化污水的第一承担者是细菌,而摄食处理中的游离细菌,使污水进一步净化的原生动物则是污水净化的第二承担者。原生动物摄取细菌,是活性污泥生态系统的首次捕食者。后生动物摄食原生动物,则是生态系统的第二次捕食者。

构成活性污泥法有三个基本要素,一是引起吸附和氧化分解作用的微生物,也就是活性污泥;二是废水中的有机物,它是处理对象,也是微生物的食料;三是溶解氧,没有充足的溶解氧,好氧微生物既不能生存也不能发挥氧化分解作用。作为一个有效的处理工艺,必须使微生物、有机物和氧充分接触,活性污泥法在充氧的同时,也使混合液悬浮固体处于悬浮状态,因此不需要其他搅拌装置。回流污泥的目的是使曝气池内保持一定的悬浮固体浓度,也就是保持一定的微生物浓度。曝气池中的生化反应促进了微生物的增殖,增殖的微生物通常从沉淀池中排除,以维持活性污泥系统的稳定运行。剩余污泥中含有大量的微生物,排放环境前应进行处理和最终处置。

活性污泥中的细菌是一个混合群体，常以菌胶团的形式存在，其性状是系统稳定运行的关键。污泥除了有氧化和分解有机物的能力外，还要有良好的凝聚和沉淀性能，以使活性污泥能从混合液中分离出来，得到澄清的出水。污泥的性状决定了系统运行状况和处理功效，必须及时测试评价污泥性状参数，活性污泥评价的传统方法包括表观性状分析（颜色、味道、状态等）、显微镜的生物相观察、污泥沉降比（SV）和污泥浓度（MLSS、MLVSS）及污泥体积指数（SVI）等。

混合液悬浮固体浓度（MLSS），又称混合液污泥浓度，它表示的是在曝气池单位容积混合液内所包含的活性污泥固体物的总重量。混合液挥发性悬浮固体浓度（MLVSS），表示混合液活性污泥中有机固体物质的浓度，单位为 g/L。MLVSS 能够较准确地表示微生物数量，但其中仍包括惰性有机物质。因此，也不能精确地表示活性污泥微生物量，它表示的仍然是活性污泥中微生物量的相对值。MLSS 和 MLVSS 都是表示活性污泥中微生物量的相对指标，MLVSS / MLSS 在一定条件下较为固定，对于城市污水，该值在 0.75 左右。

活性污泥曝气池中混合液中污泥的沉降体积比可采用污泥沉降比（SV）测定，但 SV 不能确切表示污泥沉降性能，还需要考虑沉降污泥的质量，用单位干泥形成湿泥时的体积来表示污泥沉降性能，简称污泥体积指数（SVI），单位为 mL/g。

$$SVI = SV(mL/L)/MLSS(g/L)$$

SVI 在 100～150 时，污泥沉降性能良好；SVI > 200 时，污泥沉降性差，容易发生污泥膨胀；SVI < 100 时，污泥中无机成分较多，污泥活性差。该指数是判断活性污泥系统运行稳定性常用的判别标志。

（2）生物膜法。

生物膜法包括生物滤池、生物转盘、生物接触氧化、生物流化床等工艺形式；其共同特点是微生物附着生长在滤料或填料表面，形成生物膜来降解流过的污水。

生物膜法的优点是系统具有丰富的生物相，包括细菌、真菌、原生动物、后生动物、藻类等，形成了一个良好的生态环境，促进系统的污水处理功效。系统微生物具有分层分布的特征，包括生物膜的厚度变化、微生物的级别变化都具有分层性，有利于废水的梯度降解；生物膜法微生物存活较长，污泥龄可以很长；工艺对水质、水量变动有较强的适应性，不会发生污泥膨胀，不采用污泥回流，运行管理方便；由于有较长的食物链，剩余污泥产量少、易处理。工艺的主要缺点是滤

料、填料材料的投资和装卸费用高；系统容易发生堵塞，传质性能较差，特别是生物滤池，一般适合处理低浓度废水。

生物滤池是应用较早的生物膜工艺。1893 年英国 Corbett 在 Salford 创建了第一个具有喷嘴布水装置的生物滤池。其主要优点是出水水质好，对水质、水量变化的适应性较强。典型的生物滤池的构造由滤床、布水设备和排水系统组成（图 13-3）。

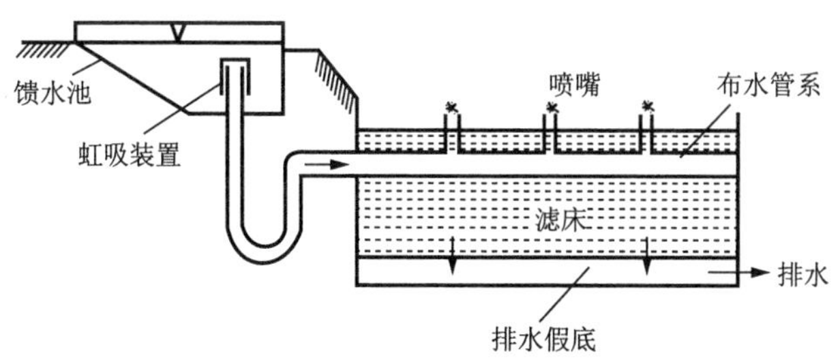


图 13-3 固定式布水生物滤池构造示意图

滤床由滤料组成。滤料是微生物生长栖息的场所，理想的滤料应具备较大的比表面积、机械强度和低廉的价格等特性。早期主要以碎石为滤料，此外，碎钢渣、焦炭等也可作为滤料，其粒径为 3～8 cm。20 世纪 60 年代中期塑料工业发展起来以后，由于其密度较低、比表面积较大，可以提高滤床的高度，进而强化污水处理效果，塑料滤料开始被广泛采用。

布水系统分为移动式布水和固定式布水两种类型。移动式布水系统中的回转式布水器中央是一根空心的立柱，底端与设在池底下面的进水管衔接。固定式布水系统是由虹吸装置、馈水池、布水管道和喷嘴组成。馈水池也称投配池，借助虹吸作用，使布水自动间歇进行，投配工作周期 = 喷嘴喷洒时间 + 投配池充满延续时间 = 5～15 min。

池底排水系统包括排水假底、集水沟和池底，主要作用是收集滤床流出的污水与生物膜、支撑滤料和保证通风。

低负荷生物滤池又称普通生物滤池，其优点是处理效果好，BOD 去除率可达 90% 以上，出水水质稳定；缺点是占地面积大，易于堵塞，灰蝇很多，影响环境卫生。后来，人们通过采用新型滤料，革新流程，提出多种型式的高负荷生物滤池，使负荷率比普通生物滤池提高数倍，池子体积大大缩小。回流式生物滤池、塔式生物滤池属于这种类型的滤池。它们的运行比较灵活，可以通过调整负荷率和流程，得到不同的处理效率（65%～90%）。当负荷率高时，有机物转化不彻底。

影响生物滤池性能的主要因素有滤池的高度、负荷率、回流率和供氧等。随着滤床深度增加，有机物去除效率不断提高；但超过某一高度后，去除率提高就不明显了，再增加高度就不经济了。由此开发了塔式生物滤池，该滤池是德国化学工程师于 1951 年应用气体洗涤塔原理创立的一种污水处理工艺。高度一般在 8～12 m，污水自上而下滴流，水流紊动剧烈，通风良好。但处理一般不完全，只有 60%～85%去除率，但抗有毒物质冲击适应性强，可作有机废水预处理。

利用污水厂的出水或生物滤池出水稀释进水的做法称回流，回流水量与进水量之比叫回流比。回流可提高生物滤池的表面水力负荷，它是使生物滤池负荷率由低变高的方法之一，可以促进氧传质，更新生物膜；回流可改善进水水质、提供营养元素和降低毒物质浓度，回流提高溶解氧，还有利于防止产生灰蝇和减少恶臭。

正常运行的生物滤池，自然通风可以提供生物降解所需的氧量。自然拔风的推动力是池内温度与气温之差以及滤池的高度（塔式滤池通风较好）。自然通风不能满足时，应考虑强制通风。

（3）厌氧生物处理法。

厌氧生物处理（或称厌氧消化）是在无氧条件下，通过厌氧菌和兼性菌的代谢作用，对有机物进行生化降解的处理方法。该法主要依赖厌氧菌和兼性菌的生化作用来完成处理过程，要保证无氧环境。好氧生物处理效率高，应用广泛，已成为城市污水处理的主要方法。但好氧生物处理的能耗较高，剩余污泥量较多，特别不适合处理高浓度有机废水和污泥。厌氧生物处理与好氧生物处理相比的显著优势在于：不需供氧；最终产物为可以利用的甲烷气体，可用作清洁能源；特别适合处理城市污水处理厂的污泥和高浓度有机工业废水。

厌氧生物处理的最终产物为气体，以 $CH_4$ 和 $CO_2$ 为主，另有少量的 $H_2S$ 和 $H_2$。厌氧生物处理必须具备的基本条件有：① 隔绝氧气；② pH 维持在 6.8～7.8；③ 温度应保持在适宜于产甲烷菌活动的范围（中温菌为 30～35 ℃，高温菌为 50～55 ℃）；④ 要供给细菌所需要的氮、磷等营养物质；⑤ 要注意有机污染物中有毒物质的浓度不得超过细菌的忍受极限。

厌氧处理常用于剩余污泥的处理，近年来在高浓度有机废水的处理中也得到发展。例如，屠宰场废水、乙醇工业废水、洗涤羊毛油脂废水。一般先用厌氧法处理，然后根据需要进行好氧生物处理或深度处理。

# 第三节 污水的三级处理

三级处理也称深度处理，其主要目的是对二级出水进一步采用生物脱氮除磷技术去除氮和磷等能够导致水体富营养化的可溶性无机物，或者用活性炭吸附法或反渗透法去除剩余难降解的有机污染物，以及通过加氯、紫外辐射或臭氧技术对污水进行消毒，杀灭细菌和病毒，使处理后的水质达到生活用水和工业用水的标准。三级污水处理出水可用于冲厕、喷洒街道、园林绿化、工业用水、防火水源等，经过深度处理后的城市污水再生利用类别，见表 13-1。

**表 13-1 城市污水再生利用类别（李亚峰，晋文学，2005）**

| 分类 | 范围 | 示例 |
|---|---|---|
| 农、林、牧、渔业用水 | 农田灌溉 | 种子与育种、粮食与饲料作物、经济作物 |
| | 造林育苗 | 种子、苗木、苗圃、观赏植物 |
| | 畜牧养殖 | 畜牧、家畜、家禽 |
| | 水产养殖 | 淡水养殖 |
| 城市杂用水 | 城市绿化 | 公共绿地、住宅小区绿化 |
| | 冲厕 | 厕所便器冲洗 |
| | 道路清扫 | 城市道路的冲洗及喷洒 |
| | 车辆冲洗 | 各种车辆冲洗 |
| | 建筑施工 | 施工场地清扫、浇洒、灰尘抑制、混凝土制备与养护、施工中的混凝土构建和建筑物冲洗 |
| | 消防 | 消防栓、消防水炮 |
| 工业用水 | 冷却用水 | 直流式、循环式 |
| | 洗涤用水 | 冲渣、冲灰、消烟除尘、清洗 |
| | 锅炉用水 | 中压、低压锅炉 |
| | 工艺用水 | 漂洗、水力开采、水力输送、增湿、稀释、搅拌、选矿 |
| | 产品用水 | 浆料、化工制剂、涂料 |
| 环境用水 | 娱乐性景观环境用水 | 娱乐性景观河道、景观湖泊及水景 |
| | 观赏性景观环境用水 | 观赏性景观河道、景观湖泊及水景 |
| | 湿地环境用水 | 恢复自然湿地、营造人工湿地 |
| 补充水源水 | 补充地表水 | 河流、湖泊 |
| | 补充地下水 | 水源补给、防止海水入侵、防止地面沉降 |

## 一、对二级出水进一步处理的必要性

我国现行国家标准《城镇污水处理厂污染物排放标准》(GB 18918—2002)规定城镇污水处理厂污染物排放应满足表 13-2 和表 13-3 的要求。

表 13-2 基本控制项目最高允许排放浓度(日均值)/(mg/L)

| 基本控制项目 | | 一级标准 | | 二级标准 | 三级标准 |
|---|---|---|---|---|---|
| | | A 标准 | B 标准 | | |
| 化学需氧量(COD) | | 50 | 60 | 100 | 120 |
| 生化需氧量($BOD_5$) | | 10 | 20 | 30 | 60 |
| 悬浮物(SS) | | 10 | 20 | 30 | 50 |
| 动植物油 | | 1 | 3 | 5 | 20 |
| 石油类 | | 1 | 3 | 5 | 15 |
| 阴离子表面活性剂 | | 0.5 | 1 | 2 | 5 |
| 总氮(以 N 计) | | 15 | 20 | — | — |
| 氨氮(以 N 计)① | | 5 (8) | 8 (15) | 25 (30) | — |
| 总磷(以 P 计) | 2006 年前建设 | 1 | 1.5 | 3 | 5 |
| | 2006 年后建设 | 0.5 | 1 | 3 | 5 |
| 色度(稀释倍数) | | 30 | 30 | 40 | 50 |
| pH | | 6～9 | | | |
| 粪大肠菌群数 | | $10^3$ | $10^4$ | $10^4$ | — |

注:① 括号外数值为水温 > 12 ℃时的控制指标,括号内数值为水温 < 12 ℃时的控制指标。

表 13-3 部分一类污染物最高允许排放浓度(日均值)(mg/L)

| 项目 | 标准值 |
|---|---|
| 总汞 | 0.001 |
| 烷基汞 | 不得检出 |
| 总铬 | 0.1 |
| 六价铬 | 0.05 |
| 总砷 | 0.1 |
| 总铅 | 0.1 |

从表 13-2 和表 13-3 可以看出,城市污水经过二级处理(如活性污泥法)后,处理水中在一般情况下还会含有相当数量的污染物质,如 $BOD_5$ 30 mg/L; $COD_{Cr}$

100 mg/L; SS 30 mg/L; $NH_3$-N 30 mg/L; TP 3 mg/L。此外，还可能含有细菌和重金属等有毒有害物质。含有以上污染物质的处理水，如果排放到具有较高经济价值的水体，如养鱼水体，会使其遭到破坏；如果排放湖泊、水库等缓流水体，会导致水体的富营养化，即天然水体中由于过量营养物质的排入，引起各种水生生物异常繁殖和生长的现象。总磷和无机氮分别为 0.02 mg/L 和 0.3 mg/L，就可以认为水体已处于富营养化的状态，水体富营养化会引起水华和赤潮，对水体生态、水产养殖业以及人类健康造成一定程度的危害。所以二级污水处理出水不适于回用，有必要对其进行进一步的深度处理。

## 二、生物脱氮

1. 氮循环

自然界中氮素含量丰富，以 3 种形态存在：分子氮（$N_2$），占大气体积分数的 78%；有机氮化合物；无机氮化合物（氨氮、亚硝酸盐氮和硝酸盐氮）。尽管分子氮和有机氮数量多，但植物不能直接利用，只能利用无机氮化合物。在微生物、植物和动物的协同作用下 3 种形态的氮互相转化，构成氮循环，其中微生物起着重要作用。大气中的分子氮被根瘤菌固定后可供给豆科植物利用，还可被固氮菌和固氮蓝细菌固定成氨，氨溶于水生成 $NH_4^+$，硝化细菌有氧条件下氧化 $NH_4^+$ 为硝酸盐，被植物吸收，无机氮就转化成植物蛋白，或者在无氧（低氧）条件下，反硝化细菌又可将硝酸盐中的氮还原成氮气归还到大气中去。植物被动物食用后转化为动物蛋白。动物和植物的尸体及人和动物的排泄物又被氨化细菌转化成氨，氨被硝化细菌氧化成硝酸盐，被植物吸收，无机氮和有机氮就是这样循环往复。氮循环包括固氮作用、氨化作用、硝化作用及反硝化作用，见图 13-4。

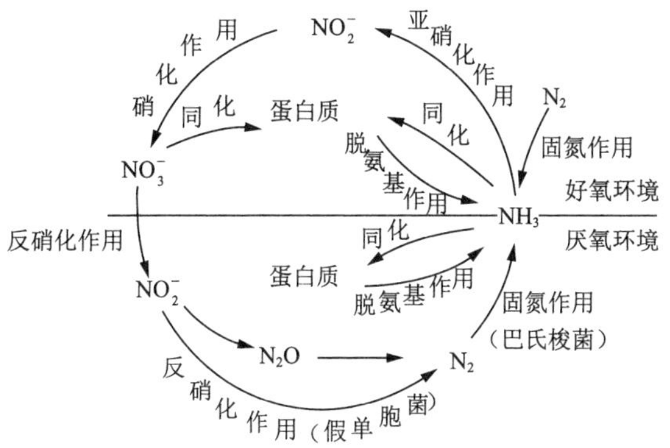


图 13-4　氮循环示意图

（1）固氮作用。

通过固氮微生物的固氮酶催化作用，把氮气（$N_2$）转化为 $NH_3$，进而合成有机氮化合物的过程称为固氮作用。固氮微生物主要有根瘤菌属等。

（2）氨化作用。

有机氮化合物在氨化微生物的脱氨基作用下产生氨的过程称为氨化作用。常见的有机氮化合物有蛋白质、尿素等。氨化作用原理：

$$RCHNH_2COOH + O_2 \rightarrow RCOOH + CO_2 + NH_3$$

（3）硝化作用。

氨基酸脱下的氨，在有氧条件下，经亚硝化细菌和硝化细菌的作用，先转化为亚硝酸盐（$NO_2^-$），再转化为硝酸盐（$NO_3^-$）的过程称为硝化作用。硝化作用原理：

$$NH_4^+ + 1.5O_2 \rightarrow NO_2^- + 2H^+ + H_2O$$

$$NO_2^- + 0.5O_2 \rightarrow NO_3^-$$

总反应式：$NH_4^+ + 2O_2 \rightarrow NO_3^- + 2H^+ + H_2O$

（4）反硝化作用。

反硝化作用通常指在缺氧或厌氧甚至好氧的条件下，硝酸盐还原菌将硝酸盐（$NO_3^-$）先还原为亚硝酸盐（$NO_2^-$），再进一步还原为氮气（$N_2$）的过程。反硝化细菌以假单胞菌属居多。反硝化包括厌氧反硝化和好氧反硝化。反硝化作用原理：

$$6NO_3^- + 2CH_3OH \rightarrow 6NO_2^- + 2CO_2 + 4H_2O$$

$$6NO_2^- + 3CH_3OH \rightarrow 3N_2 + 3CO_2 + 3H_2O + 6OH^-$$

总反应式：$6NO_3^- + 5CH_3OH \rightarrow 3N_2 + 5CO_2 + 7H_2O + 6OH^-$

2. 生物脱氮工艺

生活污水中各种形式的氮占的比例比较恒定，有机氮 50%～60%，氨氮 40%～50%，亚硝酸盐与硝酸盐中的氮占 0～5%，它们均来源于人们食物中的蛋白质。常规二级生物处理工艺（如活性污泥法）对氮、磷的处理效果都较差，氮的去除率只有 20%～40%，磷的去除率仅为 10%～30%，大多数的氮、磷尚未去除。因此，当城市污水作为城市第二水源开发时，对于某些回用对象，必须对氮和磷的含量加以控制。

生物法脱氮是在微生物作用下，将有机氮和氨态氮转化为 $N_2$ 的过程，其中包括硝化和反硝化两个反应过程。硝化反应是在好氧条件下发生的，反硝化反应一般是在厌氧或缺氧条件下发生的，因此整个脱氮过程需经历好氧和缺氧两

个阶段。

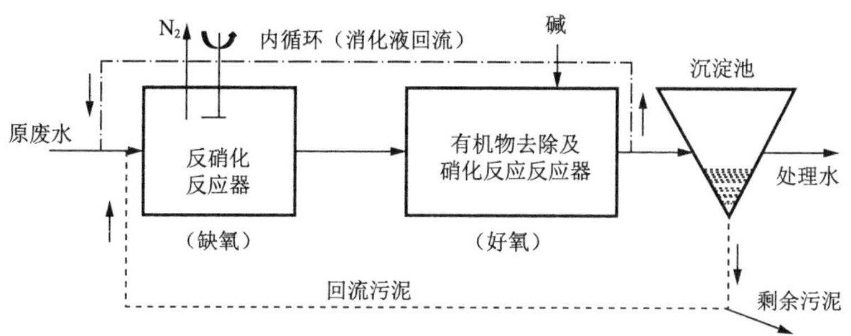


**图 13-5 缺氧-好氧（A/O）生物脱氮工艺流程图（朱蓓丽等，2016）**

图 13-5 是缺氧-好氧（A/O）生物脱氮工艺流程图。该工艺把反硝化段设置在系统的前面，又称前置式反硝化生物脱氮系统，是目前常用的脱氮工艺之一。缺氧池中的反硝化反应以废水中的有机物为碳源（能源），将曝气池回流液中大量的硝酸盐还原脱氮。在反硝化反应中产生的碱度可补偿硝化反应中所消耗碱度的 50%左右。该工艺流程简单，无须外加碳源，基建与运行费用较低，脱氮效率可达 70%。但出水中含有一定浓度的硝酸盐，在二次沉淀池中可能会发生反硝化反应而影响出水水质。

## 三、生物除磷

磷在土壤和水体中以含磷有机物（如核酸）、无机磷化合物（如磷酸钙、磷酸钠、磷酸镁）及还原态磷化氢（$PH_3$）3 种状态存在。磷是一切生物的重要营养元素；在水体富营养化中，磷是关键因子。除磷就是将正磷酸盐、聚磷酸盐和有机磷从水体中去除的过程，只能以污泥的形式去除。用传统生物处理工艺处理污水时，微生物生长需要吸收磷元素用以合成细胞物质核酸和合成 ATP 等，但含磷量高的污水通常只被去除 19%左右的磷，残留在出水中的磷还相当高。故需用生物除磷工艺处理，使出水磷的含量达到排放标准。

生物除磷过程中聚磷菌在好氧状态下能超量地将污水中的磷吸入体内，合成自身核酸、ATP 以及多聚磷酸盐颗粒（异染颗粒），使体内的含磷量超过一般细菌体内的含磷量的数倍，通过剩余污泥排出，这类细菌被广泛地用于生物除磷。聚磷菌主要有不动杆菌、假单胞菌等菌种。

在生物除磷的过程中，聚磷的活性污泥实质上是产酸菌和聚磷菌的混合群体。在厌氧条件下，产酸菌将蛋白质、脂肪和糖类等大分子有机物，分解为 3 类可快速降解的基质：① 甲酸、乙酸和丙酸等低级脂肪酸；② 葡萄糖、甲醇和乙酸等；③ 丁酸、乳酸和琥珀酸等。聚磷菌则在厌氧条件下，吸收产酸菌提供的乙酸、甲酸、丙酸及乙醇等极易生物降解的有机物质，贮存在体内作为营养源，同时将体内存贮的聚磷酸盐分解，以 $PO_4^{3-}$-P 的形式释放到环境中，以便获得能量。

在好氧条件下，聚磷菌细胞能从废水中大量摄取溶解态的正磷酸盐，在细胞内合成 ATP 和核酸，并将过剩的正磷酸盐合成多聚磷酸盐。多聚磷酸盐有环状结构的三偏磷酸盐和四偏磷酸盐、具有线状结构的焦磷酸盐和不溶结晶聚磷酸盐以及具有横链结构的过磷酸盐等，会在聚磷菌细胞内加以积累，大大超过微生物正常生长所需的磷量，可达细胞重量的 6%～8%。

城市污水中磷的主要来源是粪便、洗涤剂和某些工业废水，以正磷酸盐、聚磷酸盐和有机磷的形式溶解于水中。采用厌氧和好氧技术联用的生物法除磷是近20年来发展起来的新工艺。整个处理过程分为厌氧放磷和好氧吸磷两个阶段。在厌氧放磷阶段，聚磷菌在分解聚磷酸盐时产生的能量除一部分供自己生存外，其余供聚磷菌吸收废水中的有机物，并在产酸菌的作用下分解有机物。在好氧吸磷阶段，活性污泥不断增殖，除了一部分含磷活性污泥回流到厌氧池外，其余的作为剩余污泥排出系统，达到了除磷的目的。

生物法除磷的基本类型有两种：A/O 法和 Phostrip 工艺。其中 A/O 法（厌氧-好氧法）工艺流程如图 13-6 所示。其工艺流程由厌氧池和好氧池组成，主要通过排出富含磷的剩余污泥来达到除磷目的，磷的去除率大约为 76%，剩余污泥含磷率约为 4%，污泥的肥效好。因此，生物法除磷可同时去除废水中的有机污染物和磷。

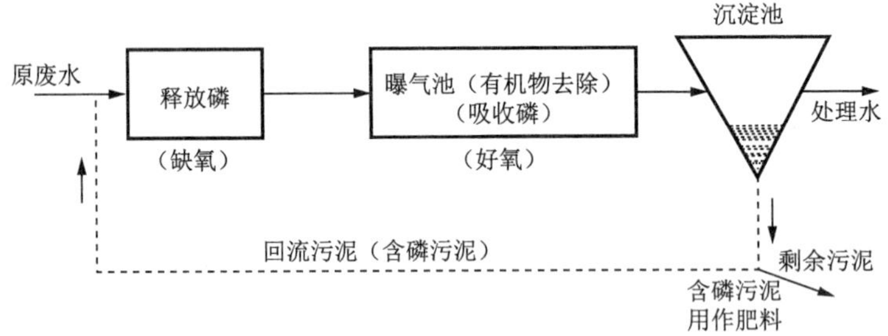


图 13-6　厌氧-好氧除磷工艺流程图（朱蓓丽等，2016）

## 四、难降解有机物的去除

二级处理出水中的难降解有机物多为木质素、醚类、多环芳烃、联苯胺、卤

代甲烷、除草剂和杀虫剂等，对这些物质的去除，至今尚无比较成熟的处理技术。当前，从经济合理和技术可行方面考虑，采用活性炭吸附和臭氧氧化法是适宜的。

1. 活性炭吸附

活性炭是一种多孔物质，比表面积大，吸附能力强，对于污水中一些难去除的物质，如表面活性剂、酚、农药、染料、难生物降解有机物和重金属离子具有较高的处理效率。为了避免活性炭层被悬浮物所堵塞或活性炭表面被胶体污染物所覆盖使活性炭的吸附功能降低，二级处理出水在用活性炭进行处理前，需进行一定程度的预处理。采用的前处理技术主要是过滤和以石灰或铁盐为混凝剂的混凝沉淀。

2. 臭氧氧化法

臭氧具有很强的氧化能力，能够氧化蛋白质、氨基酸、木质素、腐殖酸和氰化物等，脱色效果也很好，而且能够杀菌消毒。

## 五、溶解性无机盐的去除

在以回用为目的的污水深度处理中，常用的脱盐技术主要有离子交换法和膜分离法。

1. 离子交换法

离子交换法是通过离子交换剂上的离子与水中离子交换以去除水中阴离子或阳离子的方法。在城市污水深度处理中，它是一种主要的处理技术。离子交换法脱盐处理主要是以含盐浓度为 100～300 mg/L 的污水作为对象的。

2. 膜分离法

膜分离法是利用特殊膜（离子交换膜、半透膜）的选择透过性，对溶剂（通常是水）中的溶质或微粒进行分离或浓缩方法的统称。溶质通过膜的过程称为渗析，溶剂通过膜的过程称为渗透。膜分离技术由于在分离过程中不发生相变，具有较高的能量转化率及分离率，且可在常温下进行，因而在实际中得到了广泛的应用。

在污水深度处理中，常用的膜分离设备有以下 5 种。① 微滤器（MF）。膜孔径 0.1～5.0 μm，可用于分离污水中的较细小颗粒物质（<15 μm）或作为其他处理工艺的预处理，如用作反渗透设备的预处理，去除悬浮物质、BOD 和 COD 成分，减轻反渗透的负荷，使其运行稳定。② 超滤器（UF）。膜孔径 0.01～0.1 μm，

在用于污水深度处理时,可去除大分子与胶态有机物质、病毒和细菌等。③ 纳滤器(NF)。膜孔径 0.001～0.01 μm,主要用于分离污水中多价离子和色度粒子,纳滤进水要求几乎不含浊度,故仅适用于经砂滤、微滤,甚至超滤作为预处理的水质。④ 反渗透(RO)。膜孔径 < 0.001 μm,不仅可以除去盐类和离子状态的其他物质,还可以除去有机物质、胶体、细菌和病毒。反渗透对城市二级处理出水的脱盐率达 90%以上,水的回收率为 75%左右,COD、BOD 去除率在 85%以上,反渗透对含氮化合物、氯化物和磷也有良好的脱除性能。⑤ 电渗析(ED)。适合含盐量在 500～4 000 mg/L 的高盐浓度水处理,能够去除水中呈离子化的无机盐类。处理城市污水处理厂二级处理出水,水的回收率可达 90%以上。

## 六、污水消毒

城市污水经处理后水质已经改善,细菌含量也大幅度减少,但细菌的绝对值仍较高,并有存在病原菌的可能。因此,在排放水体前或在农田灌溉时,应进行消毒处理。污水消毒应连续运行,特别是在城市水源地的上游、旅游区,在夏季或流行病流行季节,应严格连续消毒。非上述地区或季节,在经过卫生防疫部门的同意后,也可考虑采用间歇消毒或酌减消毒剂的投加量。污水消毒的主要方法是向污水投加消毒剂。目前用于污水消毒的消毒剂有液氯、臭氧、氯酸钠、二氧化氯、紫外线等。

1. 氯消毒

氯气溶解在水中后,水解为盐酸 HCl 和次氯酸 HOCl,次氯酸再离解为 $H^+$ 和 $OCl^-$,HOCl 比 $OCl^-$ 的氧化能力要强得多。另外,由于 HOCl 是中性分子,容易接近细菌而予以氧化,而 $OCl^-$ 带负电荷,难以靠近同样带负电的细菌,虽然有一定氧化作用,但在浓度较低时很难起到消毒作用。如果污水中含有氨氮,加氯时会生成一氯氨 $NH_2Cl$ 和二氯氨 $NHCl_2$,此时消毒作用比较缓慢,效果较差,且需要较长的接触时间。

2. 臭氧消毒

臭氧具有极强的氧化能力,氧化能力仅次于氟。臭氧消毒可以将现场制备的臭氧直接通入废水中。

3. 次氯酸钠消毒

次氯酸钠投入水中能够生成 HOCl,因而具有消毒杀菌的能力。次氯酸钠可用次氯酸钠发生器,以海水或食盐水电解产生。从次氯酸钠发生器产生的次氯

酸钠可直接投入水中进行接触消毒。

4. 紫外线消毒

紫外消毒技术是利用紫外线发生装置产生的强紫外线照射水流，使水中的各种病原体细胞组织中的DNA结构受到破坏而失去活性，从而达到消毒杀菌的目的。

5. 二氧化氯消毒

二氧化氯对细菌、病毒等有很强的灭活能力，消毒能力比氯强。二氧化氯一般通过发生器现场制备。发生器产生的二氧化氯定量投加到消毒池，并根据出水中的余氯量对投加量进行调整。上述各种消毒剂的优缺点与适用条件见表13-4。

表13-4 消毒剂优缺点及选择

| 名称 | 优点 | 缺点 | 适用条件 |
| --- | --- | --- | --- |
| 液氯 | 效果可靠，投配设备简单，投量准确，价格便宜 | 氯化形成的余氯及某些含氯化合物对水生物有毒害；氯化可能生成“三致”消毒副产物 | 适用于大、中型污水处理厂 |
| 臭氧 | 消毒效率高并能有效地降解污水中残留有机物、色、味等，污水pH与温度对消毒效果影响很小，不产生难处理的或生物积累性残余物 | 投资大、成本高，设备管理较复杂 | 适用于出水水质较好，排入水体的卫生条件要求高的污水处理厂 |
| 次氯酸钠 | 用海水或浓盐水作为原料，产生次氯酸钠，可以在污水厂现场产生并直接投配，使用方便，投量容易控制 | 需要有次氯酸钠发生器与投配设备 | 适用于中、小型污水处理厂 |
| 紫外线 | 是紫外线照射与氯化共同作用的物理化学方法，消毒效率高 | 紫外线照射电耗能量较多 | 适用于小型污水处理厂 |
| 二氧化氯 | 消毒效果优于液氯消毒，受pH影响较小，消毒副产物少 | 二氧化氯输送和存储困难，一般采用二氧化氯发生器现场制备 | 适用于出水水质较好，排入水体的卫生条件要求高的污水处理厂 |

## 思考题

1. 什么是污水的分级处理？分级处理对于不同发展程度的城市有何意义？

2. 什么是污水的二级处理？谈谈二级处理的技术有哪些？

3. 氨氮和无机磷是污水处理中的重要处理对象。氨氮去除的原理是什么？哪些工艺形式可以实现脱氮、除磷？

# 第四篇　净水回用

净水回用，即再生水的利用，就是把生活污水或工业废水经过深度技术处理，去除各种杂质，去除污染水体的有毒、有害物质及某些重金属离子，进而消毒灭菌，其水体无色、无味，水质清澈透明，且达到或好于国家规定的杂用水标准（或相关规定），广泛应用于企业生产或居民生活。本篇主要介绍了水的自然循环过程、社会循环过程以及水作为战略资源循环利用的重要意义；以青岛市李村河河道再生水回用为例，分析再生水在李村河道补水、形成河道景观中的重要作用；介绍再生水回用的各个环节及所涉及的知识与技术，通过讨论节水型社会的建设和海绵城市的理念深入分析水资源在人类发展中的重要作用，引人深思。

# 第十四章
# 水的循环及意义

水循环是物质循环之一，指地球上的水在太阳辐射和地球引力等作用下，以蒸发、降水和径流等方式进行周而复始的运动过程。根据水的循环过程是否有人类的参与，可分为水的自然循环和水的社会循环两大类。地球中的水多数存在于大气层、地面、地下、湖泊、河流及海洋中，其状态包括固态、液态和气态，在水循环的过程中会改变状态，例如地面的水分被太阳蒸发成为空气中的水蒸气。水会通过一些物理作用，例如蒸发、降水、渗透、地表流动和地下流动等，由一个地方移动到另一个地方，如水由河川流动至海洋。各种状态的水在不断地循环运动，对水资源量及其分布、水体纳污能力及水质产生极其深刻的影响（张文启等，2017）。

## 第一节　水的自然循环

### 一、自然界的水循环过程

地球上水的循环，可分为水的自然循环和水的社会循环。

水的自然循环是指各种水体受太阳能的作用，不断地进行相互转换和周期性的循环过程。各种状态的水从海洋、江河、湖泊、沼泽、水库及陆地表面的植被中蒸发、散发变成水汽，上升到空中，一部分被气流带到其他区域，在一定条件下凝结，通过降水的形式落到海洋或陆地上；一部分滞留在空中，待条件成熟，重新降到地球表面。降到陆地上的水，在地心引力的作用下，一部分形成地表的径流流入江河，最后流入海洋；一部分渗入地下，形成了地下径流；另外还有一小部分

又重新蒸发回空中。这种川流不息、循环往复的过程称为自然界的水循环或水的自然循环，如图 14-1 所示。自然界的水循环是连接大气圈、水圈、岩石圈和生物圈的纽带，是影响自然环境演变的最活跃因素，是地球上淡水资源的获取途径（李亚峰等，2019）。

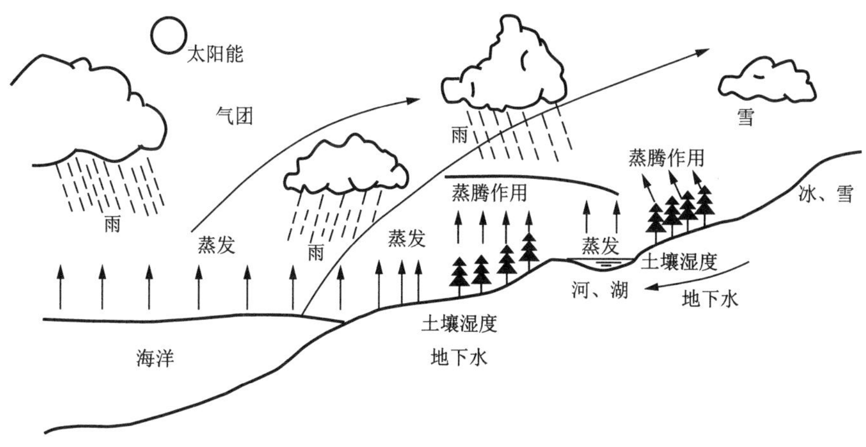


图 14-1　地球上水的自然循环（李亚峰等，2019）

### （一）自然界水循环的成因

自然界水循环形成的外因是太阳辐射和重力作用，其为水循环提供了水的物理状态变化和运动能量；内因是水在通常环境条件下气态、液态、固态三种形态容易相互转化的特性。

### （二）自然界水循环的类型

自然界水的循环可分为大循环和小循环。大循环也称海陆间循环，是指海陆之间的水分交换，即海洋中的水蒸发到空中后，飘移到陆地上凝结后降落到地表面，一部分汇入江河，通过地面径流，回归大海，另一部分渗入地下，形成地下水，通过地下径流等形式汇入江河或海洋，海陆间循环是陆地补充水分的主要形式。小循环是指海上内循环或陆地内循环，即海洋或陆地的水汽上升到空中凝结后又各自降入海洋或陆地，没有海陆之间的交换，也就是陆地或者海洋本身的水单独循环的过程。环境中水的循环是大、小循环交织在一起的，在全球范围内，各地区内部或地区之间不停地进行着循环。

表 14-1　自然界的水循环类型

| 类型 | 海陆间循环 | 陆地内循环 | 海上内循环 |
| --- | --- | --- | --- |
| 发生领域 | 海洋和陆地之间 | 陆地和陆地之间 | 海洋和海洋上空 |
| 循环过程及环节 | 蒸发、水汽输送，降水，地表径流，下渗，地下径流 | 蒸发，植物蒸腾，降水 | 蒸发，降水 |
| 特点及意义 | 最重要的循环，又称大循环。使陆地水得到补充，水资源得以再生 | 循环水量少，补给陆地水的水量很小，但对干旱地区非常重要 | 循环水量最大，对全球的热量输送有着重要意义 |
| 例证 | 长江参与了海陆间循环地表径流输送，夏季风参与水汽输送 | 塔里木河流域的降水 | 降落在海洋上的雨水（如海洋上的暴雨） |

### （三）自然界水循环的周期

大气中总含水量约 $1.29 \times 10^4\ km^3$，而全球年降水总量约 $5.77 \times 10^5\ km^3$，由此可推算出大气中的水汽平均每年转化成降水 44 次，也就是大气中的水汽，平均每 8～9 天循环更新一次。

全球河流总储水量约 $2.12 \times 10^3\ km^3$，而河流年径流量为 $4.70 \times 10^4\ km^3$，全球的河水每年转化为径流 22 次，亦即河水平均每 16 天多更新一次。

## 二、自然界的水循环组成

地球表面的水体在太阳辐射作用下，蒸发成为大气中的水汽，被气流带到其他地区，在一定条件下又发生凝结，以降水形式返回到地表，形成径流，最终汇入海洋。水通过蒸发、输送、凝结、降水、径流等环节不断交替，进行周而复始的运动过程。

### （一）自然界水循环的水体

究竟有多少水参与了水的自然循环呢？一般用降水量作为循环水量的大致尺度。据推算，整个地球上的年降水量大致为 $5.77 \times 10^5\ km^3$。因此，每年的自然循环水量仅约占地球上总水量（约 $1.4 \times 10^9\ km^3$）的 0.04%。这些循环水量中只有 21% 降落于陆地（每年约 $1.2 \times 10^5\ km^3$）。降水到达地面后，约有 56% 的水量被植物蒸腾、土壤和地面水体蒸发所消耗，34% 形成地表径流，10% 通过下

渗补给地下水，形成地下渗流。全球各地区自然条件不同，这些数据也略有差别。当前多数国家以多年平均地表径流量作为年水资源量；而我国的年水资源量除地表径流量外，还包括浅层地下水中可以取用、又不与地面径流量重复的那一部分。

在自然界的水循环过程中，主要涉及的水体包括大气水、陆地水、海水这三大类。

1. 大气水

大气中的水量通常通过单位面积气柱中所含水蒸气的量来计算。将大气中的水蒸气量换算成可能降水量的话，其平均值为 25 mm 左右，由此可推算出水在大气中的循环周期。全世界的年平均降水量约为 970 mm，换算成日平均降水量则约为 2.7 mm，也就是说，水分蒸发到大气中之后，平均每隔 8～9 天又通过降水回到地面。然而位于地球的不同区域，或同一地区在不同季节里，大气水的循环周期并不相同，这一是由于地表或水面蒸发量不同，二是由于大范围气流运动的影响。因此存在着如图 14-2 所示的水蒸气收支平衡关系。全球范围内的计算结果表明，中纬度的大陆地区来源于外部的水蒸气为 67%～77%，美国和加拿大为 73%，欧洲地区为 89%。

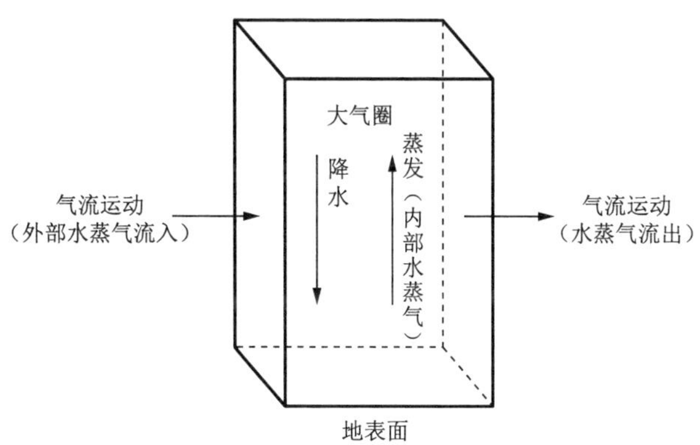


图 14-2　水蒸气收支平衡关系（王晓昌，张承中，2011）

2. 陆地水

陆地水包括河流、湖泊、地下水等，通常为与人类生活密切相关的淡水资源，循环往往受一个流域内的降雨情况、汇水面积、地形和地貌等自然条件的制约。图 14-3 为某一流域内水循环情况的示意图。降雨过程中雨水直接或间接（如通过林地和其他植被）落到地面，根据地表覆盖情况和土壤的渗透能力，一部分渗入地下，一部分产生径流，随地面坡度汇入河流或在低洼地滞留，同时发生蒸发。

渗入土壤的水一方面会发生蒸腾，另一方面继续下渗，进入地下含水层。在一个流域内，地表径流发生在地面分水岭以内，同样地下渗透与地下水流也发生在地下分水岭以内，同时根据地表水位和地下水位（或水压）之间的关系，地表水和地下水又相互补给。因此，一个流域就构成了一个相对独立的水文循环系统。在这个系统中，水在河流中的循环周期（或停留时间）一般为10～20天，在土壤中的循环周期则为数月，但在浅层地下水中的循环周期可长达数十年或数百年，在深层地下水中的循环周期将更长。因此，作为水源的地下水一旦受到污染，就难以全面治理和修复。

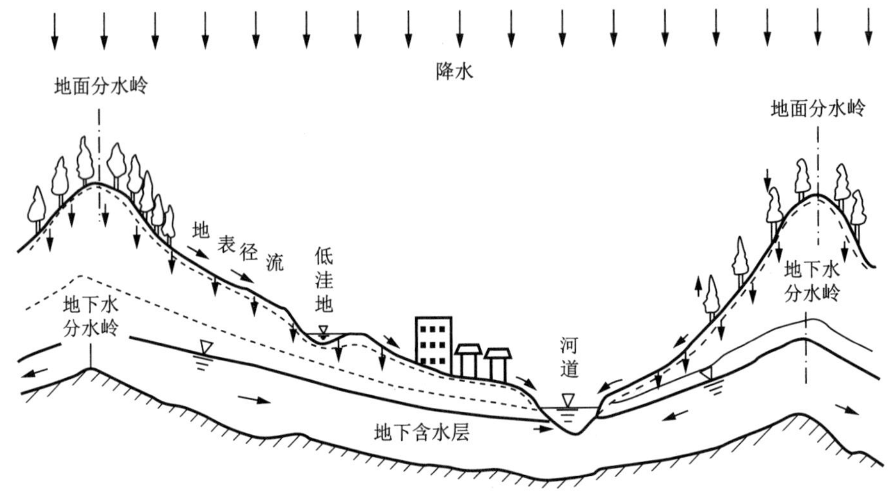


图14-3　流域内的水循环（王晓昌，张承中，2011）

3. 海水

海水约占地球总水量的97%，考虑地球平均半径为6 371.22 km的话，海水在地球表面的平均水深为3.79 km。在海风以及海水温度或含盐量不同引起的密度流的作用下，海洋内部（尤其是深度在1 km以浅的表层）也存在海水流动。然而由于海水的水量很大，即便是表面的混合层，其循环周期也长达120年之久，深海区的循环周期则长达3 000年。海水的平均含盐量为35 000 mg/L左右，因而很难作为常规水源加以利用（王晓昌，张承中，2011）。

## （二）自然界水循环的环节

水循环的主要环节包括蒸发、水汽输送、降水、下渗、（地表、地下）径流。

1. 蒸发

蒸发是水循环中最重要的环节之一，是水由液态转化为气体状态的过程，也

是海洋与陆地上的水返回大气的唯一途径。因蒸发面的不同，蒸发可分为水面蒸发、土壤蒸发和植物蒸发等。影响蒸发的因素复杂多样，其中主要有供水条件的影响、动力学和热力学因素的影响、土壤特性和土壤含水量的影响等。

2. 水汽输送

水汽输送是指大气中水分因扩散而由一地向另一地运移，或由低空运送到高空的过程。水汽在运送过程中，其含量、运动方向、路线以及运送强度等随时会发生改变，从而对沿途的降水有重要影响。由于水汽输送过程中伴随着动量和热量的转移，从而引起沿途的气温、气压等其他气象因子发生改变，所以水汽输送是水循环的重要环节，也是影响当地天气过程和气候的重要原因。水汽输送有大气环流输送和涡动输送两种形式。影响水汽输送的主要因素包括大气环流、地理纬度、海陆分布、海拔高度与地形屏障作用等。

3. 降水

降水是指空气中的水汽冷凝并降落到地表的现象，它包括两部分，一是大气中水汽直接在地面或地物表面及低空形成凝结物，如霜、露、雾和雾凇，又称为水平降水；另一部分是由空中降落到地面上的水汽凝结物，如雨、雪、霰雹和雨凇，又称为垂直降水。降水是水循环过程的最基本环节，降水要素包括降水(总)量、降水历时与降水时间、降水强度、降水面积等。降水受地形条件、植被、水体、人类活动等因素的影响。

4. 下渗

下渗指水透过地面渗入土壤的过程。水在分子力、毛细管引力和重力的作用下在土壤中发生的物理过程，是径流形成的重要环节。按水的受力状况和运行特点，下渗过程分为3个阶段。① 渗润阶段。水主要受分子力的作用，吸附在土壤颗粒之上，形成薄膜水。② 渗漏阶段。下渗的水分在毛细管引力和重力作用下，在土壤颗粒间移动，逐步充填粒间空隙，直到土壤孔隙充满水分。③ 渗透阶段。土壤孔隙充满水，达到饱和时，水便在重力作用下运动，称饱和水流运动。下渗状况可用下渗率和下渗能力来定量表示。下渗受土壤特性、降水特性、流域植被地形条件和人类活动等因素的影响。

5. 径流

流域的降水由地面与地下汇入河网，流出流域出口断面的水流，称为径流。液态降水形成降雨径流，固态降水则形成冰雪融水径流。由降水到达地面时起，到水流流经出口断面的整个物理过程，称为径流形成过程。降水的形式不同，径流的形成过程也各异。我国的河流以降雨径流为主，冰雪融水径流只是在西部高山及高纬地区河流的局部地段发生。按水流来源可分为降雨径流和融水径流；按流动方式可分地表径流和地下径流，地表径流又分坡面流和河槽流；此外，还有水流中含有固体物质（泥沙）形成的固体径流，水流中含有化学溶解物质构成的离子径流等。径流的形成过程大致可分为降雨阶段、蓄渗阶段、产流漫流阶段和集流阶段。径流受气候因素、流域的下垫面因素、人类活动等因素的影响（宁平，2016）。

## 三、自然界水循环的意义

水是一切生命机体的组成物质，也是生命代谢活动所必需的物质，又是人类进行生产活动的重要资源。地球上的水分布在海洋、湖泊、沼泽、河流、冰川、雪山以及大气、生物体、土壤和地层。水的总量约为 $1.4\times10^{9}$ $km^{3}$，其中近97%在海洋中，约覆盖地球总面积的70%。陆地上、大气中和生物体中的水只占很少的一部分。

### （一）自然界水循环的主要作用

水循环的主要作用表现为以下几个方面。① 水是所有营养物质的介质，营养物质的循环和水循环不可分割地联系在一起；② 水对物质是很好的溶剂，在地球各个圈层之间、海陆之间实现物质迁移和能量交换，在生态系统中起着能量传递的作用；③ 水是地质变化的动因之一，一个地方矿质元素的流失、另一个地方矿质元素的沉积往往要通过水循环来完成，对地球环境的形成、演化和人类生存都有重大的影响，也雕塑地表形态，形成各种壮丽的自然景观；④ 水的循环在地球上起到输送热量和调节气候的作用，影响全球的气候和生态；⑤ 水循环使各种水体不断更新，从而维护全球水的动态平衡，更新陆地淡水，水成为可再生资源；⑥ 水循环决定水资源的特点，包括水存在形式的多样性、分布的广泛性、时空变化的随机性以及水资源分配的巨大差异性。

地球上的水圈是一个永不停息的动态系统。在太阳辐射和地球引力的推动下，水在水圈内各组成部分之间不停地运动着，通过水循环的各个环节，把大气圈、水圈、生物圈、岩石圈有机地联系成为一个循环系统，构成全球范围的海陆间循环（大循环），并把各种水体连接起来，使得各种水体能够长期存在。海洋和陆地之间的水交换是这个循环的主线，意义最重大。在太阳能的作用下，海洋表面的水蒸发到大气中形成水汽，水汽随大气环流运动，一部分进入陆地上空，在特定条件下形成雨雪等降水；大气降水到达地面后转化为地下水、土壤水和地表径

流，地下径流和地表径流最终又回到海洋，由此形成淡水的动态循环。这部分水容易被人类社会所利用，具有经济价值，正是人们所说的水资源。

水循环是联系地球各圈层和各种水体的“纽带”，是“调节器”，它调节了地球各圈层之间密切相关的能量，对冷暖气候变化起了重要作用。水循环是“雕塑家”，通过侵蚀、搬运和堆积，塑造了丰富多彩的地表形象。水循环是“传输带”，是地表物质迁移的强大动力和主要载体。更重要的是，通过水循环，海洋不断向陆地输送淡水，补充和更新陆地上的淡水资源，从而使水成为可再生的资源。

### （二）自然界水循环对水环境代谢过程的影响

水在自然循环过程中，水质会发生变化，甚至会引起严重的污染，然而水循环的特性决定了水是一种可更新的资源，具有自身净化作用，靠自身的自净能力一般可以解决自然的污染。然而，不同的水体自净能力有差异，需要依据水的自然循环规律，特别是水体的更替周期来指导水的社会循环，包括水资源的开发利用和污染物的排放。

在水环境代谢过程中，天然循环包括降水、径流、蒸发等环节。降水过程有可能将大气中的污染物带到地面，通过径流进入水体（例如酸雨）；径流过程也会将地面的污染物带入水体；但蒸发过程中带走的只是水分，污染物成分将留在水体中。从这个意义上说，天然循环过程会对水体水质产生不良影响。但是，在降水和径流过程中带入水体的污染物的来源是人为活动，不能归结为自然的原因。

从水量的角度来说，天然循环过程中大致存在着以下的水量平衡关系：

$$水体水量的变化 = 降水量 - 蒸发量$$

当流域内降水量和蒸发量基本保持平衡时，水体水量（水资源总量）能够保持恒定；当降水量大于蒸发量时，水体水量始终得到充分补充，可能达到饱和容量；而当蒸发量大于降水量时，水体水量将不断减少（王晓昌，张承中，2011）。

## 第二节　水的社会循环

所谓水的社会循环，指的是人类社会为了满足生活和生产的需求，要从各种天然水体中取用大量的水，这些经过使用后的生活和生产用水，混入了各种污染物质，它们经过一定的净化处理，最终又流入天然水体。这样，水在人类社会中构成了一个局部的循环体系，称为水的社会循环。它是依附于自然水循环的一个组成部分，或者是一个环节、分支（如同降水、蒸发、下渗等环节），而不是一个独立的水循环过程。水的社会循环主要是通过城市的给水排水系统来实现的。人们通过取水设施从水源取出可用水，经过适当处理达到使用要求后，送入千家万户及工业生产过程中，使用后水质受一定程度的污染成为污水，污水再通过排水管道收集输送到污水处理厂进行处理，处理达标后排入自然水体或再生利用。

水的自然循环和社会循环是交织在一起的，整个水循环系统应该包括水的自然循环和社会循环，如图 14-4 所示，水的社会循环依赖于自然循环而存在，同时又影响自然界的水循环。

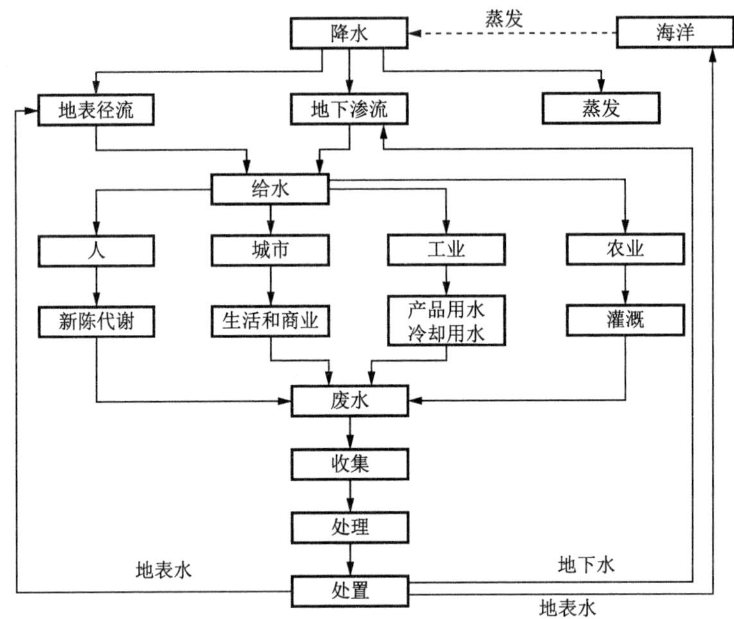


**图 14-4 水循环系统（蒋展鹏，杨宏伟，2013）**

## 一、水的社会循环过程

水的社会循环是指人类为了满足生活和生产的需求而进行的取水—使用—排水的全过程。该过程包括从天然水体中取水，通过输送至自来水厂进行给水处理，之后通过配水管网送到居民区或工厂使用。经过使用，一部分水被消耗，而大部分变成生活污水或工业废水排放进入市政污水收集系统，通过污水管网送至污水处理厂进行达标处理，重新进入天然水体，也有部分处理后回用于生活和生产中。有时，为了获得更优质的水，在使用前还需要进行深度处理或工业用

水处理。当然，污水回用设施也可以设置在污水收集系统之前或污水管网附近，即可以采用“原位”回用，减少污水管网及污水处理厂的负荷，同时也方便回用水的利用。

### （一）水的社会循环环节

取水：从水体取得原水，以供给各种用水。

给水处理：对原水进行必要的处理，以满足各种用水对水质的要求。

生活用水：供给居民生活的用水量，它取决于城市人口、每人每日平均生活用水量和城市给水普及率等因素。这些因素随城市规模的大小、气候、生活习惯等变化。通常，住房条件较好、给水排水设备较完善、居民生活水平相对较高的大城市，生活用水量定额也较高。市政用水有时也包含在生活用水之中。

工业用水：供给工业企业的工业生产用水，一般是指工业企业在生产过程中，用于冷却、空调、制造、加工、净化和洗涤方面的用水，也包括工业企业内工作人员的生活用水。

农业用水：供给农业灌溉的用水量，取决于农作物品种、耕作与灌溉方法。

排水处理：包括生活污水处理和工业废水处理，以去除水中的污染物，减轻排放后对水体的污染。

### （二）水的社会循环体系

水的社会循环体系包括给水系统、污水回用系统和排水系统。

1. 给水系统

给水系统主要包括取水构筑物、水处理构筑物、泵站、输水管网及调节构筑物等。其中泵站可以分为抽取原水的一级泵站、输送清水的二级泵站和设于管网中的增压泵站等；调节构筑物主要包括高地水池、水塔及清水池等用于贮存和调节水量的单元。

给水水源主要包括地下水源和地表水源，地下水源包括潜水（无压地下水）、自流水（承压地下水）和泉水；地表水源包括江河、湖泊、水库和海水。地下水一般水质较好，取水条件及取水构筑物构造简单，无需澄清处理，便于施工和运行管理，但对于建设规模较大的地下水取水工程需要较长时间的水文地质勘察；另外长期过量开采地下水可能造成地下水静水位大幅度下降，甚至还会引起地面沉陷。因此，城市、工业企业常利用地表水作为水源，这样城镇临近的水体（河流、湖库等）一般是给水系统的水源和排水系统接纳水体。

某些沿海城市采用的水源为潮汐河流，该河流往往受到海水入侵，有时含盐量很高难以使用。为了取集淡水，可以用“蓄淡避咸”措施，在河口建立蓄淡避咸水库，当河水含盐量高时，取集水库的水作为水源；含盐量低时，直接取用河水使用。

2. 污水回用系统

污水回用的水源主要来自于三个部分：经过处理的工业废水、城市集中污水处理厂二级处理出水以及建筑和住宅小区生活污水。根据不同的再生水水源，可以将污水回用分为三个系统：工业废水回用系统、城市污水回用系统和建筑及住宅小区污水回用系统。

（1）工业废水回用系统。

提高工业用水的循环比例，降低工业万元产值的耗水量是当前工业发展的趋势，因此在这样的背景下，逐渐发展形成了各行业的闭环水循环再生系统。如冷却水、洗涤用水、锅炉用水、工艺用水、产品用水等工业废水进行处理后回用。

（2）城市污水回用系统。

现在越来越多的城市都建有集中式的二级污水处理厂。经过二级处理的污水水量和水质都非常稳定，适合采取进一步的处理来实现污水回用。

（3）建筑及住宅小区污水回用系统。

建筑和住宅小区内的污水以生活污水为主，相对容易处理，可单独收集起来，经过深度处理后再回用于建筑和小区内的生活杂用。

3. 排水系统

排水系统包括污水管道系统、雨水管道系统、污水处理（设施）等。按照生活污水、工业废水和雨水是否由同一个管道系统排放，城市排水体制一般可分为分流制和合流制两种基本类型。分流制排水系统是将生活污水、工业废水、雨水采用两套或两套以上的管渠系统进行排放；合流制排水系统是将生活污水、工业废水和雨水用同一套管渠排放的系统。分流制污水排水系统通常由排水管渠、污水处理厂和出水口组成。

## 二、人类对水循环过程的影响

### （一）有利影响

修筑水库、塘坝、退田还湖（湿）等可拦蓄洪水，增加枯水期径流量，由于水面面积的扩大和地下水水位的提高，可加大蒸发量。

跨流域调水可扩大灌溉面积，在一定程度上增加了蒸发量，使大气中水汽含量增加，降水量增加。

农林措施，如“旱改水”、精耕细作、封山育林、植树造林能增加下渗，调节径流，加大蒸发，在一定程度上可增加降水量。

### （二）不利影响

围湖造田（围垦湿地）减少了湖泊（湿地）的自然蓄水量，削弱了其防洪抗旱的能力，也减弱了湖泊（湿地）水体对周围地区气候的调节作用；植被破坏也会产生不利的影响。

人类生产活动排出的污染物通过不同的途径进入水循环。矿物燃料燃烧产生并排入大气的二氧化硫和氮氧化物，进入水循环能形成酸雨，从而把大气污染转变为地面水和土壤的污染。大气中的颗粒物也可通过降水等过程返回地面。土壤和固体废物受降水的冲洗、淋溶等作用，其中的有害物质通过径流、渗透等途径，参加水循环而迁移扩散。人类排放的工业废水和生活污水，使地表水或地下水受到污染，最终汇入海洋使其受到污染。

人类生产和社会经济发展使大气的化学成分发生变化，如 $CO_2$、$CH_4$、氯氟烃（CFCs）等温室气体浓度的显著增加改变了地球大气系统辐射平衡而引起气温升高，全球性降水增加，导致蒸发加大和水循环的加快以及区域水循环的变化。这种变化的时间尺度可持续几十年到几百年。

人类活动主要作用于流域的下垫面，如土地利用的变化、农田灌溉、农林垦殖、森林砍伐、城市化不透水层面积的扩大、水资源开发利用和生态环境变化等引起的陆地水循环变化。这种人类活动的影响虽然是局部的，但往往强度很大，有时对水循环的影响可扩展至其他地区。

## 三、水污染的产生

水作为一种宝贵的资源，其用途很广，主要有生活饮用水，工业用水（包括冷却用水、锅炉用水、生产工艺用水等），农业用水（包括灌溉用水等），渔业用水，娱乐旅游和水上运动，水能利用，航运，景观，水生生物和海生生物的生存、繁殖及生态用水等。各种不同的用途对水量和水质都有一定的要求。以上不同用途的水在社会循环中，会因人类的活动而受到污染。

水体在一定范围内，具有自身调节和降低污染的能力，通常称之为水的自净能力。但是，当进入水体的外来杂质含量超过了这种自净能力时，就会使水质恶化，对人类环境和水的利用产生不良影响，这就是水的污染。

《中华人民共和国水污染防治法》中为“水污染”下了明确的定义，即水体因某种物质的介入，而导致其化学、物理、生物或者放射性等方面特性的改变，从而影响水的有效利用，危害人体健康或者破坏生态环境，造成水质恶化的现象。水的污染有两类：一类是自然污染，另一类是人为污染。

自然污染主要是自然原因造成的。例如，特殊的地质条件使某些地区有某种化学元素大量富集，天然植物的腐烂过程中产生某种有害物质，以及降雨淋洗大气和地面后挟带各种物质流入水体等，都会影响当地水质。通常把由于自然原因而造成的水中杂质含量称为自然本底值或背景水平。例如，某些地区天然水中，氟的本底值为0.15～0.41 mg/L，镉的本底值为0.007～0.013 mg/L等。人为污染是人类生活和生产活动中产生的废物对水的污染。它们包括生活污水、工业废水、农田排水和矿山排水等。此外，废渣和垃圾堆积在土地上或倾倒在水中、岸边，废气排放到大气中，经降雨淋洗和地面径流后各种杂质又流入水体，这些都会造成水的污染。当前，对水体造成较大危害的是人为污染（蒋展鹏，杨宏伟，2013）。

取之于河流，还之于河流，由此形成一种受人类社会活动作用的水循环。水的社会循环有时可以严重地改变水质指标，引起水污染，如果处理不好，会产生一系列水与生态环境的问题。生活污水和工农业生产废水的排放，是水污染的主要根源，也是水污染防治的主要对象。

# 第三节　水循环原理

## 一、水量平衡原理

水量平衡是指在任一时段内研究区的输入与输出水量之差等于该区域内的储水量的变化值。

水量平衡研究的对象可以是全球、某区（流）域或某单元的水体（如河段、湖泊、沼泽、海洋）。研究的时段可以是分钟、小时、日、月、年或更长的尺度。水量平衡原理是物理学中“物质不灭定律”的一种表现形式。

### （一）全球储水量

地球的总储水量约$1.4\times10^9$ km$^3$，其中海水占全球总水量的近97%。

人类可利用的淡水量约为 $3.5 \times 10^7\ km^3$，主要通过海洋蒸发和水循环而产生，仅占全球总储水量 2.53%。淡水中只有少部分分布在湖泊、河流、土壤和浅层地下水中，大部分则以冰川、永久积雪和多年冻土的形式存储。其中冰川储水量约占世界淡水总量的 77.2%，大部分都存储在南极和格陵兰地区。

### （二）水量变化规律

水量平衡在水循环和水资源转化过程中是一个至关重要的基本规律。就某个地区在某一段时期内的水量平衡来说，水量收入和支出差额等于该地区的储水量的变化量。

一般流域水量平衡方程式可表达为

$$P - E - R = \Delta S$$

式中，$P$ 为流域降水量，$E$ 为流域蒸发量，$R$ 为流域径流量，$\Delta S$ 为流域储水量的变化量。从多年平均来说，流域储水变量 $\Delta S$ 的值趋于零。

流域多年平均水量平衡方程式为

$$P_0 = E_0 + R_0$$

式中，$P_0$、$E_0$、$R_0$ 分别代表多年平均降水量、蒸发量、径流量。

海洋的蒸发量大于降水量，多年平均水量平衡方程式可写为

$$P_0 = E_0 - R_0$$

全球多年平均水量平衡公式为

$$P_0 = E_0$$

## 二、能量平衡原理

能量守恒定律是水循环运动所遵循的另一个基本规律，水分的三态转换和运移都时刻伴随着能量的转换和输送。大气传送的潜热（水汽）作为一条联系全球能量平衡的纽带，贯穿于整个水循环过程中。

### （一）地球的辐射平衡

太阳辐射是水循环的原动力，也是整个地球—大气系统的外部能源。

射入地球的太阳辐射量，其中的 30% 仍以短波辐射形式被大气和地表反射回太空，余下的 70% 在地表与大气之间经过辐射能、感热通量（接触和对流输热）和潜热通量（水分蒸发吸热）等复杂的再循环过程，最终以长波辐射形式被再度辐射回太空。

### （二）热量传送

进入到地球上的太阳能除了很少一部分供植物光合作用的需要外，约有23%消耗于海洋表面和陆地表面的蒸发上。

在不同纬度以及海洋和陆地之间，存在着太阳辐射的亏损和盈余。只有当能量从盈余的地区向亏空的地区输送后，才能达到全球的能量平衡。而这种能量输送，主要靠水循环过程来完成。

能量输送保持了全球的能量平衡，它使得辐射的亏空区不至于太冷，辐射的过剩区不至于太热，为生物提供了一种适宜的生存环境。

### （三）地表能量平衡一般方程

根据能量守恒原理，地表接收的能量以不同方式转换为其他运动形式：

$$R_n = LE + H + G + P_0$$

式中，$R_n$ 为地表净太阳辐射通量；$LE$ 为潜热通量，从下垫面到大气的潜热通量，其中 $L$ 代表汽化潜热（2.45 MJ/kg），$E$ 为被蒸发水量；$H$ 为从下垫面到大气的感热通量；$G$ 为土壤热通量；$P_0$ 为植物生化过程的能量转换，其中植物光合作用的能量吸收约占净辐射的2%。

# 第四节　水循环与海绵城市建设

## 一、海绵城市

### （一）低影响开发

低影响开发（Low Impact Development，LID）源于20世纪90年代美国马里兰州，是在开发过程的设计、施工、管理中，追求对环境影响的最小化，特别是雨洪资源和分布格局影响的最小化。

强调城镇开发应减少对环境的冲击，其核心是基于源头控制和延缓冲击负荷的理念，构建与自然相适应的城镇排水系统，合理利用景观空间和采取相应措施对暴雨径流进行控制，减少城镇面源污染。

为了达到低影响的目的，城市设计和土地开发必须尊重水、尊重表土、尊重地形、尊重植被，其核心是尊重自然。

低影响开发主要通过生物滞留设施、屋顶绿化、植被浅沟、雨水利用等措施来维持开发前原有水文条件，控制径流污染，减少污染排放，实现开发区域可持续水循环。

### （二）海绵城市的提出

2012年4月，在“2012低碳城市与区域发展科技论坛”中，“海绵城市”概念首次提出。2013年12月12日，习近平总书记在中央城镇化工作会议的讲话中强调“提升城市排水系统时要优先考虑把有限的雨水留下来，优先考虑更多利用自然力量排水，建设自然积存、自然渗透、自然净化的海绵城市”。2014年10月住房城乡建设部发布的《海绵城市建设技术指南——低影响开发雨水系统构建（试行）》中，则对“海绵城市”的概念给出了明确的定义：海绵城市是指城市能够像海绵一样，在适应环境变化和应对自然灾害等方面具有良好的“弹性”，下雨时吸水、蓄水、渗水、净水，需要时将蓄存的水“释放”并加以利用。

海绵城市建设应遵循生态优先等原则，将自然途径与人工措施相结合，在确保城市排水防涝安全的前提下，最大限度地实现雨水在城市区域的积存、渗透和净化，促进雨水资源的利用和生态环境保护。海绵城市的机理是利用土壤作为“吸水海绵”，让人造城市转变为能够吸纳雨水、过滤空气、过滤污染物质的超级大海绵，达到降温、防洪、抗旱、捕碳等效益，根本解决人造城市阻绝水与生态的问题，迈向真正的生态与低碳城市。

海绵城市是在总结发达国家过去几十年的雨水管理经验和实践研究的基础上，结合我国的经济状况、土地利用状况以及气候条件而提出的。国内最早提出的生态海绵城市旨在用于解决缺水地区的雨水资源化利用，通过城市绿地、蓄水池等设计，像海绵一样将雨水短暂储存，需要时再利用或缓慢下渗，实现雨水的“可持续利用”和“零排放”。

“海绵城市”“低影响开发”“可持续雨洪管理”在本质上是相同的，强调将城市绿地系统、水系统与城市建设用地在规划设计阶段进行综合考虑，以控制暴雨径流，减轻城市雨水管网压力，解决城市内涝；通过植物和土壤对雨水进行净化，控制雨水造成的污染；有效利用雨水、污水，建设智能绿色节水城市；提高生物多样性和场地的视觉审美；创造亲密的“人—水”关系，增加滨水娱乐设施及开放空间。

海绵城市建设应统筹低影响开发雨水系统、城市雨水管渠系统、超标雨水径流排放系统及水污染控制系统。低影响开发雨水系统可以通过对雨水的渗透、储存、调节、传输与截污净化等功能，有效控制径流总量、径流峰值和径流污染；城市雨水管渠系统即传统排水系统，应与低影响开发雨水系统共同组织径流雨水的收集、传输与排放；超标雨水径流排放系统用来应对超过雨水管渠系统设计标准的雨水径流，一般通过综合选择自然水体、多功能调蓄水体、行泄通道、调蓄池、深层隧道等自然途径或人工设施构建；水污染控制系统通过植被、土壤等自然系统来削减污染物、控制径流污染，维持城市良好的生态循环。以上四个系统并不是孤立的，也没有严格的界限，四者相互补充、相互依存，是海绵城市建设的重要基础元素（韩志刚等，2018）。

### （三）海绵城市的内涵

1. 对城市原有生态系统的保护

最大限度地保护原有的河流、湖泊、湿地、坑塘、沟渠等水生态敏感区，留有足够涵养水源和应对较大强度降雨的林地、草地、湖泊、湿地，维持城市开发前的自然水文特征，这是海绵城市建设的基本要求。

传统城市建设往往以改造自然、利用土地为主，进行粗放式建设会改变原有生态，使地表径流量增大；而海绵城市的低影响开发顺应自然，能够保护原有生态，保证地表径流量不变，实现人与自然和谐相处。

2. 生态恢复和修复

对传统粗放式城市建设模式下，已经受到破坏的水体和其他自然环境，运用生态的手段进行恢复和修复，并维持一定比例的生态空间。

3. 低影响开发

按照对城市生态环境影响最低的开发建设理念，合理控制开发强度，在城市中保留足够的生态用地，控制城市不透水面积比例，最大限度地减少对城市原有水生态环境的破坏，同时，根据需求适当开挖河湖沟渠，增加水域面积，促进雨水的积存、渗透和净化。

## 二、海绵城市的作用

### （一）有助于补充地下水

在当前市政道路中融入海绵城市建设理念是非常重要的，能够起到补充地下水的效果。城市道路中，沥青和水泥属于主要的材料，虽然能够保证道路本身的平整性，也可以为人们出行提供舒适的出行条件，但是也会给城市建设产生一

定的影响。一部分的沥青及水泥路面无法保证雨水的全面渗透，使得城市地下水很难得到全面的补充，如果在市政道路建设中融入海绵城市建设理念，将某一特定区域的市政道路规划为海绵体的区域，在此区间可以完成雨水的吸纳，更快地渗透到地下水中，保证地下水的充足。

### （二）改善环境

在雨季虽然雨水可以冲刷地面，但是一些污染物会随着水流进入到周边的水系统中，影响城市的生态环境，因此在市政道路建设时需要转变以往城市规划设计中的一些原始观念，将海绵城市理念融入到市政道路前期规划中。例如可以在道路中设置一些海绵体，通过海绵体良好的过滤效果实现水体的净化处理，这样的措施可以将雨水中掺杂的一些污染物隔绝于周边的水系统之外，从而改善城市中的生态环境，全面地保护城市中的水环境。

### （三）降低排水的压力

如果出现较大雨水的话，道路无法及时排水，造成积水，将会影响人们的正常生产生活。因此可在市政道路改扩建过程中融入海绵城市建设理念，防止在排水系统中存在堵塞的问题，全面地保证道路本身的蓄水能力和渗透能力，利用雨水资源既可以避免出现资源浪费的问题，还能够最大程度地降低城市内涝问题（李劭静，2021）。

## 三、海绵城市的建设

### （一）海绵城市建设的关键环节

海绵城市建设的关键环节是源头减排、过程控制与系统治理三个过程。

1. 源头减排

源头减排就是要在城市各类建筑、道路、广场等易形成硬质下垫面（雨水产汇流形成的地区）处着手，实现有效的“径流控制”，即从形成雨水产汇流的源头着手，尽可能将径流减排问题在源头解决，这就要综合采用绿色建筑和低影响开发建设的手段，在建筑和小区等地块的开发建设过程中，结合区域雨水排放管控制度，落实雨水径流控制的要求。源头减排，既分解了责任，又将市政管网等排水设施的压力从源头得到了分解。

2. 过程控制

传统排水系统的设计是按照末端治理的思路进行的，城市排水管网按最大设计降雨强度来设计管径。海绵城市建设的理念是要通过"渗、滞、蓄"等措施将雨水的产汇流错峰、削峰,不致产生雨水共排效应,使得城市不同区域汇集到管网中的径流不要同步集中排放,而是有先有后、参差不齐、细水长流地汇集到管网中,从而降低了市政排水系统的建设规模,也提高了系统的利用效率。简而言之,过程控制是利用绿色建筑、低影响开发和绿色基础设施建设的技术手段,通过对雨水径流的过程进行控制和调节,延缓或者降低径流峰值,避免雨水径流的"齐步走"。

3. 系统治理

习近平总书记提出要牢固树立"山水林田湖"生命共同体的理念。治水也要从生态系统的完整性来考虑,充分利用好地形地貌、自然植被、绿地、湿地等天然"海绵体"的功能,充分发挥自然的力量。同时,也要考虑水体的"上下游、左右岸"的关系,既不能造成内涝压力,也不能截断正常径流,影响水体生态。因此,海绵城市不是一个部门的事,相关部门一定要形成合力,统筹规划、有序建设、精细管理,实现"规划一张图、建设一盘棋、管理一张网",才能够收到事半功倍的效果。

### (二)海绵城市建设技术措施

因地制宜,遵循"六字方针"建设海绵城市是实现从快排、及时排、就近排、速排干的工程排水时代跨入到"渗、滞、蓄、净、用、排"六位一体的综合排水、生态排水的历史性、战略性转变。采用渗、滞、蓄、净、用、排一种或多种技术措施,不同城市的侧重点不同,实现城市良性水文循环,提高对径流雨水的渗透、调蓄、净化、利用和排放能力,维持或恢复城市的"海绵"功能。

1. 渗

下渗工程,减少硬质铺装,充分利用各种路面、屋面、地面、绿地等下垫面渗透作用,从源头上减少径流量,涵养生态与环境,积存水资源。提高城市下垫面的渗透性,可以避免地表径流,减少从水泥地面、路面汇集到管网里,同时还有涵养地下水与补充地下水的作用。具体形式总结为改变各种路面、地面铺装材料、改造屋顶绿化、调整绿地竖向等。

2. 滞

滞水(洪)工程,通过雨水滞留,以空间换时间,提高雨水滞渗作用,同时也降低雨水汇集速度,延缓峰现时间,既降低排水强度,又缓解了灾害风险。其主要作用是延缓短时间内形成的雨水径流量,通过建设雨水花园、下凹式绿地、滞留

塘等滞留雨水，暴雨时可起到错峰延峰目的。具体形式总结为雨水花园、生态滞留地、渗透池、人工湿地等。

3. 蓄

蓄水工程，通过蓄水降低峰值流量，调节时空分布，为雨水利用创造条件。主要用于收集雨水，使城市降雨得到自然散落，以达到调蓄和错峰的作用，同时也为雨水利用创造条件。具体形式总结为塑料模块蓄水、地下蓄水池等。

4. 净

净水工程，减少雨水面源污染，控制化学需氧量(COD)、悬浮物(SS)、总氮(TN)、总磷(TP)等主要污染物，改善城市水环境。通过土壤、植被、绿地系统等的渗透，能够对雨水的水质产生净化作用，然后回用到城市当中，可供城市生产生活使用。目前较为熟悉的净化过程分为土壤渗滤净化、人工湿地净化、生物处理等阶段。

5. 用

用水工程，充分利用雨水资源和再生水，提高用水效率，缓解水资源短缺问题。经过土壤渗滤净化、人工湿地净化、生物处理多层净化之后的雨水可被利用，整个过程通过“渗”涵养地下水，通过“蓄”把水留住，再通过净化把水在原地再利用，不仅能缓解洪涝灾害，还能缓解地区缺水问题。

6. 排

排水工程，构建绿色设施与灰色设施结合的蓄水、排水体系，避免内涝等灾害，确保城市运行安全。利用城市竖向与工程设施相结合，排水防涝设施与天然水系河道相结合，地面排水与地下雨水管渠相结合的方式来实现一般排放、超标雨水的安全排放及下游用水，避免内涝等灾害(刘德明，2017)。

### (三)海绵城市建设理念的具体应用

1. 透水路面的铺装

不透水城市道路的铺装往往是导致现代城市排水压力大的重要因素。生态城市要求80%的地面具有透水功能。透水路面有助于缓解城市排水的困难，是海绵城市建设的重要组成部分。采用透水路面可以显著减小雨水的径流系数，透水路面是贯彻海绵城市理念的重要举措。根据海绵城市和透水路面规划，80%以上的城市道路要建成透水路面，达到规划目标。

透水路面道路可减少暴雨径流量30%～80%，有效减少城市排水管网的泄洪压力。透水路面道路可以有效地补充地下水资源，节省雨水回用的成本；还可以有效地减少雨水径流中的污染物，对于北方水资源匮乏的城市尤为重要。透水路面道路的路面是“会呼吸的路面”，可以减少城市的热岛效应，美化城市的环境，还可以减少行车噪音、提高行车安全，创造舒适的生活空间。

透水铺装材料在城市和公园绿地中都是比较常见的，也可以融入到室外的停车场。在机动车道使用透水铺装材料时，可以利用透水水泥和透水沥青，人行道可以利用透水砖铺装的设计。透水路面铺装具备较强的透水和透气特点，透水混凝土属于环保型的混凝土，相比于传统的混凝土，具有毛细现象不显著和透水性较大的特点，整体施工非常简单，在日常的道路养护中也十分方便，并且还具备绿色环保的优势，能够完成雨水的充分收集，兼顾经济效益和生态效益。

在青岛市西海岸新区，排涝系统主要通过明沟暗渠和道路行泄等方式建立，涝水主要通过明沟暗渠及道路行泄通道来排除，同时，依托公园和绿地建设，充分利用自然条件，增加蓄水容积，消纳部分涝水。

2. 车行道的设计应用

车行道设计要转变以往非透水性材料的运用思路，这主要是由于非透水性材料很容易在道路中出现严重的积水，也会影响地面温湿度的转换，增加了城市的热岛效应。在进行海绵城市建设时，要进行行车地面性能的深入分析之后，再考虑地下水的高度。选择正确渗透性能的材料来满足雨水渗透的要求以及标准，另外还可以适当地增加透水装置的使用量，以此来提高雨水的渗透性能。这样一来也可以达到补充地下水的效果，防止在路面中存在较多的积水造成路面腐蚀的问题。在地面下基层设计时，采取非透水的材料来配合排水管道，使雨水能够尽可能地流入到周边的绿化带或者城市中的雨水管网中，满足海绵城市建设的要求。

3. 人行道的设计应用

在人行道设计时，要避免在雨天出现积水和湿滑的问题，首先可以在实际设计时融入透水砖，使得雨水可以及时渗透，减少人行道的积水，并且可以增强对城市温度、湿度的调节作用。其次，在人行道下部可以放置雨水收集和净化系统，实现资源的二次利用。再次，可以在人行道的两边设置砾石层，这样一来可以加快雨水的渗透，再配合下部的雨水收集系统，能够将雨水进行再一次的利用，避免出现水资源浪费的问题。最后还可以在人行道周边进行缓排滞蓄，在明沟位置中设置雨水收集装置。

4. 生物滞留设施

生物滞留技术是在自然土壤渗透基础上发展起来的径流雨水原位控制技

术，通过增加蒸发和渗透强化自然水文过程，达到滞留、净化径流雨水的目的。通常，生物滞留设施由蓄水层、覆盖层、植被及种植土层、人工填料层和砾石层5部分组成，如图14-5所示。根据形态及应用场所不同，生物滞留设施可分为雨水花园、生物滞留带、高位花坛和生态树池等；根据原土壤渗透能力高低及具体要求不同，生物滞留设施也可分为简易型生物滞留设施（不换土）和复杂型生物滞留设施（换土）（杜晓丽等，2017）；根据地下水位高低、离建筑物的距离和环境条件等，生物滞留设施可分为直接入渗型、底部出流型和溢流型。生物滞留设施可通过土壤滞蓄以及截留作用使城市降雨径流的流速降低，削减洪峰流量，从而使进入城市雨水管网的水量减少，起到保护城市雨水管网、缓解下游管网压力和城市内涝的作用（李家科等，2020）。

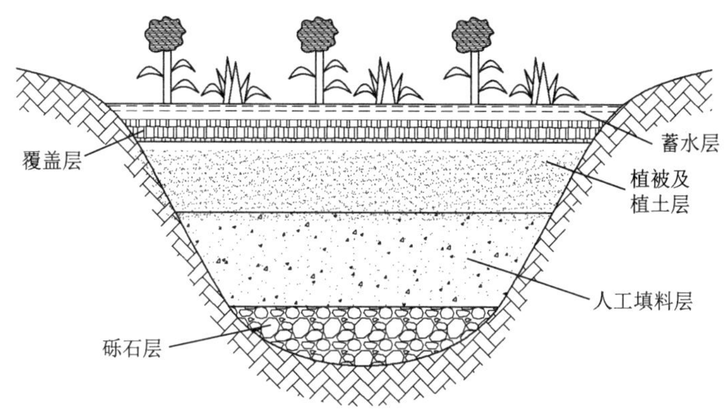


**图14-5　生物滞留设施结构**

5. 生态树池

生态树池主要是指在铺装地面区域，利用透水材料或者是植物覆盖，并且进行土壤的改造，在土壤标高设计时要低于铺装地面的标高，以完成雨水的渗透。生态树池在小区内部道路和城市道路中的应用非常广泛，能够全面地渗透径流雨水，并且有良好的过滤功能，能够去除雨水中的一些污染物，最大限度地发挥收集、过滤雨水径流的作用。生态树池建设能够提高雨水的收集效果，也可以改善当地道路的积水问题，同时也可以在其中融入一些彩色装饰，美化道路。

6. 绿色屋顶

绿色屋顶也称绿化屋面、种植屋面等。作为海绵城市建设的重要措施之一，绿色屋顶可有效减少屋面径流总量和径流污染负荷，具有节能减排的作用，绿色屋顶具有调蓄径流、减少噪音和减少城市热岛效应等生态和环境功能。此外，由于实施屋顶绿化无须额外用地，绿色屋顶在土地资源紧张、生态环境问题严重的城镇地区具有广泛的应用前景，但对屋顶荷载、防水、坡度、空间条件等有严格要求。

### （四）海绵城市建设思路与途径

海绵城市建设最主要的理念就是改变传统以“排”为主的排水思路，将“排”“蓄”结合，做到雨水就地消纳。海绵城市建设涉及技术、政策及教育宣传层面，从技术层面上出发，海绵城市措施就是恢复因为开发而减少的自然土地，要让雨水径流量恢复到开发前的水平，将被城市硬化路面阻断的水文循环路径打通，恢复原来的自然水文过程；从政策角度上来说，国家应该立法推行雨水管理与利用措施，明确责任，谁排放谁负责，个人住户应该适当缴纳雨水排放费用，开发企业也要缴纳因为开发而导致的雨水径流增多费用，对于积极推广落实雨水利用措施的个人或组织给予相应奖励；从教育层面上，要宣传节约用水，积极利用雨水资源的观念，推广一系列家庭雨水利用措施，将海绵城市建设与国家生态文明建设相结合，让海绵城市建设成为常态。

## 思考题

1. 是什么力量推动水的循环？人类在水循环中的地位是什么？

2. 人类对水循环过程产生了哪些有利和不利的影响？

3. 通过资料调研进一步了解海绵城市，试分析海绵城市建设的现实意义及其局限性。

# 第十五章 再生水的利用

实现污水资源化具有明显的环境效益、经济效益和社会效益，是保护水资源和使水资源增值的有效途径，同时也会大大地缓解我国水资源短缺的问题。而再生水利用就是污水资源化的一种重要方法，它既可减少对环境的污染，又可增加可利用水资源的数量。本章将主要介绍再生水回用的意义、回用的方式、回用的标准，并以李村河补水工程为例，分析以再生水作为生态补水的可行性。

## 第一节　再生水回用

再生水回用实现了水资源的多次重复利用，极大地节约了水资源。更为重要的是，再生水回用可以增加水资源的可利用总量，为经济、社会、生态的可持续发展拓展空间。

### 一、相关概念

除了“再生水回用”被经常使用外，废水(污水)回用以及中水回用等相关概念也常常被提及。实际上，废水(污水)回用、中水回用以及再生水回用等具有基本一致的内涵、实施路径和目标，只不过在不同行业领域，由于习惯的差异，其使用往往存在一定的倾向性。本教材对这些概念进行解释，但在使用时不进行区分。

#### (一) 废水(污水)回用

废水(污水)回用通常指废水(污水)经过适当处理后又回用到原来的生产线，可以循环使用，处理水质的要求根据回用的生产线而定，如热电厂冷却水需要软化后回用。

### （二）中水回用

“中水”一词是相对于上水（给水）和下水（排水）而言的，即处于洁净的给水与较脏的排水之间的一种水资源。中水回用是指将小区居民生活污水（沐浴、盥洗、洗衣、厨房、厕所）集中处理后，达到一定的标准回用于小区的绿化浇灌、车辆冲洗、道路冲洗、家庭坐便器冲洗等，从而达到节约用水的目的，其核心是市政污水的处理。

### （三）再生水回用

建设部制定了再生水回用分类标准，对再生水的释义是“指污、废水经二级处理和深度处理后作回用的水。当二级处理出水满足特定回用要求，并已回用时，二级处理出水也可称为再生水”。可见，再生水内涵范围更广，不再区分生活污水和生产废水，只要经过处理并满足标准要求及进行回用，即可称之为再生水回用。

## 二、再生水回用的优势和意义

全球可供开采的天然水资源是有限的。随着世界人口不断增长及工、农业生产迅速发展，水资源的开采量急剧增加，许多国家与地区已出现水资源的供需矛盾。而在水资源比较缺乏的我国，这一矛盾尤为突出。我国人均水资源占有量仅 2 100 $m^3$，只有世界人均占有量的 1/4，属于世界 13 个贫水国家之一。水资源匮乏已成为制约我国社会经济发展的主要因素之一。

污、废水的回用问题，特别是用于农田灌溉，在国内外已有悠久的历史。集中供水早期，水的回用仅限于局部的、无组织与非自觉的行为，直至 20 世纪中叶，由于工农业的迅速发展，水环境严重污染与水资源矛盾逐步加剧，人们才清醒地认识到水污染控制、水的回用与废水资源化的意义。在各国制定与逐步完善的水资源管理和污染控制法规中，均强调了水的回用与废水资源化条款。水的回用已逐步成为人们的一种自觉而有组织的行为。

### （一）小区的再生水回用

我国是一个水资源贫乏的国家，又是一个水污染严重的国家，不论南方、北方，还是东部地区、西部地区，供水短缺和水环境质量恶化的形势都十分严峻。节水和治污的优先策略是从源头抓起。建筑物和建筑小区是生活用水的终端用

户，又是点源污染、面源污染的源头，比起工、农业用水大户，虽小而分散，但总量很大，并且随着我国快速发展的城市化进程日益增长，已成为我国污水的主要来源。建筑再生水回用正是可以同时实现污染治理和开发非传统水源的双赢之举。

在建筑小区内建设再生水回用工程，也体现了半分布式卫生系统的现代城市居住区建设的新理念。建筑再生水的广泛回用，将推动半分布式卫生系统的发展，这种短程分布和收集系统便于工业废水和生活污水的分离分治，其良好的增长弹性可适应规划区域的扩大，使污水得以可持续性地回用，在经济上相对于传统的"大范围给排水管网—大型污水处理厂—废物处理与处置厂"的集中式卫生系统也具有总体上的优势，同时对于提高公众合理利用资源的意识也会产生深远的影响。

1. 比远距离引水造价低

以小区的再生水回用为例，小区再生水回用处理装置安装在小区内，减少了输水管线的基建投资和运行费用，将污水处理到杂用水程度，其基建投资只相当于从 30 km 外引水，若处理到可回用作较高要求的工艺用水，其基建投资相当于从 40～60 km 外引水。

2. 比海水淡化经济

小区生活污水中污染物浓度较低（小于 0.1%），可生化性较好，处理难度较小，而且可用深度处理方法加以去除。因此，当生活污水作为再生水水源时，主要污染物的浓度指标 COD、$BOD_5$、SS、$NH_3$-N 可满足处理技术要求。而海水则含有 3.5% 的溶解盐和大量有机物，其杂质含量为污水二级处理出水的 35 倍以上，因此无论基建费还是单位成本，海水淡化都超过污水回用。

小区再生水回用开辟了第二水源，降低了小区新鲜水取用量，经处理后的污水回用于小区，减少了污水的排放量，减轻了受纳水体的污染，也减少了治理环境污染的投资。所以再生水回用既节约了水资源，也消除了环境污染，具有多重效益。

### （二）污水处理厂的再生水回用

1. 再生水回用可以改变城市供水短缺的局面

污水处理厂生产的回用水虽然不能饮用，但可以替代自来水作为工业循环冷却水、冲刷水、漂洗水，也可作为生活杂用水进行冲厕、绿化、洗车、冲刷道路等，从而改变城市水资源短缺的局面，缓解城市用水的供需矛盾，达到污水资源化。

2. 再生水回用可促使污水处理尽快走向市场

传统观念认为建设城市污水处理厂是政府的主要职责，污水处理厂创造的主要是社会效益和环境效益，而就企业本身来讲并没有经济效益，建成后的污水处理厂运行费用主要靠当地财政投入。目前由于一些地方财政状况不景气，污水处理厂处于半运行状态或停产状态。正在兴建的污水处理厂也普遍存在着处理吨水投入大、运行成本高的问题。这对于部分部门来说，要建一座污水处理厂无疑是增加了一份负担，这些因素制约了我国城市污水治理项目的建设，同时也直接制约着已建成的城市污水处理厂的正常运行。而再生水回用和收取排污费将是污水处理厂运行费用的主要来源。

3. 再生水回用可以减少使用企业的水费支出

城市用水主要包括生活用水和工业用水两大部分。由于水价较高，一些企业的产品成本升高，降低了市场竞争力。如果用水企业改用再生水，就可大大降低生产成本。减少水费支出，从而降低了产品成本，势必提高产品的竞争力，促进工业经济的发展。

在污水处理厂增设再生水回用系统，是污水资源化的重大举措，是缓解我国严重缺水局面的一条重要途径，同时也可促进城市公用事业的改革，促进经济的可持续发展（詹国权，2001）。

## 三、国内外水的回用情况

### （一）国外水的回用情况

1. 以色列

以色列在再生水回用方面是最具特色的国家。以色列位于地中海东岸，大部分为干旱和半干旱地带，人口 600 万人，水资源总量 19.69 亿 $m^3$，人均水资源占有量仅为 300 $m^3$ 左右，因此，再生水回用也就成了解决水资源与用水需求间矛盾的重要措施。以色列占全国污水处理总量 46% 的出水直接回用于灌溉，其余 33% 和 20% 的水分别回灌于地下和排入河道，最终又被间接回用于各个方面。

在污水利用方面，1972 年政府制订了“国家污水再利用工程”计划，开展利用污水进行灌溉的试验研究，并取得了很大成功。利用处理过的污水进行灌溉，不但可增加灌溉水源，而且能起到防止污染、保护水源的作用。这些水不含草籽和病虫原，灌溉之后土地不易生虫长草，对农作物有利。以色列每年可使用的废水约为 3.5 亿 $m^3$，已利用 1.5 亿 $m^3$，至 1997 年约有 60% 的城市废水在进行无害

化处理后用于灌溉。截至2010年全国37%的农业灌溉使用处理过的废水。

2. 日本

日本早在1962年就开始回用污水，20世纪70年代已初现规模。随着回用技术的不断更新与发展，再生成本不断下降，水质不断提高，回用污水逐渐成为缓解水资源短缺的重要措施之一。20世纪90年代初，日本在全国范围内进行了废水再生回用的调查研究与工艺设计，在1991年日本的“造水计划”中明确将污水回用再生技术作为最主要的开发研究内容加以资助，开发了很多污水深度处理工艺，在新型脱氮、除磷技术，膜分离技术，膜生物反应器技术等方面取得很大进展，对传统的活性污泥法、生物膜法进行了不同水体的工艺实验，建立起了许多“再生水工厂”。

3. 美国

美国是世界上污水再生利用最早的国家之一，20世纪60年代末就将膜生物反应器用于废水处理，70年代初开始大规模污水处理。城镇污水处理设施已经非常完善，城市二级污水处理厂已得到100%普及，城镇再生水回用已进入大规模生产应用阶段，尤其是在气候干旱的中西部地区的加利福尼亚、亚利桑那、得克萨斯、佛罗里达等州。其中，加利福尼亚州成绩最为显著，2000年的再生水回用量达8.64亿 $m^3$，占污水处理量的10%，占全州城镇年用水总量的7%左右。在美国，有300余座城市实现了污水处理后再利用。

### （二）国内水的回用情况

北京是我国再生水回用发展较快的城市，现已拥有的再生水处理设施处理能力达7 000 $m^3$，还将新建10座再生水设施，再生水日处理量将增加3 300 $m^3$，达到10 300 $m^3$。大连市于2002年开始用经过三级处理的污水进行绿地灌溉，该水符合相关指标，成本为0.8元/$m^3$，比用地下水灌溉每立方米节省0.2元左右。青岛市海泊河污水处理厂在1999年成功试车污水回用工程，2001年全面启动再生水回用试点项目。之后，青岛市逐步开发麦岛、李村河、团岛等污水处理厂的再生水回用项目，并对青岛的再生水管网进行总体规划，使青岛的再生水供水能力由日供4万 $m^3$ 逐步达到日供20万 $m^3$，通过管网广泛回用于景观用水、城市绿化、道路清洁、汽车冲洗、居民冲厕及施工用水、企业设备冷却用水等领域。济南市于1988年开始再生水工程建设试点工作，先后建设了南郊宾馆、玉泉森信、济南机场、将军集团等一批再生水示范项目。目前，已建成并投入使用的再生水工程单位有20余家，日处理能力达到1万 $m^3$。

# 第二节　再生水回用系统

污水深度处理后可通过直接方式和间接方式进行回用。直接回用是指达到回用要求的城市污水直接回用于需水对象，最具潜力的回用领域是工业冷却、农田灌溉及市政杂用等。间接回用是指城市污水按要求进行处理后排入水体，经自净后供给各类用户使用；或是将经过深度处理的城市污水回灌于地下水层，再抽取使用。

## 一、水的回用系统

从水资源利用领域看，全球抽取的水资源65%用于农业灌溉，大于20%用于工业生产，10%用于市政工程中。农业灌溉产生的污水一般为面源污染，难以集中收集处理；工业废水及生活污水可以进行收集处理，经过处理的城市污水可用于城市、农业和工业等领域。

### （一）根据不同的再生水水源

再生水的水源主要来自于三个部分：经过处理的工业废水、城市集中污水处理厂二级处理出水以及建筑、住宅小区生活污水。根据不同的再生水水源，可以将再生水回用分为三个系统：工业废水回用系统、城市污水回用系统和建筑及住宅小区污水回用系统。

1. 工业废水回用系统

提高工业用水的循环比例，降低工业万元产值的耗水量是当前工业发展的趋势，因此在这样的背景下，逐渐发展形成了各行业的闭环水循环再生系统。工业废水回用系统如图15-1所示。

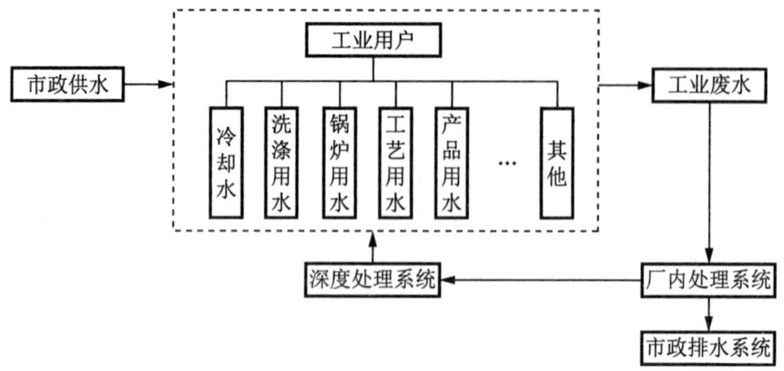


图15-1　工业废水回用系统示意图（蒋展鹏，杨宏伟，2013）

2. 城市污水回用系统

越来越多的城市都建有集中式的二级污水处理厂。经过二级处理的污水水量和水质都非常稳定，适合采取进一步的处理来实现污水回用。这种污水回用系统如图 15-2 所示。

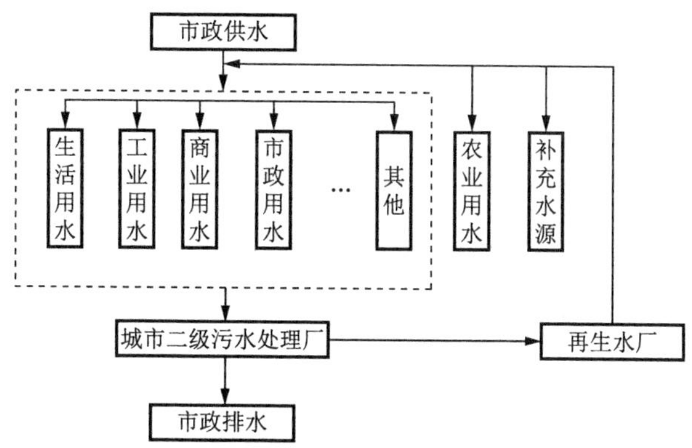


图 15-2　城市污水回用系统示意图（蒋展鹏，杨宏伟，2013）

3. 建筑及住宅小区污水回用系统

建筑及住宅小区内的污水以生活污水为主，相对容易处理，可单独收集起来，经过深度处理后再回用于建筑及住宅小区内的生活杂用。显然，再生水系统由原水的收集、贮存、处理和再生水供给等工程设施组成，是建筑物或建筑小区的功能配套设施之一。由于再生水系统建立的范围不同又有不同的称谓，建筑物再生水是在一栋或几栋建筑物内建立的再生水系统；小区再生水是在小区内建立的再生水系统。小区主要指居住小区，也包括院校、机关大院等集中建筑区，统称建筑小区。建筑及住宅小区再生水回用系统如图 15-3 所示。

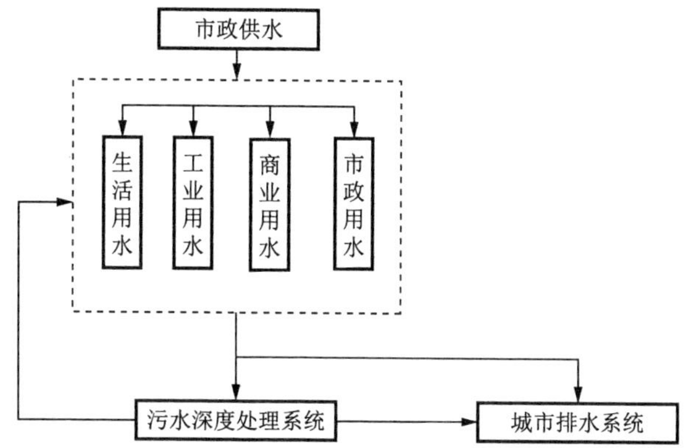


图 15-3　建筑及住宅小区再生水回用系统示意图（蒋展鹏，杨宏伟，2013）

### （二）根据不同的服务范围

再生水回用系统按服务范围可分为三类。

1. 建筑再生水系统

在一栋或几栋建筑物内建立的再生水系统；处理站一般设在裙房或地下室；再生水用作冲厕、洗车、道路保洁、绿化等。

2. 小区再生水系统

在小区内建立的再生水系统，可采用的水源较多；小区再生水系统包括覆盖全区回用的完全系统、供给部分用户使用的部分系统以及简易系统。

3. 城市污水回用系统

城市污水回用系统又称城市污水再生利用系统，是在城市区域内建立的再生水回用系统。城市污水回用系统以城市污水、工业洁净排水为水源，经污水处理厂及深度处理工艺处理后，回用于工业用水、农业用水、城市杂用水、环境用水和补充水源水等。

建筑或小区再生水系统可就地回收、处理和利用，管线短，投资小，容易实施，但水量平衡调节要求高、规模效益较低。城市污水回用系统经污水处理厂及深度处理，在运行管理、污泥处理和经济效益上有较大的优势，但需要单独铺设回用水输送管道，整体规划要求较高。

### （三）城市污水回用系统

城市污水回用系统由污水收集、回用水处理、回用水输配、用户用水管理四个部分组成。

（1）污水收集主要依靠城市排水管道系统实现；收集工业洁净水为原水的回用系统，可以利用城市排水管道，或另行建设收集管道。

（2）回用水处理分为污水处理厂内部深度处理和用户自行深度处理。

（3）回用水输配应建成独立系统，管道宜采用非金属管道，当使用金属管道时，应进行防腐蚀处理；当水压不足时，用户可自行建设增压泵站；回用水输配中必须采取严格的安全措施。

（4）用户用水管理应根据用水设施的要求确定用户的管理要求和标准。

城市污水回用将给水和排水联系起来，实现水资源的良性循环，促进城市水资源动态平衡（王凯丽，于鹏飞，2009）。

2001 年 3 月，青岛市被确定为全国再生水回用五个试点城市之一。编制完成了《青岛市中水利用规划（2001—2020 年）》，积极开展了再生水厂、管网及泵

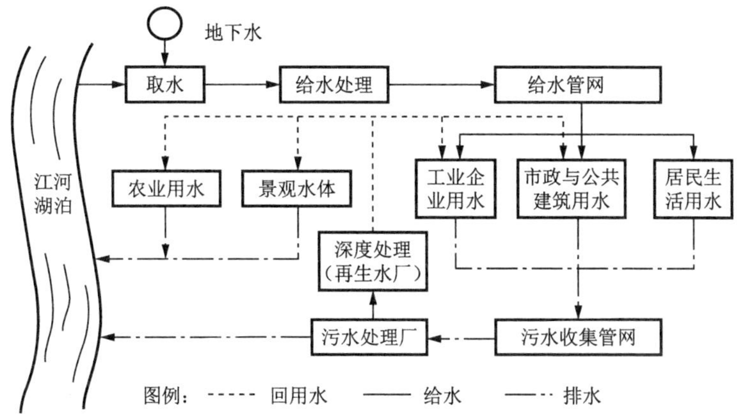


图 15-4 城市污水回用系统

站的建设，在管理方式和政策制定方面也进一步向再生水利用倾斜。

（1）在规划方面，海泊河污水厂、李村河管网、团岛管网、沿海一线、麦岛污水厂再生水管并网正在统筹规划，规划完成后，将形成一个基本覆盖青岛市城区的再生水给水网络。

（2）在政策方面，颁布了《青岛市城市再生水利用管理办法》，制定了《关于加强城市再生水工程设施设计、施工、验收管理工作的通知》，建立了再生水工程设计审查和竣工验收工作程序。

（3）在管理方面，为提高再生水管理水平，通过多种形式广泛宣传，为再生水利用营造良好的氛围。开展城市再生水用户调查登记工作，建立管理台账，定期对再生水供水企业进行水质抽验，保证再生水水质达标。

## 二、水的回用标准

再生水回用标准是介于饮用水标准和污水排放标准之间的一类标准。饮用水标准是为了保证人们饮用的安全，污水排放标准则是为了保证受纳水体的环境质量要求，而再生水回用标准则是根据不同的回用对象和回用目的来制定的。根据再生水回用对象的不同，再生水回用标准可分为工业回用标准、农业灌溉标准、景观娱乐用水标准、城市杂用水标准以及地下水回灌标准等（蒋展鹏，杨宏伟，2013）。

### （一）回用水水质基本要求

再生水回用应满足下列要求：回用水的水质符合回用对象的水质控制指标；

回用系统运行可靠，水质水量稳定；对人体健康、环境质量、生态保护不产生不良影响；回用于生产目的时，对产品质量无不良影响；对使用的管道、设备等不产生腐蚀、堵塞、结垢等损害；使用时没有嗅觉和视觉上的不快感；回用系统在技术上可行，操作简便；价格应比自来水低廉；应有安全使用的保障。

再生水回用还需要考虑以下几个问题：确定合适的回用水质，研究哪些污水可以回用，不同用途需要什么样的水质；选择适用、可靠的技术方案，科学比选外排污水处理深度，确保污水回用后对装置不产生负面影响；合理的投资和运行费用，在获得社会效益的同时获得经济效益。

### （二）回用水水质标准

为引导再生水回用健康发展，确保回用水的安全使用，我国已制定了一系列回用水水质标准：如《城市污水再生利用 工业用水水质》（GB/T 19923—2005）、《城市污水再生利用 城市杂用水水质》（GB/T 18920—2020）、《城市污水再生利用 景观环境用水水质》（GB/T 18921—2002）。

1. 回用于工业用水控制指标

工业用水种类繁多，水质要求各不相同。经深度处理后的污水主要可回用于冷却用水、洗涤用水、锅炉补给水及工艺与产品用水等。工业冷却水用量大，使用面广，水质要求相对较低，是国内外污水回用于工业的主要对象。

2. 回用于城市杂用水主要控制指标

城市杂用水指的是用于冲厕、道路清扫、消防、城市绿化、车辆冲洗、建筑施工的非饮用水。其中冲厕杂用水包括公共及住宅卫生间便器冲洗的用水；道路清扫杂用水包括道路灰尘抑制、道路扫除的用水；消防杂用水包括市政及小区消火栓系统的用水；城市绿化杂用水包括除特种树木及特种花卉以外的公园植物、道边树、道路隔离绿化带、运动场、草坪以及相似地区的用水；建筑施工杂用水包括建筑施工现场的土壤压实、灰尘抑制、混凝土冲洗、混凝土拌合的用水。

一般而言，回用城市杂用水需要建设双给水系统，国内目前也有采用给水车送水的供水方式，但成本较高。

3. 回用于景观环境用水主要控制指标

景观用水主要指观赏性景观环境用水和娱乐性景观环境用水，其中观赏性景观环境用水指人体非直接接触的景观环境用水，包括不设娱乐设施的景观河道、景观湖泊及其他观赏性景观用水；娱乐性景观环境用水指人体非全身性接触的景观环境用水，包括设有娱乐设施的景观河道、景观湖泊及其他娱乐性景观用

水。景观环境回用水指经深度处理的城市污水回用于观赏性景观环境用水、娱乐性景观环境用水、湿地环境用水等。

4. 回用于补充水源主要控制指标

补充水源有补充地表水和补充地下水两类，主要是补充地表水，即河流与湖泊；还可以补充地下水，作为水源补给、防止海水入侵、防止地面沉降等。其中再生水补充地下水具有以下优点：能够平衡丰水年份和缺水年份之间的水量差距；管理运行简单，花费少，节省管渠等方面的投资；蒸发量远比地面水库少，水质、水量稳定；不会产生建造沟渠、大坝等对整个大环境可能造成的负面影响，维持整个生态的平衡。

回灌到地下的再生水，在地下水循环过程中，很可能会进入到饮用水含水层中。一旦污染物进入到含水层中，其去除是非常困难的，故地下水回灌的水质标准对人类健康非常重要，要求也非常严格。我国现在还没有关于地下水回灌的水质标准，所做的一些关于地下水回灌的实验都是依据饮用水标准来执行的。

5. 回用于农业用水主要控制指标

再生水回用于农业主要是指农田灌溉。污水灌溉在我国具有很长的历史，但是早期的污水灌溉是一种无计划的行为，对环境造成了很多的影响，如农田的污染、地下水污染、农产品质量下降和对人体健康的影响。目前，国际上许多国家对再生水回用于农业都有相应的水质标准，其中比较权威的标准是1978年美国加州的再生水回用于农业规章和1989年的WHO再生水农业回用指南。

城市污水经净化后回用于农业灌溉的主要水质指标有含盐量、选择性离子毒性、重碳酸盐、pH等。原污水不允许以任何形式用于灌溉，一方面是感官上不好，另一方面是粪便聚集于农田可能直接污染作业工人（农民）或通过灰蝇、喷灌产生的气溶胶传播病原体。

我国目前还没有专门的农业回用水水质标准，一般可参照《农田灌溉水质标准》（GB 5084—92），确定回用水水质控制指标。

### （三）再生水回用设计规范

为引导再生水回用健康发展，确保回用水的安全使用，我国已制定再生水回用设计规范，如《污水再生利用工程设计规范》（GB 50335—2002）、《建筑中水设计规范》（GB 50336—2002）、《建筑与小区雨水利用工程技术规范》（GB 50400—2006）。

《污水再生利用工程设计规范》提出：当再生水同时用于多种用途时，其水质标准应按最高要求确定；对于向服务区域内多用户供水的城市再生水厂，可按用水量最大的用户的水质标准确定；个别水质要求更高的用户，可自行补充处理，直至达到该水质标准。

## 三、水的回用技术

城市污水回用处理技术是在城市污水处理技术的基础上，融合给水处理技术、工业用水深度处理技术等发展起来的。

在处理的技术路线上，城市污水处理以达标排放为目的，而城市污水回用处理则以综合利用为目的，根据不同用途进行处理技术组合，将城市污水净化到相应的回用水水质控制要求。

因此，回用处理技术是在传统城市污水处理技术的基础上，将各种技术上可行、经济上合理的水处理技术进行综合集成，实现污水资源化。

1. 预处理技术

污水二级处理出水水质主要指标基本上能达到回用于农业的水质控制要求。除浊度、固体物质和有机物等指标外，基本接近回用于工业冷却水水质控制指标。对出水回用的污水处理厂，可在技术上通过工艺改进和工艺参数优化，使二级处理后的城市污水出水大多数指标达到或接近回用水质控制要求，可以较大程度上减轻后续深度处理的负担。

2. 深度处理技术

需对二级处理后的城市污水进行深度处理，去除污水处理厂出水中剩余污染成分，达到回用水水质要求。这些污染物质主要是氮磷、胶体物质、细菌、病毒、微量有机物、重金属以及影响回用的溶解性矿物质等。

应根据回用水处理的特殊要求采用相应的深度处理技术及其组合。城市污水回用深度处理基本单元技术有混凝沉淀（或混凝气浮）、化学除磷、过滤、消毒等。对回用水水质有更高要求时，可采用活性炭吸附、脱氨、离子交换、微滤、超滤、纳滤、反渗透、臭氧氧化等深度处理技术。

**表 15-1 二级处理出水深度处理方法**

| 污染物 | | 处理方法 |
|---|---|---|
| 有机物 | 悬浮性 | 快滤（上向流、下向流、重力式、压力式、移动床、双层和多层滤料）、混凝沉淀（石灰、铝盐、铁盐、高分子）、微滤、气浮 |
| | 溶解性 | 活性炭吸附（粒状炭、粉状炭、上向流、下向流、流化床、移动床、压力式、重力式吸附塔）、臭氧氧化、混凝沉淀、生物处理 |

续表

| 污染物 | | 处理方法 |
|---|---|---|
| 无机盐 | 溶解性 | 反渗透、纳滤、电渗析、离子交换 |
| 营养盐 | 磷 | 生物除磷、混凝沉淀 |
| | 氮 | 生物硝化及脱氮、氨吹脱、离子交换，折点加氯 |

## 四、城市污水回用领域

### （一）城市生活用水和市政用水

（1）此类回用水易与人直接接触，对细菌指标和感官性指标要求较高。为防止供水管道堵塞，要求回用水脱氮除磷。

（2）城市绿地灌溉用于灌溉草地、树木等绿地，要求消毒。

（3）市政与建筑用水用于洒浇道路、消防用水和建筑用水（配制混凝土、洗料、磨石子等）。

（4）城市景观用水用于园林和娱乐设施的池塘、湖泊、河流、水上运动场的补充水。

该领域执行《城市污水再生利用　城市杂用水水质》（GB/T 18920—2020）和《城市污水再生利用　景观环境用水水质》（GB/T 18921—2019）标准。

### （二）农业、林业、渔业和畜牧业

用于农作物、森林和牧草的灌溉用水，这类水对重金属和有毒物质要严格控制，要求满足《农田灌溉水质标准》（GB 5084—92）的要求。当用于渔业生产时，应符合《国家渔业水质标准》（GB 11607—89）。

### （三）工业

（1）工业生产用水在生产中被作为原料和介质使用。作原料时，水为产品的组成部分或中间组成部分。作介质时，主要作为输送载体、洗涤用水等。不同的工业对水质的要求不尽相同，有的差别很大，对回用水的水质要求应根据不同的工艺要求而定。

（2）冷却用水的作用是作为热的载体将热量从热交换器上带走。回用水的冷却水系统易发生结垢、腐蚀、生物生长等现象，因此作为冷却水的回用水应去除有机物、氮磷营养元素，控制冷却水的循环次数。

（3）锅炉补充水对水质的要求较高。若汽压高，回用水需再经软化或离子交换处理。

(4)其他杂用水用于车间场地冲洗、清洗汽车等。

目前应用于工业领域的城市污水执行标准为《城市污水再生利用　工业水水质》(GB/T 19923—2005)。

### (四)地下水回灌

用于地下水回灌时,应考虑到地下水一旦污染,恢复将很困难。用于防止地面沉降的回灌水,应不引起地下水质的恶化。

### (五)其他方面

主要回用于湿地、滩涂和野生动物栖息地,维持其生态系统的所需水,要求水中不含对生态系统有毒有害的物质。

## 第三节　李村河补水工程

李村河是青岛市一条主要过城河道,发源于李沧区内的石门山麓,流经曲哥庄桥时与张村河交汇,自胜利桥汇入胶州湾,主干道全长约 17 km,其流域范围北起石门山—十梅庵风景区—娄山—烟墩山一带,南至金家岭山—浮山—北岭山一带,东起莲花北山—午山一带,西至胶州湾,总流域面积约 147 $km^2$,涉及李沧、崂山、市北三区。主要支流有水清沟河、郑州路河、河西河、杨家群河、大村河、张村河、韩哥庄河、南庄河、侯家庄河、金水河十条。

青岛市李沧区牢固树立"绿水青山就是金山银山"的思想,传承世园会理念,以打造花园城区提升宜居品质。李村河是李沧区的一条主要河流,也是青岛市区最大的水系。李村河中游曾是该流域黑臭水体集中片区,河道内乱搭乱建影响市容美观,存在泄洪安全隐患;作为城市河道却无水可观,是河道治理中最难"捅"开的堵点,更是一块难啃的"硬骨头"。

### 一、生态补水工程设计

在河道综合治理过程中,生态补水是在控源截污实施效果良好的前提下改善河道水环境的重要措施。生态补水的作用主要表现在以下两个方面:一是生态补水可以维持河道径流,增加河道流速,有利于水体复氧,提高水体自净能力;二是生态补水可维持水生动植物的基本生境,恢复河道生态系统(杨仲韬等,

2019）。

2018 年青岛市启动实施李村河下游生态补水及调蓄工程，河道内水生植物逐渐丰富，常年消失的各种沿河栖息的鸟类也返回到李村河，河道的生态功能逐步得到恢复，河道景观效果提升的同时，也为周边居民提供了休闲娱乐的去处。2021 年 3 月底，青岛水务集团已累计向李村河河道生态补水 1.3 亿 $m^3$，河道内各项水质指标良好，水环境质量明显改善，下游的李村河断面水质由原来的劣Ⅴ类水逐渐提高并稳定达到地表Ⅴ类水标准。

### （一）生态补水水源

1. 李村河污水处理厂再生水

李村河污水处理厂位于李村河下游入海口处，距离补水出口（李村河张村河交汇处三角地）约 5 km，且水量、水质均能得到有效保证，是李村河理想的补水水源。该厂一二期主体工艺采用 $A^2O$+MBBR，深度处理采用混凝沉淀 + 滤布滤池工艺；三期主体工艺采用五段 Bardenphar+MBBR 工艺，深度处理采用混凝沉淀 + 滤布滤池工艺；出水水质执行《城镇污水处理厂污染物排放标准》（GB 18918—2002）一级 A 标准；2017 年 5—12 月的出水水质除总氮外，常规 5 项指标接近地表Ⅴ类水质。

2. 李村河中上游生态补水水源

李村河中上游分别建有张村河水质净化厂、世园会水质净化厂，其出水水质满足《城镇污水处理厂污染物排放标准》（GB 18918—2002）一级 A 标准，可就近排入李村河，作为中上游补水水源。

### （二）生态补水工程设计

李村河污水处理厂一级 A 出水向下游生态补水工程总规模 20 万 t/d，补水水质达到地表Ⅳ类标准。取水点分为两个，一是李村河四期排河泵站取水 15 万 $m^3/d$，自李村河四期取水泵站，利用李村河排河管线中一根 DN1600 管线在排河点位置接 DN1200 管线在河道内向上游铺设至三角地；二是从李村河污水厂已建泵站取水 5 万 $m^3/d$，采用 DN800 自李村河厂区已建中水泵站沿厂区至东北角，出厂区穿镇平一路及沿河绿化带后在河内向上游铺设至三角地。

1. 沿途预留补点

在李村河下游主要支流（水清沟河、大村河、郑州路河）及沿线景观绿化浇灌需要的位置预留补水点，共设置 6 处。

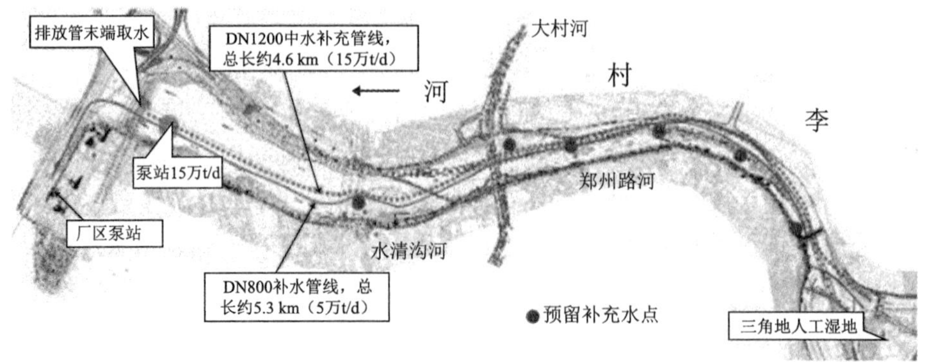


图 15-5　李村河污水处理厂向下游生态补水工程方案

2. 三角地总补水点

为形成良好的补水景观，在三角地设置跌水水景、消能水池、挺水和沉水植物等措施。

3. 河道调蓄

在分析现有河道蓄水建筑物蓄水位置及蓄水量的基础上，结合生态补水量，形成合理的河道调蓄方案。

## 二、生态补水工程实施

第一阶段的李村河下游河道补水，于 2018 年 5 月份通水运行。补水口设置在郑州路河与李村河交汇处东侧，每日补充 5 万 t 水入河；同时李村河中游新建 4 万 $m^3/t$ 的张村河水质净化厂，分担了下游李村河污水厂负荷，为张村河提供 4 万 $m^3/t$ 生态补水水源，出水主要水质指标均达到一级 A 标准。让李村河水“活”了起来，实现了由“脏”到“净”的转变。

第二阶段 2018 年 9 月建设完成李村河下游生态补水及调蓄工程，将李村河污水厂处理后的再生水提升至李村河张村河交汇处(三角地)。新建中水泵站 15 万 $m^3/d$，铺设再生水管线 9.9 km，整体实现向李村河下游生态补水 20 万 t/d 的目标。除了补水，市水务管理局组织对李村河挡潮闸开展定期维护保养工作。挡潮闸集挡潮、防洪、调蓄等功能于一身，对河道生态恢复有极其重要的作用。涨潮时关闭闸门，避免海水入侵对内河生态的破坏；跌潮时泄水，防止内河水位高影响河道行洪。在旱季时，通过调蓄在河道形成景观水面，恢复河道生态，淡水鱼类生长，白鹭、野鸭等鸟类在此栖息繁殖，竞相觅食，实现了由“净”到“畅”的转变。

第三阶段是2020年7月，为实现创建黑臭水体治理示范城市目标，确保李村河中游（君峰路—青银高速）、下游（两河交汇处附近）达到“水清岸绿、鱼翔浅底”的目标，由市水务管理局组织的李村河中游生态补水示范工程启动实施。分别在李村河、张村河交汇口处新建5万 $m^3$/d 再生水提升泵站、李村河交汇口至君峰路新建DN600再生水管线1.35 km、张村河交汇口至黑龙江路新建DN500再生水管线2.85 km。构建完成约610 $m^3$ 的潜流湿地及水下森林生态系统，并配套绿化提升、廊架、景墙、挑台翻新等景观工程。此工程完工后，进一步提升李村河中下游及张村河下游水动力，提高河道水生态修复能力，将李村河打造成水生态治理样板，实现了由“畅”到“美”的转变。

当前，李村河生态补水已实现20万 $m^3$/d 的“保养”。通过利用下游李村河污水处理厂的再生水和中游张村河水质净化厂资源，在水质提标后提升至李村河中游甚至上游，以此补充至李村河主河道或支流河道。实现了李村河由单一的季节性行洪河道向常年流水潺潺、水清岸绿的生态幸福河道的转变，形成了清水润城、生态惠民的美好景象。

## 三、生态补水工程的实施效果

### （一）李村河中游生态补水示范工程

李村河中游生态补水示范工程勘察、设计、建设同时启动，工程范围包括李村河与张村河两河交汇口至君峰路段、张村河与李村河两河交汇口至黑龙江路段。主要建设内容包括新建3座再生水泵站，构建约610 $m^2$ 潜流湿地、约3.78万 $m^2$ 水下生态系统，并配套实施再生水管线，以及绿化提升、廊架、景墙、挑台翻新等景观工程。

然而李村河是一条季节性河流，尤其在旱季时中下游河道内缺少流动水，甚至时常断流，导致河中存水极易变质，影响生态环境。所谓流水不腐，就是因为再生水的注入，让断流的河道重新活起来，也为城市水生态修复注入新活力。

### （二）李村河上游综合治理

李村河上游综合治理工程以“建设宜居青岛、打造幸福城市”为目标，以2014年青岛世界园艺博览会为契机，力求实现四个层次的整治目标。

一是强化治水功能。依托河道的自然特性，采用临时过水设计理念，以拓宽河道、深挖清淤、砌筑水坝等形式，提高河道防洪标准，增强河道蓄水能力，做到旱季蓄水充足，汛期行洪通畅。防洪能力可达到50年一遇。二是突出生态提升功能。在治水的同时，充分考虑水域的生态性、观赏性。首先对全流域进行截污处理，确保消除河道污染源。在整治过程中做到河岸线自然，河道横断面富于变化，河道有冲有淤、坡度有急有缓，促进自然循环；在不同的河道，均有与之相适应的植物、动物生存，力求植物造景、自然造景，有效改善河道周边生态环境，提升城市景观水平。三是提升人水亲和功能。强调人性化设计，设置活动广场、健身场地、景观桥梁、亲水平台、自然溪流等内容，打造一条水清、岸绿、景美，人与自然和谐相处的滨水景观长廊。四是放大治河效应。充分结合城市建设功能需求，有效发挥河道整治对带动区域开发建设，改善投资环境，优化城市功能布局等方面的促进作用，形成河道治理与经济社会协调发展的良好循环，努力将李村河上游打造成防洪标准适宜、生态景观和谐、彰显文化特色、两岸开发有序的高品位城市生态滨河公园。

李村河上游综合治理二期工程在设计时采用了日本的设计手法，引入了临时过水、“园中园”的设计理念，突出生态化、自然化、精细化的标准，同时引入城市“绿道”的设计手法，能有效改善河道周边生态环境，提高河道防洪标准，提升河道景观水平，努力打造集休闲、文化、经济等功能为一体，主题鲜明、功能明确、环境优美、人与自然和谐相处的滨水景观长廊。河道浅水区栽种着蒲苇、荷花、芭蕉，陆地上则有八宝景天、花叶玉簪、鸢尾、红松等多种科属的植物。沿河岸还设置有活动广场、健身场地、景观桥梁、亲水平台、自然溪流，市民既可以沿河边绿道步行游园，也可以到河边戏水嬉戏，还可以登上景观桥梁俯瞰河流上游全景。通过截污、防洪、生态修复、蓄水、景观环境建设等持续综合整治建设，李村河如今已成为青岛市内最大的河道生态公园。

图15-6 李村河上游综合整治效果

### （三）海绵城市——“生态恢复”

由于河道的河底硬化和河道内李村大集的影响，李村河中游作为城市河道长期无水可观，同时又在最近的几十年中，城市以极快的速度发展，城市中的可渗透表面区域不断减少，城市景观和水体之间缺乏自然缓冲带。因此，李村河中游整治在满足河流行洪安全的前提下，引入海绵城市理念，解决过城河道所面临的生态环境问题，实现最佳的环境效益、社会效益和经济效益，使城市建设发展和河流的生态环境保护更加和谐统一。

一是整合四大系统，综合解决水环境问题。李村河中游整治工程延续李村河上游、下游新型生态河道的设计定位，因地制宜，以“水波再兴、水印绿廊、水韵雅市”为主题，通过新建九级调蓄池作为水生态净化系统和过滤器，整合雨洪利用系统、生物栖息地系统、大集文化系统和健康绿道系统，构成一个综合解决城市水环境问题的生态基础设施，还原李村河中游的生态调蓄功能。

二是修复水生态，雨洪积蓄利用。李村河中游在整治工程中优先利用自然排水系统与低影响开发设施，充分采用雨洪集蓄利用、分级控制雨水径流等方式，实现雨水的自然积存、自然渗透、自然净化，提高水生态系统的自然修复能力，恢复李村河作为城市水系在城市防洪、排水及改善城市生态环境中的“海绵”功能。改造完成后的李村河中游，创造了从无水到 3 km 水岸线，从 10%的水面积换 70%的滨水效果（刘梦泉等，2018）。

图 15-7　改造后的李村河中游河道

### （四）李村河的自身优势

李村河上下游的高差较大，综合治理的 4 km 区段，上下高差约 21 m。如果修建拦水坝，考虑到景观、防洪与经济的结合，大约需要设置10级拦水坝，而每级大坝高约2～3 m。由于拦水坝的数量较多，成本大，平均间隔400 m就有一座，间距太小，景观效果也不理想。而坚持充分利用河床的原则，可以带来以下几点优势。一是利于景观打造。由于不需要建坝蓄水，河床可被开辟成公园绿地，可以进行步行游览和休闲活动，而且河床有地貌丘陵、植被和溪流，景观效果也会很理想。二是利于居民休闲。将河床综合利用，可以进行整体的地貌设计，适当穿插小径，同时将流动的小股河水转化为动态溪流景观，配合大水面形成景观丰富、形态各异的亲水环境，市民可步行游憩，也可戏水休闲。三是利于生态维护。充分利用河床，还可以极大地扩大绿化范围，在河床底部，通过种植芦苇、菖蒲等耐水植物，增加鸟类、鱼类活动的湿地空间，极大地改善生态环境。四是利于综合利用。利用河床宽阔的腹地，还可开辟健身场地，布置门球、篮球等体育设施，只要不设置构筑物，简单的场地不会对泄洪构成危险。由于有群众活动可以展开，会极大地完善公园功能，达到“以人为本”“天人合一”的可持续发展设计目标。五是利于节约成本。在河床的地貌整理中，可以充分尊重现状，生长良好的植被和树木可以保留，不会因为河床的大开挖而被“处理”掉，同时也相应节约了投资成本。

## 思考题

1. 简述城市再生水回用的领域。

2. 结合李村河补水实例，讨论再生水回用技术在河流补水方面给我们哪些启示？

# 第十六章
# 守护文明

进入21世纪，人类活动对流域水循环产生日益深远的影响。城市是人类活动最为密集和强烈的地区，是流域社会水循环的基础单元和重要环节。当前，我国城市水环境问题形势严峻，水资源短缺与社会经济发展对水资源需求不断增长的矛盾日益突出；水资源开发利用和江河治理的难度越来越大；水环境与水生态不断恶化。城市水环境问题影响的范围与强度不断增大，城市生态系统的可持续性难以维系，严重制约城市经济、社会的发展和人类健康。对城市水资源开发、利用过程进行调控，促进城市水系统的安全与高效利用，是水循环规律的必然要求。

城市节水与污水再生利用，是城市水安全与高效利用调控的重要环节，是我国水资源可持续利用以及生态环境恢复的核心环节，是建设资源节约型、环境友好型社会的重要内容，也是建设生态文明的中坚力量。城市节水与污水再生利用的正确决策对于保证流域与区域水资源可持续利用，树立和落实科学发展观，促进人与自然和谐相处，具有十分重要的作用（褚俊英，陈吉宁，2009）。

## 第一节　如何节水、用水

### 一、水资源的可持续利用

水资源属于可更新资源。然而，水虽可更新，却不可增生。

人类对水资源的认识经历了天然水、工程水和资源水3个阶段，对水资源的利用也经历了3个阶段。

（1）原始阶段。人口极少，人类逐水草而生，服从水的自然分布，仅在异常旱涝时避迁，其余则充分享用自然水赋予的给养，人与自然相处甚好，属于享利和谐天然水阶段。

(2) 开发利用整治阶段。随着人类生存地域的扩展、人口剧增和社会经济的发展，作为生存和发展保障的水，天然分布已不能满足需要，必须进行人为改造，这就是以兴利除害为目标的水利工程建设，包括蓄水、引水、提水、调水，属于工程水阶段。

(3) 节约保护阶段。到了现代，人类改造环境的行为已经造成对资源的破坏，甚至导致资源枯竭，尤其是水这种无可替代的资源。由于水资源危机四起，人类认识到必须对水资源进行合理优化配置、节约和保护，即实行可持续管理，使我们能够利用有限的水资源生存发展，使水与经济、社会、环境保持持续协调的发展，进入资源水阶段。

水资源的可持续管理包括水应用管理、水污染管理和水灾害管理。

实行水资源的可持续管理，首先应建立水资源统一协调管理的机制。水资源的用途涉及生活饮用、工业用水、农业灌溉、交通运输、畜禽养殖、城市美化，以及社会的众多方面。水污染的主要来源有工业、城市、畜禽养殖业和农业，水灾害则影响各部门各方面。因此与水资源管理有关的很多政府部门有了水资源的统一协调管理机制，可以对流域或城市的水资源保护和利用进行正确的规划和管理，各种不同的水资源用户应协调一致，上游和下游应协调一致，当代人还必须考虑子孙后代的需求，并把饮用水源的保护放在首要位置。只有实现水资源可持续管理，社会和经济的可持续发展才有可能实现。

为了应对水资源危机，实现水资源可持续利用，节约用水和废水资源化循环使用是其中关键的两项技术措施(王晓昌，张承中，2011)。

## 二、建设节水型社会

节水型社会是水资源集约高效利用、经济社会快速发展、人与自然和谐相处的社会，是人们在生活和生产过程中，在水资源开发利用的各个环节，贯穿对水资源的节约和保护意识，在政府、用水单位和公众的共同参与下，通过法律、行政、经济、技术和工程等措施，实现全社会用水的高效合理的社会形态。节水型社会建设是一场涉及生产力和生产关系的革命，是人类应对水危机的必然选择，具有广泛和深刻的内涵(郭晓东，2018)。

## （一）节水型社会概述

1. 节水型社会的内涵

节水型社会是指人们在生活和生产过程中，在水资源开发利用的各个环节，通过政府调控、市场引导、公众参与，以完备的管理体制、运行机制和法制体系为保障，运用制度管理，建立与水资源承载能力相适应的经济结构体系，实现用水高效和生态良好，促进经济社会的可持续发展。

节水型社会是一种以节水为基本特征的社会意识形态，其基本点是建立一种支持经济持续发展、生活富裕、生态良好的水资源管理体制和运行机制，调整水资源优化配置和高效利用为核心的生产关系，促进生产力发展（王汉祯，2007）。

节水型社会是注重有限的水资源发挥更大经济效益的社会，创造良好的物质财富和良好的生态效益，即以最小的人力、物力、资金投入以及最少的水量来满足人类生活、社会经济的发展和生态环境的保护。

节水型社会的主要标准如下：

（1）使水资源得到合理的调蓄、优化调度、科学利用和有效保护，实现良性循环，并逐步使地区环境生态有所改善。

（2）具有完善的水资源管理法规，使开发、利用、排放、处理、再利用各个环节能体现节水的要求，以“法”治水、管水。

（3）制定并实行科学合理的用水标准，具有完善、先进的计量设施和严格的考核与奖惩制度。

（4）各用水单位采用先进的节水方法，具备先进的节水设施和设备，充分发挥单位水量的最大效益，各项用水指标达到国内先进水平（魏群，2006）。

总体来看，要全面准确地把握节水型社会的深刻内涵，一是应从我国社会经济发展战略的高度来认识节水型社会。水资源是经济社会发展不可替代的自然资源，而节水型社会建设是实现水资源的可持续利用的关键，节水型社会不是为节水而节水，而是为了提高用水效率和水资源承载力，以满足经济、社会、环境与生态对水资源的需求，以水资源的可持续利用支持经济社会的可持续发展。二是应从社会结构变革的高度理解节水型社会建设。节水型社会建设是社会生产方式和生活方式的根本变革，这一变革不是简单地以节水为目标，而是通过社会生产力、生产关系和上层建筑各个层面的变革，以达到优化水资源配置，实现经济社会可持续发展的根本目标。同时，节水型社会建设作为一项全新的探索，其内涵还将随着实践的深入而不断完善和发展。

2. 节水型社会的特征

节水型社会包含效率、效益和可持续三重相互联系的特征。效率是降低单位实物产出的水资源消耗量,效益是提高单位水资源消耗的价值量,可持续是水资源利用不以牺牲生态与环境为代价。节水型社会也包含治污的内容,节水型社会实际上是节水防污社会。节水型社会的效率、效益和可持续三重特征体现在微观、中观和宏观3个层面。

(1) 节水型社会在微观层面上表现为水资源利用的高效率,即通过采取工程、经济、技术和行政措施,建立节水型农业、节水型工业和节水型城市,减少水资源开发利用各个环节的损失和浪费,降低单位产品的水资源消耗量,提高产品、企业和产业的水利用效率。

(2) 节水型社会在中观层面上表现为水资源配置的高效益,构建节水型经济。非农产业的用水效益大大高于农业,低耗水产业的用水效益高于高耗水产业,经济作物的用水效益高于种植业。这要求通过结构调整优化配置水资源,将水从低效益用途配置到高效益领域,提高单位水资源消耗的经济产出,节水型社会一定是“节水”和“增长”双赢的发展,而不是以牺牲经济发展为代价换取用水量的下降。

(3) 节水型社会在宏观层面上表现为区域发展与水资源承载力相适应,塑造持续发展型社会。节水型社会要求一个流域或地区量水而行,以水定发展,打造与当地资源禀赋相适应的产业结构,通过统筹规划,合理布局和精心管理,协调好生活、生产和生态用水的关系,将农业、工业的结构布局和城市人口的发展规模控制在水资源承载力范围之内。经济社会发展在水资源承载力以内就能实现可持续发展,否则就会造成生态系统的破坏和生存条件的恶化。节水型社会的本质特征是建立以水权、水市场理论为基础的水资源管理体制,形成以经济手段为主的节水机制,不断提高水资源的利用效率和效益,促进经济、资源、环境的协调发展。

### (二) 节水型社会建设的必要性

1. 水资源开发利用不合理已危及经济社会发展和人类生存

过度和无序开发利用水资源、用水低效率及严重的水污染,使水资源供需矛盾更加尖锐,在许多地方已出现水危机,人类生存环境和经济发展都受到了严重威胁。

（1）用水效率低，致使水资源更加短缺。

农业用水方面，粗放的灌溉方式，浪费了大量的水资源，使本来就不充足的水资源变得更加紧缺。工业用水工艺落后，水的重复利用率和再生程度较低，用水效率低。在生活用水方面，节水器具普及率很低，大多数用户仍使用非节水型器具，耗水量大，浪费水严重，海水淡化、再生水处理回用率很低。第三产业用水量正以较快的速度增加，用水过程的水量浪费还比较普遍，在洗浴等行业较为明显。

上述只是我国用水现状的部分方面，但却反映了全国用水的基本水平。全国目前用水效率较低，使本来就供量不足的水资源更为紧缺，因此，采取综合措施强化节水势在必行。

（2）水污染导致水质性缺水。

水污染自古有之，人类习惯把污染水、污染物倾入水中，以前由于污染少、种类单一，在水的自净和分解作用下，较容易将污染物质稀释、分解、消化掉。随着工业生产和城市化进程的快速发展，含有大量难降解污染物的工业废水和生活污水大量排入水域，携带农药、化肥的地面径流也汇入进来，且其污染物远远超过了水体的自净能力，因而使江河湖海等水域受到了严重的污染危害，导致许多地方出现严重的水质性缺水、有水无法用的局面。

未经处理或虽经处理但达不到排放标准的废水、污水直接排入水域，引起水环境恶化，这在全国已是较普遍的问题。污染物的大量排入，不但造成了地表水环境的严重污染，而且也污染了地下水。严重的水污染使许多水域水功能减退，有的水域水功能部分或全部丧失，许多水域鱼类等水生物部分或全部灭绝，由于长期饮用被污染的水，人体健康受到了严重影响，怪病、绝症、疑难杂症发病率持续升高，新生儿畸形率也居高不下。污染严重的水域，其水资源连工农业都无法使用，其他用途就更无从谈起。由于水环境严重恶化，水功能受限，许多水域的水资源已无法正常使用，使本来就不足的水资源更为紧缺。

（3）无度开发水资源造成生态环境恶化。

随着经济社会发展，水资源需求量增加，人们为了发展需要，竞相大力开发利用水资源。但由于管理滞后，缺乏科学论证的不合理开发使昔日“取之不尽的水资源”难以满足人们无度的需求，最终这些有限的水资源不但制约了经济社会的发展，而且过度开发引发了许多生态环境问题，使人类赖以生存的生态环境不断恶化。

地表水的掠夺性开发，造成河流断流，土地荒漠化；地下水超采，引发了一系列环境地质问题，主要表现在以下几点。① 地面沉降。由于超量集中开采地下水，地下水位大幅度下降，含水介质压密变形导致地面沉降、地面塌陷。主要发生在岩溶水分布区，特别是城市地下水集中开采区，且南方的发生率高于北方。② 海水入侵。主要发生在沿海地区。由于大量开采地下水，地下水位大幅度下降，引起海水倒灌。③ 地裂缝。由于过量开采地下水，河北平原、陕西省西安市、山西省大同市和江苏省苏锡常等地区已经发生地裂缝。

2. 节水型社会建设势在必行

针对我国的水资源紧缺、用水效率低、水污染持续发展、生态环境不断恶化等情况，国家已采取了一系列节水、治污、规范水资源开发利用的行政手段，均取得了一定成效。但在水资源开发利用中所存在的问题是全国性的、全社会性的，单纯依靠行政手段只是在某一时段、某些有较强针对性的方面起到一定作用，但不能从根本上解决问题。况且以往的节水力度、治污力度已赶不上用水增长的幅度、水污染加剧的程度和水生态恶化的速度。实践证明，传统的治水、管水模式已不适应形势发展的需要，而应采取更加有效的综合措施解决水资源无度无序开发、用水粗放、污废水乱排等问题，从根本上扭转水资源越来越紧缺、生态环境越来越恶化的局面。

建设节水型社会，要通过改革水资源管理体制和创新运行机制，建立健全完善的管理制度，建设配套的节水防污设施，以水定产业结构，合理配置水资源，引入科学的管水理念，促进用水主体自觉节水，来全面提高用水效率和效益，实现人水和谐、环境良好，保障经济社会的可持续发展。

节水型社会要解决的主要问题是用水的低效率和低效益、过度和无序开发利用水资源、水污染的不断加重、生态环境的不断恶化，解决日益尖锐的水资源供需矛盾，这些也正是目前我国存在的主要水问题。所以，要从根本上解决越来越严重的全国性的水问题，必须进行节水型社会建设，以可持续利用的水资源保障经济社会的可持续发展。

3. 试点证明节水型社会建设是可行的

甘肃省张掖市的节水型社会建设试点工作，经过 5 年的不懈努力，取得了显著的经济、社会和生态效益。一是全民的节水意识明显增强。二是实现了水资源优化配置，水的利用效率和效益明显提高。

张掖市通过节水型社会建设，不但提高了水的利用效率，实现了水资源的有序开发利用和向黑河下游输水改善生态环境，并且有效促进了张掖市区域经济

的发展，实现了经济发展与生态修复的双赢，由此更加激发了社会各部门建设节水型社会的热情，为节水型社会的不断深化、完善奠定了基础。由此可见，节水型社会建设可以有效解决水危机、改善与保护生态环境。

### （三）如何建设节水型社会

我国是个水资源短缺的国家，且水资源时空分布不均。由于人口的增长，到2030年我国人均水资源占有量将从现在的2 200 $m^3$降到1 700～1 800 $m^3$，需水量接近水资源可开发利用量，缺水问题将更加突出。加上我国水资源利用方式粗放，用水效益不高，水资源短缺问题已成为制约我国经济社会发展的重要因素。

我国政府十分重视水资源的可持续利用。2003年，国务院提出了“全面推进节水型社会建设，大力提高水资源利用效率”，“十二五”期间提出“高度重视水安全，建设节水型社会，健全水资源配置体系，强化水资源管理和有偿使用，鼓励海水淡化，严格控制地下水开采”。这是解决我国水资源紧缺的有效的战略举措。

1. 节水技术的重点工作

（1）推进城市节水工作。

积极开展节水产品研发与推广，改造供水管网，降低管网漏失率；推动公共建筑、生活小区、住宅节水和再生水回用设施建设，推进污水处理及再生利用。

现代城市中用水是以大量输入和输出为特征的，有70%以上作为“废水”“污水”排出。将生产、生活产生的废水、污水经过处理后的再生水作为低质水循环利用便是再生水回用技术。再生水将成为城市三大水源（地表水、地下水、雨水）后的第四水源。

再生水回用可减少城市下水道负担和废水、污水处理费用，保护水环境，节约水资源，促进水生态的正常循环。在城市的居住区、小区、街区等范围内建立再生水系统，实行“优水优用，差水差用”的分质供水的方式，是城市生活节水的一个重要措施。

（2）推进农业节水。

改造农村灌溉系统，推广节水灌溉设备，在丘陵、山区和干旱地区开展雨水积蓄利用，发展旱作节水农业。

传统的观念都是设法把雨水尽量排出去，然而雨水却是地球所有可持续利用的淡水资源的最重要来源，地表水、地下水、土壤水均来自大气降水的转化，蓄积雨水也是“开源”的一项重要措施，应采用各种方法收集利用雨水。

(3) 推进节水技术改造和海水利用。

推进高耗水行业节水技术改造、矿井水资源化利用。推进沿海缺水城市海水淡化和海水直接利用。

(4) 加强地下水资源管理。

严格控制超采、滥采地下水。防治水污染、缓解水质性缺水。

我国水资源形势依然十分严峻，用水效率仍然不高，仍存在节水立法及政策制度尚不完善、已有法规执行难度大、节水职责不明确、节水内生动力不足、节水设施水平有待提升以及节水监管能力仍需加强等一系列问题。新时期，我国节水型社会建设的推进，应在立足我国水资源形势的基础上，坚持和遵循五大发展理念，贯彻落实适应经济发展新常态等一系列决策政策，落实"节水优先"方针，大力推进生态文明建设。按照"实行最严格的水资源管理制度，以水定产、以水定城，建设节水型社会"等要求，准确把握节水型社会建设的新内涵、新要求，提高用水效率，推动绿色发展，保障国家水安全(朱蓓丽等，2011)。

2. 建设节水型社会的措施

(1) 深化体制改革，健全水资源管理体制机制。

建立和完善水资源统一管理体制；健全部门协作机制；加快推进水价改革；建立节水型社会建设的多元化投入机制；建立促进节水型社会建设的长效机制与绩效考核机制；建立和完善节水型社会建设的公众参与机制。

(2) 建立和完善水权制度，加强节水型社会制度体系建设。

建立和完善水权制度；构建完善和规范的节水型社会法律制度体系。

(3) 大力推动产业结构优化升级，建立与节水型社会相适应的经济结构体系。

不同城市和地区应立足当地水资源条件和承载力，科学合理地制定区域发展战略，逐步调整经济结构和产业布局，建立与区域水资源条件和承载力相适应的经济结构体系。在制订区域社会经济发展规划时要充分考虑水资源条件，合理分配生活用水、生态用水、工业用水和农业用水，切实做到"因地制宜，量水而行，以水定产业，以水定发展"。

(4) 加强工程技术体系建设，加快水资源管理信息化步伐。

引进、研发和推广符合区域实际的新技术、新工艺和新设备，是节水型社会建设的基本要求和趋势。发达国家在工业节水、农业节水和生活节水等领域都非常重视节水新工艺、新技术的运用，主要依靠科技力量推动节水型社会建设，如美国的喷灌、滴灌技术，以色列的农业节水技术。我国要建设节水型社会，需

要深化节水技术措施改造，加大工程建设的资金投入，发展规模化农业节水工程，全面推行节水灌溉工程，提高农业用水的效率，推动农业节水快速发展。

国家、地方和工业企业应加强工业节水、自动监测控制、农业节水灌溉、再生水回用等先进实用技术的研究，通过将重大节水科技创新项目列入科技发展计划等途径和手段，加大科技投入力度，加快节水科技发展，大力开发节水新材料、新技术、新工艺；应加快水资源管理信息系统建设，提升计量、监控和调度的信息化水平，实现水文、水质数据自动采集、传输、处理和预报，形成实时监控网络；加大对节水技术研发、节水工程与节水技术改造项目的政策倾斜与支持力度，对国家鼓励发展的节水技术与设备，应在其开发、研制、生产和使用的各个环节给予政策支持。

（5）重视节水宣传教育，加强节水文化和行为规范体系建设。

节水宣传教育和节水文化建设是节水型社会建设的重要内容之一。通过节水宣传教育，不仅可以提高公众对水资源情势的认识，强化节水意识，掌握节水知识和技能，改变传统的认知水平和思维方式，而且可以提高公众参与节水型社会建设的积极性和主动性，将水资源保护和可持续利用的理念自觉渗透到日常生产生活之中。从社会现实来看，我国公众对水资源开发利用仍存在诸多认知上的误区，如认为地球上的水资源是无限的、水是无价值的自然资源、技术的进步会处理一切，这些认知误区直接影响着节水型社会建设的成效和深入发展。因此，在节水宣传教育方面，应充分利用广播、电视、报刊、互联网等媒体，采取专题文艺晚会、知识竞赛、节水成果展览、公益广告、墙报标语等多种形式进行节水宣传教育，不断提高公众的水资源忧患意识和节约意识，动员全社会力量参与节水型社会建设；应加强节水知识技能培训，普及节水知识，加强学校节水教育，使中小学生从小养成节水的行为习惯。节水文化是人们在开发利用和保护水资源，实行计划用水、节约用水过程中形成的关于水的精神祈求、价值观念和行为方式的综合体，是建设节水型社会的一种内在动力。因此，应积极探索节水宣传教育的新途径和新方法。通过各种形式的宣传教育，逐步培育和构建全社会的节水文化、节水行为规范和社会价值观，实现对水资源在认识上和利用方式上的根本转变，形成节约用水的良好社会氛围和社会行为规范。

### （四）青岛节水型社会建设

水是生命的源泉、工业的血液、城市的命脉。青岛是资源性缺水城市，本地水资源严重不足，调引客水是青岛市用水最重要的来源，目前青岛市城市供水

80%依赖客水供应。而遇到连续干旱年时，对客水的依赖更重，2018年，调引客水5.3亿 $m^3$，为历年来最大调引量。根据市水务管理局统计，自2016年10月1日至2020年9月30日四个调水年度，共调引客水17.1亿 $m^3$，每个年度平均调水4亿 $m^3$。

青岛市全面推进节水型社会建设，2002年青岛创建成为全国首批十个节水型城市之一，2011年、2015年和2019年三次通过了国家节水型城市复查，莱西市、胶州市、平度市创建为省级节水型城市，省级节水型载体创建数量及质量位于山东省前列。除了开源节流，青岛市还加大了非常规水的利用，2020年全年再生水使用量达2.6亿 $m^3$、海水淡化水3 650万 $m^3$，有效解决了全市水资源不足问题。

经过多年的宣传和教育，"节水"二字已经深入人心。对青岛人来说，节水尤为重要，因为青岛是全国最严重的缺水城市之一，一直以来，城市供水超负荷运行。这座城市也涌现出了一大批"节水达人"，他们几十年如一日，用锅碗瓢盆演绎着节水故事，市民们用点点滴滴的努力，传递着节约用水的文明新风尚。

实际上，节水不只是锅碗瓢盆的事，也与城市治理体系和产业转型升级密切相关。在开展节水型企业（单位）和节水型居民小区创建活动、提高农业灌溉用水效率、推动节水型经济发展方面，青岛都做出了诸多尝试。在"节流"的同时，青岛也在积极"开源"，推进替代水利用，如利用沿海城市优势，向大海谋水；实施污水资源化，促进城市水资源的可持续利用。如今，青岛拥有目前全国最大的市政海水淡化项目，全市海水淡化设施日产能力为22.4万 $m^3$，占全国海水淡化产能近两成。截至2020年底，已产9 800万 $m^3$ 淡化水，约相当于7个西湖的容量。而且，海水淡化水已并入市政供水系统，真正让海水和城市淡水资源紧密联系在一起。可以说，这座城市在一以贯之地努力创建人水和谐的生态社会。

青岛作为中国最早的纺织工业基地之一，曾经有过"上青天"的辉煌，纺织产业也是青岛市的传统优势产业之一。而随着无水染色技术推广应用，或将从根本上解决印染行业高耗水、高污染的难题。这些新节水模式、节水技术和科技挖潜手段，对于贯彻新发展理念和推进水资源集约安全利用，无疑更为重要。也正因为此，在加快构筑新发展格局的当下，"节水"二字不能只局限于让市民管好水龙头，更要强调创新驱动、生态文明，用创新办法解决传统问题。这对城市提出了更高的要求，既要建立健全制度设计，完善立法和监管，加强节水监测、考核等，也要全面提升节水水平，抓好节水载体，实施深度节水控水行动，提高各领域各行业用水效率。只有这样，青岛这座严重缺水的沿海城市，才能敲开绿色转型的幸福之门，共创美好生态未来。

## 三、城市节水与污水再生利用

### （一）城市节水与污水再生利用的研究方向

为进一步推动城市节水与污水再生利用潜力的发挥，以下方面值得研究。

（1）加强公共用水基础数据的采集工作，推动对公共用水规律的研究。为得到更细致、更具体的结论，需要补充更为详细、代表性好的各行业用水器具的技术经济参数、使用频率数据等。而目前这些数据的采集缺乏系统性、开放性，难以满足研究需求。尤其是从节水潜力动态估计的角度看，对这种数据的要求更高。

（2）加强污水再生利用和节水所带来的能耗减少、环境改善、基础设施投资延迟等社会效益的研究；加强节水政策、再生水利用政策对社会经济系统的宏观影响的系统分析。在更大的边界上评估污水再生利用和节水的成本效益，将使结论更科学、决策更合理。当然，为满足这种研究需求，同样需要加强相应基础数据的采集工作。

（3）在居民用水规律方面，需要对消费者决策行为特征进行定量分析，如考虑居民的教育水平、年龄结构、文化习俗等因素对城市用水行为模式的影响；考虑用户的价格期望与前瞻行为以及社会模仿等其他决策类型；考虑价格对节水技术提前进入市场的驱动等。

（4）加强研究节水、再生水供需的时间变化特征；考察节水、污水再生利用的技术进步率，预测其未来成本的变动趋势；在此基础上对我国中长期节水和再生水利用的潜力进行动态模拟。在潜力评估中，考虑更多的再生水利用形式，如用于改善环境、回灌地下水、工业其他领域（如纺织厂、化工厂、钢铁企业）以及可能的饮用水领域中。

### （二）工业和城市节水基本对策与技术途径

#### 1. 工业节水基本对策

（1）借行业发展和产业结构调整之机推进节水。

根据水资源状况，按照以水定供、以供定需的原则，调整产业结构和工业布局。缺水地区严格限制新上高取水工业项目，禁止引进高取水、高污染的工业项目，鼓励发展用水效率高的高新技术产业；水资源丰沛地区高用水行业的企业布局和生产规模要与当地水资源、水环境相协调；严格禁止被淘汰的高耗水工艺和设备重新进入生产领域。

（2）加大以节水为重点的产品和原料结构调整及技术改造力度。

优化企业的产品结构和原料结构。通过增加优质、低耗、高附加值和竞争力强的产品种类和数量，优化工业产品结构；逐步加大低耗水原料的比重，优化原料结构，提高用水效率。

（3）强化工业企业节水管理。

各地要结合当地及企业的具体情况，制定工业主要产品的用水定额并颁布执行，对企业实行严格的计划用水和定额管理。

工业企业要及时开展水平衡测试和查漏维修维护工作，强化对用水和节水的计量管理。生产用水和生活用水要分类计量，主要用水车间和主要用水设备的计量器具装配率达到100%。控制点要实行在线监测，杜绝跑、冒、滴、漏等浪费水的现象发生。

（4）节流和发展循环供水系统。

企业要做到合理用水和节约用水，必须大力发展循环供水系统，采用不耗水或少耗水工艺，改进水处理设施及其工艺，并重新考虑对供水系统的评价。

许多老企业都是直流系统，虽然企业对用水系统进行了一些改造，但还是有许多清浊不分，或是串接、直流等共同存在的现象。如果这些用水系统均采用清浊分流，并实现完全循环，就能大大减少新水耗量，可以达到增产不增水的目的。

一个企业的节水工作，需要根据主体生产工艺结构进行综合平衡，从中找出最优的供水方案，而采取节流措施是实现上述方案目标的重要途径。节流也是节能的重要途径。

（5）建设企业污水处理设施，实现污水资源化。

在企业内建设污水处理厂，技术上是可靠的，而且收益可观。大型工业企业完全有条件进行此项工作，但目前这种有污水处理厂的企业还是极少数。如果在大型企业中大力推广这一措施，企业的耗水量就会大大减少。

（6）开发、采用先进的节水型生产工艺及先进的水处理技术。

为了做到最大限度地节约用水，减少污染，在各企业进行产品结构调整和车间设备大修改造的同时，应淘汰落后的用水设备和高耗水设备，选择节水型生产工艺或不耗水工艺，从生产的源头抓节水，可以收到事半功倍的效果。

（7）积极认真地做好循环水水质稳定工作。

循环水水质的稳定，直接影响到循环系统的正常运行，同时影响到用户的正

常生产。因此,保证循环水水质的稳定,是保证循环系统及设施正常运行的关键,也是保证用水设施正常生产的必要条件。用水水源的水质在各地区、各企业不同,同时用户使用的原料、工艺不同,使得用过的水水质有一定的差别。因此,应对不同水源的水质进行研究、试验,对症下药,选择适合的水质稳定剂。

(8) 主要行业和重点企业要做好节水发展工作。

重点应抓好火电、化工(含石化)、造纸、冶金、纺织、建材、食品和机械行业的节水发展。这八大行业用水占工业总用水的近80%,同时也有较大的节水潜力。

(9) 加强对自来水生产和供应企业的节水管理。

随着市场经济的不断完善,自来水生产和供应业的行业及地域垄断性将被打破或受到严格限制。须加强对供水企业的行业管理,实现政金分开,可以首先从改变由其向用水户代收水资源费的方式做起。

水资源费的收取类似于赋税征收,是政府职能部门的行政行为,而不是企业行为。征收对象应是供水企业自身,而不是其用户。征收依据应按供水企业的原水取用量收取,而不应按其售水量收取。只有如此,才能促使供水企业高度重视节水,将节水作为企业取得经济效益的必要条件。从而进一步改革城镇供水企业体制,引进市场竞争机制,如对城市内各水厂的供水实行竞价进网,使供水企业真正转变为自主经营、自负盈亏的经济实体,变成商品经济社会遵循公平交易规则的普通参与者。

2. 工业节水技术途径

冷却水的循环使用、工艺用水的重复使用,是工业节水的主要技术对策。其中,冷却水的循环使用又是工业节水的重中之重。冷却水循环利用的关键是冷却塔的效率、水质稳定技术、提高循环水的浓缩倍数、减少补给水用量,以及冷却塔中填料的形式和种类等。随着科学技术的进步,新的冷却技术已开始替代传统冷却塔冷却,如溴化锂冷却。

要开发和完善高浓缩倍数工况下的循环冷却水处理技术,推广直流水改循环水、空冷、污水回用、凝结水回用和再生水利用等技术。推广供水排水和水处理的在线监控技术。工厂通过改进废水处理工艺,使经处理的废水再用于生产,逐步达到零排放,形成闭路系统。采用低水耗和零水耗工艺,以进一步提高节水效率。

3. 城市生活节水基本对策

(1) 实行计划用水和定额管理。

将水平衡测试工作逐步在城市非工业单位中推行,分类、分地区制定科学合理的用水定额，逐步扩大计划用水和定额管理制度的实施范围，适时对城市居民用水推行计划用水和定额管理制度。强化计划用水和定额管理力度，鼓励用水单位采取节水措施，并对超计划用水的单位给予一定的经济处罚。居民住宅用水彻底取消“包费制”，全面实现分户装表，计量收费。

（2）节水型用水器具的推广应用。

首先是在全国范围内对明令淘汰的用水器具禁止生产和销售；其次是设立规定期限，对公共场所和政府机构、公有制企事业单位仍在使用的淘汰用水器具予以强制更换；最后积极宣传推广节水型的用水器具，提高其普及率。

进一步加强节水型用水器具的研制和应用，制定标准，强化执行力度。要把握好生产、销售、设计、施工等各个环节，保证节水型用水器具的广泛应用。虽然目前大部分城市的财力尚不能效仿北京、上海，由政府拿出数千万的资金，免费为市民更换用水量大、易漏损的用水器具，但至少可以在本地禁止高耗水器具的生产和销售。

（3）保护城市地下水资源。

要科学确定供水水源次序，重点加强地下水资源开发利用的统一管理。在城市公共供水可以达到的地区，不应当再发展自备水源，应当严格控制并逐步减少自备水的开采量并逐步关闭自备井。对于有地面水可利用的地区，在保证采补平衡的基础上将地下水作为战略储备或城市第二水源，地下水是相对优质的水源，应当优质优用。地下水已严重超采的一些城市应当将地下水的回流作为一项战略措施，以城市处理后达标的污水为水源，或者在丰水期将地面水处理达到生活饮用水标准后回灌到地下，以备在干旱年份或旱季使用。

（4）建筑施工用水的监管。

必须减少建筑工地用水量并遏制其浪费的现状，加强监管：一是改变用水付费方式，由施工单位按用水量支付水费，同一工地有几家施工队同时施工的，分别装表计量其用水量；二是制定建筑工程用水定额，实行定额管理，超量提高收费标准并给予处罚；三是另定水价标准，可对施工用水征收高于一般民用的水价；四是改进技术，减少基坑排水，并鼓励对基坑水加以利用。

（5）查禁非法用水。

城市中存在着比较普遍的非法用水现象，自来水公司从供水量到售水量的差额，除管网漏损和合法的非付费用水（消防等）外，有不少是被非法使用的。据有关部门称，南京市数以百计的非法洗车点，一年要用掉可装满一个玄武湖的自来水。对非法的盗水、用水者，应予以法律的制裁；对合法的非付费用户，可由政

府机构给予明确授权并订立合同，要求它们合理用水。

4. 城市生活节水技术途径

（1）自来水生产和供应的节水技术措施。

供水企业要降低水损耗，就要提高和加大包括工艺及技术改造、减少生产自用水、管网更新改造和查漏等一系列工作的力度，提高企业管理水平，降低生产成本，降低损耗。

减少生产自用水：净水厂排水要尽量自身回用，以节约大量用水。除了对新设计的水厂考虑将滤池反冲洗水和沉淀池排水经浓缩后将上清液进行回收之外，要抓紧对老水厂的技术改造和管理。

提高管材技术：城市管网使用的管材的质量和接口形式越来越引起人们的注意，推广应用新型管材和接口，对于减少管网漏失率有一定作用。

加强检漏：要加强检漏控制工作，用经济有效的方法及早检出漏水并及时修复，同时对漏水几率较高的管道进行必要的更新改造，宜配备必要的仪器和人员，不仅采取被动检漏法，而且更多地采用音听、区域等检漏法主动查漏。

清查用水性质：各城镇的生活用水一般都已分类收费，但由于种种原因，许多用户的用水性质划分不当，特别是大量商贸企业租用民房，只按居民生活用水标准交费，比按营业用水标准交费少20%，不利于促使其节水。各供水企业应将清查用水性质作为一项经常性的工作，认真做好，既可以增收，又节水。

（2）大力推广节水器具。

节水便器：据统计，便器用水占家庭用水量的20%以上，主要原因是结构不合理，用水浪费。对国家已经明令淘汰的直落式及9 L以上便器，如仍在公共设施中使用的，必须予以处罚并强制更换。大力推广6 L便器，积极淘汰9 L便器。便器节水根据实际需要和经济条件，可分别采取以下措施：一是全套更换；二是只换水箱配件；三是减小水箱容积。

节水龙头：强制淘汰公共设施中仍在使用的螺旋升降式铸铁水龙头，推广使用陶瓷内芯的节水龙头。在有条件的公共场所使用具备高科技含量的水龙头，如具备红外控制和自闭式等功能的水龙头，长期坚持节约下来的水是可观的。

（3）节水知识的普及。

提高水价对增强公众节水意识，起到了一定的刺激作用，但大部分群众缺乏对节水知识的了解。其实生活节水并不一定需要人们做多大的努力和牺牲，关键是要从细微处做起。如用洗脸盆接水洗脸，用水杯接水漱口刷牙，而不直接在水龙头下洗脸刷牙；洗浴时适当调小水流；淘米洗菜用过的水用来冲厕所；洗衣用过的水用来拖地；收集空调滴下的水用来浇花等（刘贤娟，杜玉柱，2008）。

## 第二节　水与人类文明

水是生命之源。纵观古今，水贯穿于人类的历史时空，一路滋润、一路孕育，创造了生命奇观，孕育了人类文明。

### 一、关于水的文化

#### （一）水文化概念

水文化是指以水和水事活动为载体，人们创造的一切与水有关的文化形态的总称，包括物质和精神两个层面。

#### （二）水文化的特征

水文化特征为：一是有关水和人类文明形成的关系，水在人类文明发展过程中的角色，也就是水的文明史、利用史；二是世界不同民族、国家以及不同文化背景中的人们对水的观念、认识、信仰，使用和利用水的社会规范、行为模式等文化要素；三是人类在改造水环境的过程中形成的有文化内涵的物质结果；四是当代人类的水文化价值观、观念、使用和管理水的行为模式、社会规范等。

#### （三）水文化的内容

1. 水是生命之源

水，作为自然的元素、生命的依托，从一开始便与人类生活乃至人类文明形成了一种不解之缘。

纵观世界文化源流，是水势滔滔的尼罗河孕育了灿烂的古埃及文明，幼发拉底河的消长荣枯影响了巴比伦王国的盛衰兴亡，地中海沿岸的自然环境造就了古希腊、罗马文化的摇篮，流淌在东方的两条大河——黄河与长江，则滋润了蕴藉深厚的中华文化。

水，以其原始宇宙学的精髓内涵已渗入人类文化思想的意识深层。在漫漫的历史长河中，伴随着人类的进化以及对自然的认知，由物质的层面升华到一种精神的境界。

2. 历代文人笔下的“文学母题”

《山海经》载“女娲补天”“精卫填海”“大禹治水”的故事，民间口传文学所述远古洪荒、洪水滔天的传说，于今看来虽是一种“神话的感知”，但这种“原初层”的原始智力所独具的文化体认，仍可使我们感悟到“水文化”的内涵。

及至《诗经》，无论是《周南》里的《关雎》《汉广》，《秦风》中的《蒹葭》，还是《魏风》中的《伐檀》，《卫风》里的《河广》，其写爱情、描现实、言思乡，已明显表现出寓情于水、以水传情的文化取向，遂使“关关雎鸠，在河之洲，窈窕淑女，君子好逑”“蒹葭苍苍，白露为霜。所谓伊人，在水一方”这样的诗句成为千古绝唱。

至于其后的《庄子》《楚辞》、汉代的乐府民歌、唐风宋韵、明清小说，也莫不在描情写意上，因水得势，借水言志，以水传情，假水取韵。

子曰：“仁者乐山，智者乐水。”智慧的人懂得变通，仁义的人心境平和。智慧的人快乐，仁义的人长寿。

子在川上曰：“逝者如斯夫！”表达的是生命易逝、年华不再的慨叹心理。

唐代诗仙李白不满现实所发出的“抽刀断水水更流，举杯消愁愁更愁”，表露的显然是如水流般的长恨情绪。

南唐后主李煜的笔下有“问君能有几多愁，恰似一江春水向东流”。

荀子《劝学》曾说：“不积跬步，无以至千里；不积小流，无以成江海。”

唐太宗李世民有感于前贤警策，亦常与后人言“载舟覆舟”之说。

至于以水诉相思，描柔情，抒胸臆，思乡怀古，描战画斗之作，古今之例，不胜枚举。凡此说明，水为智者提供了丰富的文化源泉，智者亦开发了水无穷的文化矿藏。正因为如此，水文化的源流才川流不息、百川汇海，在有着五千年文明历史的华夏文化中占据特殊地位并进而构成人类文明史中光辉璀璨的一页。

3. 世界各国与水有关的节日

（1）泰国水灯节。

泰国有个比泼水节更浪漫的节日——水灯节。水灯节是泰国的情人节，每年 10 至 11 月期间，泰国各地的人们都会在河边庆祝。

节日前的一个星期左右，泰国人就开始用草叶编织莲花灯。沿着河崖，人们把点上蜡烛的莲花灯，放到河面上祈福。成千上万的灯火在河面飘荡。据说每点一盏灯可许 3 个愿望，年轻的情侣们双双点灯，许下对未来的憧憬。满载美丽未来的花灯，随波漂流远去。

（2）柬埔寨“送水节”。

“送水节”是柬埔寨最重要的传统节日，一般在每年的 10 至 11 月举行，它标志着一年中雨季的结束和捕鱼季节的到来。节日期间，张灯结彩，隆重庆祝，其中，在王宫广场前的湄公河上举行的龙舟大赛是送水节最热闹的庆祝活动。

（3）洗头节。

每年六月，韩国人都要欢度传统的洗头节。节日这天的清晨，除了患病和残疾人士以外，男女老少都要到河边用流水冲洗头发，以图借此除去身上的灾祸邪气。晚上，人们还在家里举行洗头宴，唱洗头歌，阖家高高兴兴地吃一顿丰盛的晚餐。一些有条件的人，还专门拾酒食到乡间寻找山泉溪流，同时在野外举行洗头宴。

（4）泼水节。

泼水节是傣族最隆重的节日，也是云南少数民族中影响面最大、参加人数最多的节日。泼水节是傣族的新年，相当于公历的四月中旬，一般持续3至7天。第一天傣语叫“麦日”，与农历的除夕相似；第二天傣语叫“恼日”（空日）；第三天是新年，叫“叭网玛”，意为岁首，人们把这一天视为最美好、最吉祥的日子。

## 二、关于水的思考

众所周知，水是生命之源、生产之要、生态之基，即水是万物生命的本源。没有水，不管是动物还是植物都难以生存。现在世界上用最先进的科技手段探索其他星球是否有生命现象，关键是看有没有水。从古至今，各国的城市依水而建、因水而兴，并形成不同类型的水文化。古今中外任何一座城市的产生与发展都离不开水，城市规模的扩大、人口的增长需要水资源的支持。在我国特别是大城市中，用水矛盾日益突出，如青岛市虽有产芝水库、崂山水库等水源，但仍需要通过引黄济青工程、南水北调工程供水来满足对水资源的需求。古人云：无水不成家，无水不成城。一方面城市化是社会发展的必然趋势，另一方面人与自然的和谐，特别是人水和谐成为人们的普遍追求（张宏伟等，2016）。

### （一）“水生态文明建设”新理念的提出

什么叫生态？生态是人与自然相互依存、相互影响、相互制约的一种生存环境状态。所谓生态文明，是指人类自觉遵循自然、社会和经济发展规律，在改造客观世界的过程中，采取生态化的生产、生活、生存方式，使人的行为顺应自然，而不超越自然的承载能力，从而达到人与自然和谐相处、平衡相依的一种友好环境状态。这是人类文明的一种最高境界，是相对于古代的农耕文明、近代的工业文明的一次新的文化启蒙，也是使人类变蒙沌发展为科学发展、变非理性发展为

理性发展、变“黑色发展”为“绿色发展”的正确选择。生态文明的本质内涵其实就是两个侧面、三个基本点。两个侧面是节约资源、保护环境;三个基本点是绿色引领、循环经济、低碳发展。把握这一本质内涵,就可以形成节约资源,保护环境的空间格局、产业结构、生产方式、生活方式,从而从源头上扭转生态环境恶化的趋势,并使资源永续利用。

所谓水生态,也就是人与水相融相依的一种状态。水生态文明,其实质是使水保障生命状态永续生存发展的一种社会的、自然的文明。其本质内涵包括4个方面:水的生态文明是通过水利工程设施和手段防治水旱灾害的一种水安全文明;水生态文明是使水满足人类需求,实现水资源永续利用的一种水资源文明;水生态文明是提高人们的生产、生活、生存环境的一种水环境文明;水生态文明是使人亲水、近水、爱水、惜水、保护水的一种水文化文明。

怎样推进水生态文明建设,既是一个理论问题,更是一个实践问题。水生态文明是一个包括水安全、水资源、水情势、水生态、水景观、水文化的综合体或共同体,那么水生态文明建设亦必须整体推进,分项实施(祁正卫, 2014)。

水生态文明建设需要主动作为;水生态文明建设需要因地制宜;水生态文明建设需要多部门联动,多规合一;水生态文明建设需要复合型人才和新技术、新方法(石秋池,唐克旺, 2016)。

### (二) 水资源与人类发展

水是人类生存与发展的生命线,是生命之源、生命之本,人类的健康离不开水。每年的3月22日是世界水日,而每年的3月22日所在的一周,被定为中国水周。人可以几天不进食,但不可以几天不喝水。而现在,全球有20亿人口正处于严重缺水状况,每年因喝了不干净的水而死亡的儿童就有5 000万人,这数字是多么触目惊心。水已经向人类敲响了警钟!节约用水,保护水资源是我们现在必须面对的严肃问题。

随着环境污染的不断产生,水缔造生命、保护健康以及产生美丽的能力正在耗尽,水需要替自己发声,向人类给予意见、提出要求,提升人类的意识及影响人类的态度。水的问题,在三十年前被认为只存在于少数发展中国家而已,如今则变成世界性问题。污水未经处理排进自然界中如同把污水注入到地球的血脉里,成为危害生态系统的毒药。水曾经是天然纯净的资源,直接由大自然供应给我们,但现今我们需要将水再循环适当地再利用。人们在大多数河流上的基础设施建设最终会导致气候发生变化,水危机将更加恶化。水危机对生物多样性的影响极为严重，同时淡水资源也在不断地消耗，水的过度使用最终会造成生态系统的破坏。可持续发展的思想必须像一条红线贯穿到一切建设实践中去，才能自觉地开创对大自然减少污染、减少破坏、天人合一的理想境界。“天人合一”是人的“高知”之美与大自然之美的相通相融，是人的生命与自然律动的合拍共振。水可以灵敏地反映出社会的进步程度，人类应致力于恢复自然界的生机与脉动，让水充满生命、美丽以及希望。

节水的号角奏鸣！要知道，人类目前最大灾难不是火山喷发，也不是地震海啸，更不是恐怖疾病，而是缺乏水资源，不要让人类的眼泪成为地球上的最后一滴水！行动起来吧！我们要用实际行动守护我们的地球家园，守护人类文明。

## 思考题

1. 为什么要节水？我们应该从哪些方面着手节水、促进水的自然循环？

2. 人类文明与水息息相关。为了守护我们的文明，就要保护好、利用好水资源，促进水的良性循环。请从自身角度思考，为了人类文明永续发展，我们应该做些什么？

# 参考文献

[1] 曹则贤．熟悉而又难以理解的水．物理[J]. 2016，45(11)：701-706.

[2] 车潞．浅析城市排水系统与城市生态景观可持续化的关系[D]. 青岛：青岛理工大学，2013.

[3] 陈明进，曾尉．我国城镇给水系统工程存在的问题与对策[J]. 工程建设与设计，2020(15)：71-73.

[4] 褚俊英，陈吉宁．中国城市节水与污水再生利用的潜力评估与政策框架[M]. 北京：科学出版社，2009.

[5] 崔长起，金鹏，任放，等．海绵城市概要[M]. 北京：中国建筑工业出版社，2018.

[6]（美）戴维．塞德拉克著．人类用水简史——城市供水的过去现在和未来[M]. 徐向荣，等，译．上海：上海科学技术出版社．2018.

[7] 杜晓丽，韩强，于振亚，等．海绵城市建设中生物滞留设施应用的若干问题分析[J]. 给水排水，2017，43(1)：54-58.

[8] 段存礼，顾瑞环，程俊涛，等．青岛李村河污水厂升级改造工程设计及运行[J]. 中国给水排水，2011，27(12)：66-70.

[9] 范秀磊，袁博，李学强，等．青岛麦岛污水处理厂污泥消化及热电联产运行管理经验[J]. 中国给水排水，2020，36(2)：22-25.

[10] 方蓉．污水土地处理技术的最新进展[J]. 建材世界，2018，39(4)：70-73.

[11] 高从堦，周勇，刘立芬．反渗透海水淡化技术现状和展望[J]. 海洋技术学报，2016，35(1)：1-14.

[12] 高宗军，宋翠玉，蔡玉林，等．大沽河流域水文要素监测体系建设与实践[M]. 北京：中国水利水电出版社，2017.

[13] 高继军，王启文，齐春华，等．海水淡化技术、政策及利用模式研究[M]. 北京：中国水利水电出版社，2019.

[14] 高廷耀，顾国维，周琪．水污染控制工程(下册)[M]. 第四版．北京：高等教育出版社，2015.

[15] 郭会平．我国城市污水处理现状及污水处理厂提标改造路径分析[D]. 沈阳：辽宁大学，2016.

[16] 郭玲，陈玉成，罗鑫，等．饮用水氯化消毒工艺现存问题及改进措施[J]．净水技术，2007，26(1)：70-73.

[17] 郭晓东．节水型社会建设的理论与实践研究[M]．北京：科学出版社，2018.

[18] 国务院南水北调工程建设委员会办公室．图说南水北调[M]．北京：中国水利水电出版社，2018.

[19] 韩晓刚，黄廷林，陈秀珍．铁、锰、氨氮污染地下水源水厂净水工艺改造试验研究[J]．水处理技术，2013，39(5)：108-111.

[20] 韩志刚，许申来，周影烈，等．海绵城市：低影响开发设施的施工技术[M]．北京：科学出版社．2018.

[21] 杭世珺，张大群．净水厂、污水厂工艺与设备手册[M]．北京：化学工业出版社，2011.

[22] 何强，井文涌，王翊亭．环境学导论[M]．北京：清华大学出版社，2004.

[23] 何潇，罗建中，蔡宗岳．微污染水源水中氨氮的危害与现代处理技术[J]．工业水处理，2017，37(4)：6-11.

[24] 胡洪营，黄晶晶，孙艳，等．水质研究方法[M]．北京：科学出版社，2015.

[25] 黄旦光．水处理组合消毒方式分析[J]．广东化工，2012，39(16)：129-130.

[26] 黄绪达，王琳，王洪辉．麦岛污水处理厂 BIOSTYR 高效生物滤池设计[J]．中国给水排水，2008，24(4)：51-54.

[27] 蒋涛，吴松，秦素粉．水文化导论[M]．成都：西南交通大学出版社，2017.

[28] 蒋展鹏，杨宏伟．环境工程学：第 3 版[M]．北京：高等教育出版社，2013.

[29] 康权，王锐浩，黄鹏飞，等．青岛市海水淡化利用现状及潜力分析[J]．盐科学与化工，2021，50(5)：11-14.

[30] 李家科，张兆鑫，蒋春博，等．海绵城市生物滞留设施关键技术研究进展[J]．水资源保护，2020，36(1)：1-8+17.

[31] 李琳莉．地下水及其污染防治对策[J]．当代化工研究，2021(24)：88-90.

[32] 李劭静．海绵城市建设理念在市政道路项目中的应用研究[J]．建设科技，2021(24)：109-111.

[33] 李树平，刘遂庆．城市排水管渠系统：第 2 版[M]．北京：中国建筑工业出版社，2016.

[34] 李文强，潘旭，田皓予．青岛市供水现状及改进措施[J]．黑龙江水利科技，

2021，49(7)：232-234.

[35] 李亚峰，晋文学．城市污水处理厂运行管理[M]．北京：化学工业出版社，2005.

[36] 李亚峰，王洪明，杨辉．给排水科学与工程概论[M]．北京：机械工业出版社，2019.

[37] 刘德明．海绵城市建设概论——让城市像海绵一样呼吸[M]．北京：中国建筑工业出版社，2017.

[38] 刘浩，杨俊杰，于宁．Bardenpho 五段法 /MBBR 用于青岛李村河污水厂三期扩建[J]．中国给水排水，2016，32(24)：62-66.

[39] 刘梦泉，王树忠，李媛媛，等．打造"城市乐活水岸"——青岛市李沧区李村河中游综合整治工程[J]．城乡建设，2018(6)：44-47.

[40] 刘贤娟，杜玉柱．城市水资源利用与管理[M]．郑州：黄河水利出版社，2008.

[41] 刘玉灿，田一，苏庆亮，等．我国地表水污染现状与防治策略探索[J]．净水技术，2021，40(11)：62-70.

[42] 刘占良．青岛市重点流域水环境承载力与污染防治对策研究[D]．青岛：中国海洋大学，2009.

[43] 刘长余，赵培青．论南水北调东线山东段工程规划[J]．水利规划与设计，2007(2)：4-6.

[44] 刘志鹏．磁混凝沉淀工艺在污水处理行业的应用[J]．当代化工研究，2021(24)：98-100.

[45] 刘志亭．青岛海水淡化产业培育与发展分析[J]．建设科技，2013(23)：18-21.

[46] 路忠诚，孙静克，崔元洁，等．青岛市：建设节水城市，推动绿色发展[J]．城乡建设，2019(21)：48-49.

[47] 吕炳全．海洋地质学概论[M]．上海：同济大学出版社，2008.

[48] 马文新，李旭，杜恺忻，等．李村河污水处理厂改造提标及四期扩建工程 BIM 技术应用[J]．中国建设信息化，2021(7)：54-58.

[49] 宁平．环境工程[M]．北京：科学出版社，2016.

[50] 祁正卫．关于水生态文明建设的思考[J]．水利经济，2014，32(4)：1-5.

[51] 青岛市水务管理局．2020 年青岛市水资源公报[R]．青岛：青岛市水务管理局，2020.

[52] 尚二萍，许尔琪，张红旗，等．中国粮食主产区耕地土壤重金属时空变化与污染源分析［J］．环境科学，2018，39（10）：4670-4683.

[53] 石秋池，唐克旺．关于水生态文明传承与创新的思考［J］．中国水利，2016（3）：39-41.

[54] 水利部南水北调规划设计管理局，山东省胶东调水局．引黄济青及其对我国跨流域调水的启示［M］．北京：中国水利水电出版社，2009.

[55] 孙迎雪，田媛．微污染水源饮用水处理理论及工程应用［M］．北京：化学工业出版社，2011.

[56] 滕海波，刘志芳，范天雨．南水北调东线一期工程水质保障策略研究［J］．项目管理技术，2021，19（6）：135-139.

[57] 汪翙，何成达．给水排水管网工程［M］．北京：化学工业出版社，2005.

[58] 王汉祯．节水型社会建设概论［M］．北京：中国水利水电出版社，2007.

[59] 王凯丽，于鹏飞．青岛市污水处理和中水利用分析与研究［J］．科技信息，2009（35）：1189+1082.

[60] 王美娟．排海污水中氮、磷及有机污染物处理技术进展［J］．海洋开发与管理，2009，26（9）：30-32.

[61] 王世汶，陈青，熊雪莹．从重大环境事件特点看中国城镇的脆弱性及其启示［J］．中国发展观察，2019（7）：41-44.

[62] 王淑梅，王宝贞，曹向东，等．对我国城市排水体制的探讨［J］．中国给水排水，2007，23（12）：16-21.

[63] 王天琪，杜攀，刘猛．海水淡化水价格体系研究［J］．盐业与化工，2013，42（9）：7-12.

[64] 王晓昌，张承中．环境工程学［M］．北京：高等教育出版社，2011.

[65] 王晓东．MSBR 工艺性能分析与运行优化研究［D］．青岛：青岛理工大学，2012.

[66] 韦政，杨燕梅，翁蕊．高排放标准下我国城镇污水厂 $A^2/O$ 工艺升级改造研究进展［J］．华东师范大学学报（自然科学版），2021，218（4）：55-63.

[67] 魏群．城市节水工程［M］．北京：中国建材工业出版社，2006.

[68] 吴帅．助力青岛“十四五”高质量发展高品质生活［N］．青岛日报，2021-9-8（3）.

[69] 吴一蘩，高乃云，乐林生．饮用水消毒技术［M］．北京：化学工业出版社，2006.

[70] 伍丽娜，刘菊．海水淡化技术［M］．北京：化学工业出版社，2015.

[71] 胥建美，谢春刚，苏慧超，等．海水淡化浓盐水排放对海洋环境影响及管理政策研究［J］．环境科学与管理，2021，46（2）：5-8.

[72] 严敏，谭章荣，李忆．自来水厂技术管理［M］．北京：化学工业出版社，2005.

[73] 严熙世，范瑾初．给水工程［M］．北京：中国建筑工业出版社，1999.

[74] 杨丙峰．污水排海工程浅析［J］．铁路节能环保与安全卫生．2018，8（1）：15-19.

[75] 杨恺．青岛城市供水深度处理工程的研究［D］．青岛：青岛理工大学，2017.

[76] 杨仲韬，资强，渠元闯，等．青岛市李村河下游生态补水方案［J］．水利技术监督，2019（4）：260-264.

[77] 詹国权．论污水处理厂增设中水回用系统的意义［J］．中国环境管理，2001（2）：45.

[78] 张国辉，周广安，王为强，等．青岛市海水淡化发展战略研究［J］．住宅产业，2019（11）：102-105.

[79] 张宏伟，张雪花，刘洪波．城市绿色用水与水生态环境［M］．北京：中国环境出版社，2016.

[80] 张文启，薛罡，饶品华．水处理技术概论［M］．南京：南京大学出版社，2017.

[81] 赵国华，童忠东．海水淡化工程技术与工艺［M］．北京：化学工业出版社，2012.

[82] 周群英，王士芬．环境工程微生物学［M］．北京：高等教育出版社，2008.

[83] 朱蓓丽，程秀莲，黄修长．环境工程概论：第四版［M］．北京：科学出版社，2016.

[84] 自然资源部海洋战略规划与经济司．2019 年全国海水利用报告［R/OL］．（2020-10-19）［2021-09-15］http：//www.ce-journal.org.cn/uploadfile/hagc/20201103/2019 年全国海水利用报告．pdf